茄果类蔬菜
缺素诊断与科学施肥

QIEGUO LEI SHUCAI QUESU ZHENDUAN YU KEXUE SHIFEI

曹德强　芮文利　陈乃存　徐　丹　沈彦辉　刘　林　主编

天津出版传媒集团

天津科学技术出版社

图书在版编目（CIP）数据

茄果类蔬菜缺素诊断与科学施肥 / 曹德强等主编.
天津：天津科学技术出版社, 2024. 7. -- ISBN 978-7-
5742-2291-5

Ⅰ. S436.41；S641.06

中国国家版本馆CIP数据核字第20249V10W3号

茄果类蔬菜缺素诊断与科学施肥

QIEGUOLEISHUCAIQUESUZHENDUANYUKEXUESHIFEI

责任编辑：陈震维

责任印制：兰　毅

出　　版：**天津出版传媒集团**
　　　　　天津科学技术出版社

地　　址：天津市和平区西康路 35 号

邮　　编：300051

电　　话：（022）23332377

网　　址：www.tjkjcbs.com.cn

发　　行：新华书店经销

印　　刷：运河（唐山）印务有限公司

开本 710×1000 1/16 印张 21.25　字数　350 000

2024 年 7 月第 1 版第 1 次印刷

定价：88.00元

主　编：曹德强　芮文利　陈乃存

　　　　徐　丹　沈彦辉　刘　林

副主编：张永涛　张海燕　高璐阳

　　　　王言杰　杨宝山　彭景美

　　　　穆清泉　李馥霞　刘延刚

　　　　张现增　曹　原　尹长军

　　　　张　枫　孙立浩　张　勇

　　　　刘锡帧　范　佳

前言

  肥料是作物的"粮食"，是农业生产最重要的物质基础。科学施肥是改善和提高作物产量的重要措施。是改善和提高作物产品品质最重要的手段，科学施肥，不仅可以提高作物产量，改善作物品质，而且能改良和培肥土壤，减少环境污染。

  目前，我国农业生产中存在着许多施肥问题，如单位面积施用量偏高、施肥不均衡现象突出、有机肥料资源利用率低、施肥结构不平衡等。盲目施肥会增加农业生产成本、浪费资源，造成耕地板结、土壤酸化，引起农业面源污染。为此，农业农村部开展了化肥减量增效行动，对推进农业"转方式、调结构"，促进节本增效、节能减排，保障国家粮食安全、农产品质量安全和农业生态安全具有十分重要的意义。本书分三部分。第一部分植物营养，重点阐述了番茄、辣椒、茄子、黄瓜生长必须的大量元素、中量元素、微量元素和有益元素。第二部分描述了番茄、辣椒、茄子、黄瓜常见缺素症状及矫正途径方法。第三部分侧重于介绍了番茄、辣椒、茄子、黄瓜不同生育期需肥和科学施肥技术。全书浓缩了植物生理学、植物生物学、土壤肥料学等多方面的知识，不仅介绍了植物营养学的基本知识、理论以及常见缺素症状的表象和矫正方法途径，更以示意图、思维导图、表格等既直观又便于理解的形式将这些抽象理论展示出来，随理赋形，增强读者阅读体验，满足不同读者的学习需求。本书的出版，希望能够有助于广大种植户，改变其传统施肥观念，掌握科学施肥技术，并自觉地运用于农业生产中。

需要特别说明的是，由于地域差异较大，土壤及气候条件千差万别，而且作物种类众多，同一种类品种特性也存在较大差异，所以在指导用肥的方案中，存在一定的差异，建议读者在阅读本书的过程中，要结合当地实际情况，根据气候、土壤及作物品种的特点，合理制定施肥方案。如果完全按照书中指导方案进行施肥，难免会有不合理的地方。

本书由临沂市农业科学院曹德强、刘林、芮文利、张永涛、张海燕、杨宝山、彭景美、穆清泉、李馥霞、刘延刚、张现增、尹长军、张枫、孙立浩；临沂市农业技术推广中心数字农业科徐丹；临沂市农业农村局张勇；兰山区农业农村局陈乃存、刘锡帧、范佳；莒南县农业农村局王言杰；新洋丰农业科技股份有限公司沈彦辉、高璐阳；山东农业大学食品科学与工程学院学生曹原参与编写。受到"十四五"国家重点研发计划项目"农田氮磷减蓄与有机污染物消减技术（2022YFD1700701）"及山东省蔬菜产业技术体系（SDAIT-05）项目的大力支持。在编写过程中参考引用了许多文献资料，在此谨向原作者表示感谢。由于编者水平有限，书中难免存在疏漏和错误之处，敬请各位同行、专家以及广大农业技术人员和种植大户的农民朋友予以批评指正。

目 录

→第一部分　作物营养←

→第二部分　茄果类蔬菜缺素症状及矫正措施←

→第三部分　科学施肥技术←

第一部分

作物营养

第一章 蔬菜概述

一、蔬菜的概念

蔬菜是农业生产中不可缺少的组成部分，在我国是仅次于粮食的重要副食品。我们所食的蔬菜中，有根，如萝卜、胡萝卜、豆薯、葛根；有茎，如马铃薯、芋、莴笋、茭白；有叶，如小白菜、大白菜、韭菜、甘蓝；有花，如花椰菜、金针菜；有果（种子），如黄瓜、茄子、豌豆、黄秋葵；还有菌类，如蘑菇、木耳，藻类，如发菜、海带，蕨类，如薇菜、蕨菜等。因此，我们可以定义蔬菜为：凡是以柔嫩多汁的器官作为佐餐用副食品的一、二年生及多年生的草本植物、少数木本植物、菌类、藻类、蕨类等，统称为蔬菜。有人把调味的八角、茴香、花椒、胡椒等也归为蔬菜。

蔬菜植物的范围广，种类多。我国是世界栽培植物的起源中心之一，除了一些栽培植物作蔬菜外，还有许多野生或半野生的种类，如荠菜、马齿苋、藜蒿、马兰、蒲公英、鱼腥草等，也可作为蔬菜食用。

但是，这些野生的、半野生的草本植物和木本植物、菌类、藻类、蕨类、调味品类，主要来自少数地区。人们常食用的蔬菜主要还是一、二年生草本植物。

有的粮食作物、油料作物、饲料作物也可作为蔬菜，如新鲜的早熟大豆（毛豆）在长江流域是一种重要的蔬菜。马铃薯、玉米在北方和南方山区作粮食作物，在南方平原地区也作为蔬菜。许多种类，如胡萝卜、南瓜、芜菁、甘薯叶尖及叶梗等既可作动物饲料，也可作蔬菜。

二、蔬菜的分类

据不完全统计，我国栽培的蔬菜有两百多种，其中主要栽培的有四五十种。在同一种中，有许多变种，每一变种又有不同的类型和品种。分类的方法很多，如按植物学特性分类、食用部分分类、农业生物学分类、生长所需温度分类、生长所需光照分类、所含营养成分分类、食用方法分类等。

农业生物学分类是以蔬菜的农业生物学特性作为依据的分类方法，这种分类比较适合于生产上的要求，可分为以下几类。

1. 根菜类

根菜类指以膨大的肉质直根为食用部分的蔬菜，包括萝卜、胡萝卜、大头菜、芜菁、根用甜菜等。生长期间喜温和冷凉的气候。在生长的第一年形成肉质根，贮藏大量的养分，到第二年抽薹开花结实。一般在低温下通过春化阶段，长日照下通过光照阶段。要求疏松深厚的土壤。用种子繁殖。

2. 白菜类

白菜类以柔嫩的叶丛、叶球、嫩茎、花球供食用，如白菜（大白菜、小白菜）、甘蓝类（结球甘蓝、球茎甘蓝、花椰菜、抱子甘蓝、青花菜）、芥菜类（榨菜、雪里蕻、结球芥菜）。生长期间需湿润和凉爽气候及充足的水肥条件。温度过高、气候干燥则生长不良。除采收菜薹及花球外，一般第一年形成叶丛或叶球，第二年抽薹开花结实。栽培上要避免先期抽薹。均用种子繁殖，直播或育苗移栽。

3. 绿叶蔬菜

绿叶蔬菜以幼嫩的叶或嫩茎供食用，如莴苣、芹菜、菠菜、茼蒿、芫荽、苋菜、蕹菜、落葵等。其中多数属于二年生，如莴苣、芹菜、菠菜。也有一年生的，如苋菜、蕹菜。共同特点是生长期短，适于密植和间套作，要求极其充足的水分和氮肥。根据对温度的要求不同，又可将它们分为两类：菠菜、芹菜、茼蒿、芫荽等喜冷凉不耐炎热，生长适温15 ~ 20℃，能耐短期霜冻，其中以菠菜耐寒力最强；苋菜、蕹菜、落葵等，喜温暖不耐寒，生长适温为25℃左右。喜冷凉的主要作秋冬栽培，也可作早春栽培。

4. 葱蒜类

葱蒜类以鳞茎（叶鞘基部膨大）、假茎（叶鞘）、管状叶或带状叶供食用，如洋葱、大蒜、大葱、小香葱、韭菜等。根系不发达，吸水吸肥能力差，要求肥沃湿润的土壤，一般耐寒。长光照下形成鳞茎，低温通过春化。可用种子繁殖（洋葱、大葱、韭菜），也可无性繁殖（大蒜、分葱、韭菜）。以秋季及春季为主要栽培季节。

5 茄果类

茄果类指以果实为食用部分的茄科蔬菜，包括番茄、辣椒、茄子。要求肥沃的土壤及较高的温度，不耐寒冷。对日照长短要求不严格，但开花期要求充足的光照。种子繁殖，一般在冬前或早春利用保护地育苗，待气候温暖后定植于大田。

6. 瓜类

瓜类指以果实为食用部分的葫芦科蔬菜，包括南瓜、黄瓜、甜瓜、瓠瓜、冬瓜、丝瓜、苦瓜等。茎蔓性，雌雄同株而异花，依开花结果习性，有以主蔓结果为主的西葫芦、早黄瓜，有以侧蔓结果早、结果多的甜瓜、瓠瓜，还有主侧蔓几乎能同时结果的冬瓜、丝瓜、苦瓜、西瓜。瓜类要求较高的温度及充足的阳光。西瓜、甜瓜、南瓜根系发达，耐旱性强。其他瓜类根系较弱，要求湿润的土壤。生产上，利用摘心、整蔓等措施来调节营养生长与生殖生长的关系。种子繁殖，直播或育苗移栽。春种夏收，有的采收可延长到秋季，还可夏种秋收。

7. 豆类

豆类指以嫩荚或豆粒供食用的豆科蔬菜，包括菜豆、豇豆、蚕豆、豌豆、扁豆、刀豆等。除了豌豆及蚕豆耐寒力较强能越冬外，其他都不耐霜冻，须在温暖季节栽培。豆类根瘤具有生物固氮作用，对氮肥的需求量没有叶菜类及根菜类多。种子繁殖，也可育苗移栽。

8. 薯芋类

薯芋类以地下块茎或块根供食用，包括茄科的马铃薯、天南星科的芋头、薯科的山药、豆科的豆薯等。这些蔬菜富含淀粉，耐贮藏，要求疏松肥沃的土壤。除马铃薯生长期短不耐高温外，其他生长期都较长，且耐热不耐冻。均用营养体繁殖。

9. 水生蔬菜类

水生蔬菜类指需生长在沼泽地区的蔬菜，如藕、茭白、慈姑、荸荠、水芹、菱等。宜在池塘、湖泊或水田中栽培。生长期间喜炎热气候及肥沃土壤。除菱角、芡实以外、其他一般无性繁殖。

10. 多年生蔬菜类

多年生蔬菜类指一次种植后，可采收多年的蔬菜，如金针菜、石刁柏、百合等多年生草本蔬菜及竹笋、香椿等多年生木本蔬菜。此类蔬菜根系发达、抗旱力强，对土壤要求不严格。一般采用无性繁殖，也可用种子繁殖。

11. 食用菌类

食用菌类指能食用、无毒的蘑菇、草菇、香菇、金针菇、竹称、猴头、木耳、银耳等。它们不含叶绿素，不能制造有机物质供自身生长，必须从其他生物或遗体、排泄物中吸取现存的养分。培养食用菌需要温暖、湿润肥沃的培养基。常用的培养基有牲畜粪尿、棉籽壳、植物秸秆等。

12. 芽苗菜类

凡利用植物种子或其他营养贮存器官如根、茎、叶等，在黑暗或光照条件下直接生长出可供食用的嫩芽、芽苗、芽球、幼梢或幼茎的均可称为芽苗类蔬菜。可以食用的芽苗菜有 100 多种，芽苗菜的种子不仅包括各种豆类（黄豆、绿豆、红豆、黑豆、蚕豆、豌豆等），还包括其他蔬菜种子（如萝卜苗、空心菜苗、辣椒苗、紫苏苗、板蓝根苗）、花卉种子（如鸡冠花苗、香草芽）、木本植物（如香椿芽、花椒苗）、粮油种子［如小麦苗、荞麦苗、油菜苗、花生芽、向日葵（油葵）芽］，等等。通常情况下，植物在芽苗期的营养成分优于种子期和成熟期。芽苗菜分为两种：一种是种芽菜，就是种子直接发芽，包括绿色大豆芽、豌豆芽、萝卜芽、荞麦芽、苜蓿芽、红豆芽、萝菜芽、小麦芽、大麦芽、花生芽等；另一种叫体芽菜，就是利用植物的根茎等发育成的。体芽菜又可分成四类。第一类是嫩芽，如花椒脑、柳芽、枀树芽、龙牙槐木、刺五加芽、苦英芽、苣荬芽、胡萝卜芽等，第二类是芽球，如芽球菊苣、大白菜芽、甘蓝芽（抱子甘蓝）等，第三类是幼梢，包括枸杞头、佛手瓜尖、守宫木尖、菊花脑、薄荷脑、马兰头、豌豆尖、辣椒尖、红薯尖、南瓜尖、冬瓜尖、土人参尖、茶叶尖等，第四种是幼茎，如石刁柏（芦笋）、毛竹笋、姜芽、蒲芽（草芽）、藕带（藕鞭）等。

第二章 蔬菜生长发育及环境条件

一、蔬菜的生长与发育特性

生长和发育是个体生活周期中两种不同的现象。生长是植物直接产生与其相似器官的现象。生长是细胞的分裂与长大，生长的结果引起体积和质量的不可逆增加。如整个植株长大、茎的伸长加粗、果实体积增大等。发育是植物体通过一系列质变后，产生与其相似个体的现象。发育的结果，产生新的器官——生殖器官（花、果实及种子）。

一般认为二年生蔬菜需要经过低温春化作用花芽才能分化，并在长日照条件下抽薹开花，第一年冬天形成营养体，经过冬天低温和翌年春天的长日照即可抽薹开花，如根菜类、白菜类蔬菜。很多一年生蔬菜则是要求短日照才能开花结实，故有春华秋实之说。另外，像茄果类的发育，则受营养水平的影响更大，N、P、K充足，植株生长快，其花芽分化也就早，而且C/N比大也趋于生殖生长。

生长和发育这两种生活现象对环境条件的要求往往很不一样。对于叶菜类、根菜类及薯芋类，在栽培时，并不要求很快地达到发育条件。对于果菜类，则要在生长足够的茎叶以后，及时地满足温度及光照条件，才能开花结果。

二、蔬菜生长与发育的过程

蔬菜种类不同，由种子到种子的生长发育过程所经历的时间长短也不同。按其生命的长短，可分三类：

1. 一年生蔬菜

它们在播种当年开花结实。如番茄、茄子、辣椒、黄瓜、菜豆等。

种子发芽→营养生长→花芽分化→开花→果实发育→种子成熟→种子发芽

2. 二年生蔬菜

它们在播种当年形成贮藏器官（肉质根、叶球等），经过一个冬季，到第二年抽薹开花、结实。如大白菜甘蓝、萝卜等。

种子发芽→幼苗生长→产品器官形成→花芽分化→抽薹开花→种子成熟→种子发芽

一年生蔬菜生长周期　　　　　　　二年生蔬菜生长周期

3. 多年生蔬菜

它们在一次播种或栽植后，可采收多年。如黄花菜、石刁柏等。

至于无性繁殖的种类，它们的生长过程是从块茎或块根的发芽生长到块茎或块根的形成，基本上都是营养生长。虽有的经过生殖生长时期，也能开花结实，但在栽培过程中，不利用这些生殖器官来繁殖。因为它们发育不完全，或是播种后需几年才能形成具有商品价值的产品器官。块茎或块根形成后到新芽发生，往往要经过一段时间的休眠期。

必须注意，一年生和二年生蔬菜，有时是不易截然分开的。如菠菜、白菜、萝卜，如果是秋季播种，当年形成叶丛、叶球和肉质根。越冬以后，第二年春天抽薹开花，表现为典型的二年生蔬菜。但是这些二年生蔬菜于春季气温尚低时播种，当年也可开花结籽。由此可见，各种蔬菜的生长发育过程，与环境条件密切相关。在生产中，要获得丰产，就必须掌握其生长发育的特点与环境条件的关系。

三、蔬菜生长发育时期及其特点

从个体而言，由种子发芽到重新获得种子，可以分为三个大的生长时期。每一时期又可分为几个生长期，每期都有其特点，栽培上，也各有其特殊的要求。

蔬菜作物的生长发育时期及各时期生长发育特点、相应的管理技术要点。

蔬菜生长发育时期及其特点

三大时期	生长发育阶段	特点	技术要点
种子时期	胚胎发育期	从卵细胞受精到种子成熟，有显著的物质合成和积累	保证良好的营养和光合条件
	种子休眠期	种子成熟到发芽前，代谢水平低	低温干燥保存，延长种子贮藏寿命
	发芽期	种子萌动，长出幼芽，代谢旺盛，所需能量靠自身贮藏物质供应	选子粒饱满的种子作种，保证适当的水、温、气条件

（续表）

三大时期	生长发育阶段	特点	技术要点
营养生长期	幼苗期	幼苗出土，子叶展开，显露真叶。开始进行光合作用，代谢旺盛，生长速度快	及时间苗，中耕除草，保证水分，轻施肥，光照充足
	营养生长旺盛期	根、茎、叶生长旺盛，光合作用加强，积累有机物质	此期应安排在最适宜的季节里，加强肥水管理，促进营养积累
	营养休眠期	二年生及多年生蔬菜在产品器官形成后的休眠	及时采收、运输、贮藏
生殖生长期	花芽分化期	生长点开始花芽分化现蕾	满足花芽分化条件
	开花期	现蕾开花到授粉受精对温、光、水等反应敏感，抗逆性弱	防止落花
	结果期	果实生长膨大，积累养分，形成产量	保证肥水供应，促进养分转化积累

四、蔬菜栽培的环境要求

1. 温度

在影响蔬菜生长与发育的环境条件中，以温度最为敏感。每一种蔬菜的生长发育，对温度都有一定的要求，都有温度的三基点，即最低温度、最适温度和最高温度。而一般的"生活温度"（生长适应温度）的最高最低限比"生长温度"（生长适宜温度）宽些。超出了生长温度的最高最低限，植物就会停止生长。超出了生活温度的最高最低限，植株就会死亡。了解每一种蔬菜对温度的要求及温度与生长发育的关系，是安排生产季节、获得高产的主要依据。

（1）按蔬菜对温度的要求分类

根据蔬菜种类对温度的要求，可分为如表所示的五类。

蔬菜按温度分类

类别	适温 /℃	最高温度 /℃	最低温度 /℃	蔬菜举例
多年生宿根蔬菜	20～30	35	−10	黄花菜、石刁柏、茭白等
耐寒蔬菜	15～20	30	−5	菠菜、大葱、大蒜等
半耐寒蔬菜	17～25	30	−2	根菜类、大白菜、豌豆、莴苣等
喜温蔬菜	20～30	35	10	茄果类、黄瓜、菜豆
耐热蔬菜	30～35	40	20	冬瓜、南瓜、西瓜、豇豆等

（2）不同生育期对温度的要求

同一种蔬菜的不同生育期对温度有不同的要求。种子发芽时要求较高的温度，幼苗期偏低，营养生长时期又要高些。如果是二年生蔬菜，在营养生长后期，即贮藏器官形成时，温度又要低些。到了生殖生长期，要求充足的阳光及较高的温度，特别是种子成熟时，要求更高的温度。认识这些区别，是栽培上的一个重要问题。

（3）温周期作用

所谓温周期，是指一年中冬冷夏热和一日中～昼暖夜凉的周期性变化。植物的生活也适应了这种变化。植物白天进行光合作用，夜间无光合作用但仍有呼吸消耗。因此，低夜温可以减少消耗。所以一日中昼暖夜凉的环境对植物生育有利。许多蔬菜都要求有这样的变温环境，才能正常生长。新疆的西瓜比长江流域的甜，其原因之一就是新疆昼夜温差较大。另据试验，番茄的生长，以日温 26.5℃和夜温 17℃为最适宜。在昼夜温度不变的条件下，其生长率反而低。生长在昼温 18 ～ 20℃的大白菜品种野崎 2 号，在低夜温 2 ～ 15℃下的结球比高夜温 15 ～ 25℃的结球好。温周期还影响某些种子的发芽。如茄子，在一天里高温和低温交替出现时，才能获得较高的发芽率。且高温时间短、低温时间长的效果比较好。据研究，在连续高温下，种子内转化为可溶性状态的贮藏物质，大部分或者全部由于种子呼吸作用而消耗。这些养分不能用于胚的生长。此外，温周期还与某些作物的开花有关。如在同一昼温 24℃或 30℃下，番茄 17℃夜温区的花芽分化就比 24℃及 30℃夜温区的早，产量也是 17℃夜温区的高。当然，昼夜温差有一定的范围，并不是越大越好。

（4）春化作用

许多二年生蔬菜，如白菜类，要经过一段低温（如冬季），才能抽薹开花。这是因为低温诱导了花芽分化，在翌年春季温暖和长日照下，花芽长大，便进入了生殖生长。用低温诱导花芽分化或促进开花的作用，称春化作用。根据蔬菜通过春化方式不同，可分为两类：

①萌动种子低温春化型

刚发芽的种子在一定低温下经过一段时间，可促进提早开花。如白菜、荠菜、萝卜、菠菜等。但这类蔬菜作物的大苗，甚至成株也能低温通过春化，有的对低温更敏感。事实上，许多以萌动种子通过春化的类型，在自然条件下，大多是以幼苗甚至很大的植株通过低温的。如 8 月份播种的萝卜、白菜，种子萌动时温度很高，在长萝卜或结球以后，低温季节才到来，说明是以成株通过低温春化的。如果长期高温，它们是很难开花结实的。

春化诱导处理时最低温度范围及处理时间，因不同蔬菜种类而异。白菜类的春化温度在 0 ~ 8℃ 的范围内都有效。而萝卜，则在 5℃ 左右的效果最好，低温处理的时间通常是在 10 ~ 30d 左右。对于大多数白菜及芥菜品种，处理 20d 就够了。其中有些春化要求不严格的品种，如许多作为菜心或菜薹栽培的品种，春化 5d 就有诱导开花的效果。对于秋播的萝卜，幼苗期间低温处理 3d，就多少有促进抽薹的作用。萝卜早熟品种（短叶13 号）比晚熟品种（黄州萝卜）更易通过春化。总之，冬性强的品种要求较低温度或较长时间的处理，而冬性弱的品种，在较高的温度或较短的时间内，也有作用。

②绿体植株低温春化型

通过春化的主要条件是要求植株生长到一定的大小，此时才对低温处理有反应。如甘蓝、洋葱、大蒜、芹菜等。绿体春化型通过春化时植株的大小，可以用日历年龄来表示，也可以用生理年龄、茎的直径、叶数或叶面积来表示。至于温度的高低及处理时间的长短，也因品种不同而不同。有要求严格的品种，也有要求不严格的品种。如甘蓝中的牛心类型就比圆头型对春化要求严格，往往作春包菜栽培。

无论是种子春化型还是绿体春化型，如提早开花而不形成产品器官，称先期（未熟）抽薹。生产上往往因播期不当或管理失策，而导致先期抽薹，造成经济损失。

春化作用对于花芽分化、生化组成甚至生长锥的形态建成均有影响。许多二年生蔬菜，通过春化阶段以后，在较长日照及较高温度下，促进了花芽生长及随后抽薹花。在生化上，经过春化以后，生长点的染色特性发生变化。用5%的氯化铁及5%的亚铁氰化钾处理，如果已完成春化的，其生长点为深蓝色，而未经春化的，或者不染色，或者呈黄色或绿色。

（5）高低温障碍

高温如与刺激的光照同时存在，引起作物急剧蒸腾而失水萎蔫，使原生质中蛋白质凝固，果实"日灼"，落花落果。植株早衰、高温与高湿同时发生，则易引起徒长，滋生病害。

低温则使作物生长缓慢、僵化、落花、叶缘干枯。当低温引起原生质结冰时，冰晶破坏质膜，融化时，叶片呈开水烫伤状，晒后干枯。一般细胞液的浓度高，冰点低，较能耐寒。故寒潮来时，控制灌水量可提高抗寒性。

（6）冰冻雨雪灾害的防止与补救

①加强生产管理

针对冬春季经常出现的低温、大风、雨雪天气，要加强大棚蔬菜、露地越冬蔬菜和蔬菜种苗的越冬管理。设施蔬菜要加强大棚抗大风检查，做好大棚抗压加固，注意应用增温、补光、保暖等措施；蔬菜种苗要注意运用多层覆盖增温、补光等措施保苗；露地蔬菜要清理"三沟"，防止雨雪导致田间渍害，必要时运用薄膜增加浮面覆盖。露地商品菜要通过中耕培土，增施有机肥，增强植株抗寒能力，并根据市场行情分批采收上市。

a. 设施蔬菜及育苗管理。棚内蔬菜冻死的区域，可在灾后抢播一茬春大白菜、小白菜、香菜、菠菜、茼蒿、生菜、油麦菜、萝卜苗等快生菜，争取在3～4月上市；及时采取快速育苗的方法，培育瓜类、豆类等喜温蔬菜以及西甜瓜秧苗，争取3月中下旬定植。

加固棚架及棚膜。对棚体结构、棚膜、压膜线等进行严密排查，增加必要的棚内立柱支撑，更换老旧棚膜，增设压膜线扣紧压牢棚膜。

及时清除积雪。降雪过程中随时关注积雪程度，及时清扫，防止积雪过厚压塌棚室。连栋大棚注意天沟内积雪厚度，可在棚室内用煤炉等加温促积雪融化，万不得已时破膜保骨架。

保持棚室周边围沟排水通畅。及时清除棚室周边积雪和沟内积水，防止融雪积水危害。

注意保温增温补光。对瓜菜苗床和早播瓜菜进行多层覆盖，棚室外覆盖草帘，大棚内的小拱棚上增加保温覆盖物，畦面上撒施草木灰增肥保温；增添热风炉等取暖设备补温；可增设棚内补光灯（50m 一个 100w 白炽灯，离植株叶片 0.5m 高）增温补光（每天 2 ~ 3h）；可在棚室内合适地点撒干石灰，株行间铺撒干燥秸秆、锯末等，降湿防病。

注意光照通风。晴天揭去覆盖物增加光照；阴雨（雪）后陡晴要注意适当遮阴，逐渐增加光照；控制浇水，以免降低地温、增加空气湿度，引发病害；晴天加大放风，阴天也要在温度较高的时段适当放风，控湿防病；宜选用百菌清等烟雾剂防治病虫害。

b.露地蔬菜管理。加强对菠菜、大白菜、莴苣、小白菜、菜薹、茼蒿、豌豆尖、莲藕等露地蔬菜田间管理，及时采收商品性成熟蔬菜上市。

灌水防冻。对于莲藕、茭白田要灌上 5 ~ 7cm 的水层，保温防冻

覆盖保温。对于露地叶菜要浮面盖上稻草、无纺布或薄膜，保温防冻，待气温回暖天气转晴后及时去除。

清沟排水。露地菜雪后要立即清理"三沟"、排出积水，防止融化时吸收大量热量而降温，预防冻害、渍害的发生。

②加强科技服务

要加强技术集成应用，大力推广集约化育苗、机械化作业、轻简化栽培、水肥一体化、病虫害绿色防控、配方施肥等成熟技术。要推进基础设施、栽培技术、质量管理标准化。加强技术培训和服务，组织技术人员制订防冻抗寒技术方案，深入一线进行技术指导，特别是加强大棚育苗管理，保障冬春季蔬菜生产有序展开。

③加强基础设施建设

要利用冬闲时节有针对性地加强蔬菜生产基地水、电、路、沟、渠等配套设施建设，提升基础设施建设水平，并完善产品检测、采后处理、产地批发等配套功能，从硬件建设上提高产业抵御自然风险的能力。

④加强监测预警

要加强与气象部门的协作，及时发布预警信息，提前落实防御措施，有效应对各种灾害的发生，及时指导抗灾救灾工作。及时调度上报灾害发生情况和救灾进展情况。要根据春节拉动消费需求的实际情况，建立蔬菜储备制度，确保重要的耐贮存蔬菜种类如大白菜、甘蓝、萝卜、胡萝卜、马铃薯、洋葱等 5 ~ 7d 消费量的动态库存，防范异常情况下蔬菜价格的大起大落，确保市场的有效供应。

2. 光照

光照对蔬菜植物的影响，主要有光照强度和光照长度（光周期）两方面。

（1）光照强度对蔬菜生长的影响

大多数蔬菜的光饱和点（光强增加到光合作用不再增加时的光照强度）为 5000Lx 左右，但西瓜可达 7000 ~ 8000Lx，白菜、包菜和豌豆为 4000Lx。超过光饱和点，光合作用不再增加并且伴随高温，往往造成蔬菜生长不良，因此，可以根据蔬菜对光照强度的不同要求，在夏季、早秋选择不同规格的遮阳网覆盖措施降低光照强度，降低环境温度，以促进蔬菜生长。大多数蔬菜的光补偿点（光照下降到光合作用的产物为呼吸消耗所抵消时的光照强度）为1500～20001x。

根据蔬菜对光照强度要求的不同可分为如表所示的三大类。

蔬菜按对光照要求分类

蔬菜对光照强度要求	举例
要求较强光	西瓜、甜瓜、黄瓜、南瓜、番茄、茄子、辣椒、芋头、豆薯。这类蔬菜遇到阴雨天气，产量低、品质差
适宜中等光	白菜、包菜、萝卜、胡萝卜、葱蒜类。它们不要求很强光照，但光照太弱时生长不良。因此，这类蔬菜于夏季及早秋栽培应覆盖遮阳网，早晚应揭去
比较耐弱光	莴苣、芹菜、菠菜、生姜等

（2）光周期对蔬菜生长发育的影响

光周期现象是蔬菜作物生长和发育（花芽分化、抽薹开花）对昼夜相对长度的反应。每天的光照时间与植株的发育和产量形成有关。蔬菜作物按照生长发育和开花对日照长度的要求可分为长日性、短日性和中光性蔬菜。

①长日性蔬菜

较长的日照（一般为12～14h以上），促进植株开花，短日照延长开花或不开花。属于长日性蔬菜有白菜、包菜、芥菜、萝卜、胡萝卜、芹菜、菠菜、莴苣、蚕豆、豌豆、大葱、洋葱等。

②短日性蔬菜

较短的日照（一般在12～14h以下）促进植株开花，在长日照下不开花或延长开花。属于短日性蔬菜有豇豆、扁豆、苋菜、丝瓜、空心菜、木耳菜以及晚熟大豆等。

③中光性蔬菜

在较长或较短的日照条件下都能开花。属于中光性蔬菜有黄瓜、番茄、菜豆、早熟大豆等。这类蔬菜对光照时间要求不严，只要温度适宜，春季或秋季都能开花结果。

光照长度与一些蔬菜的产品形成有关，如马铃薯块茎的形成要求较短的日照，洋葱、大蒜形成鳞茎要求长日照。

光周期在指导蔬菜生产上的意义重大，主要表现在以下方面：

①指导引种工作

纬度相近地区引种易成功，不同纬度地区引种应慎重。比如，东北的洋葱引种到华中地区种植往往地上部徒长，鳞茎不发育，因为东北洋葱是在春季播种夏季长日照条件下形成鳞茎、长期的自然选择形成了对长日照要求很严格，而华中地区是秋播春收，在洋葱形成鳞茎的季节，恰好是冬季的短日照环境，所以把东北的洋葱品种引到华中地区种植只长苗不结头（鳞茎不膨大）。

②确定播种季节

如菜用大豆的早熟品种对短日照要求不严格，可以早播和分期播种；而晚熟品种对短日照要求严格，过早播种生长期很长，易发生徒长。

③诱导开花，指导开展留种工作

比如泰国空心菜的开花对短日照要求严格，华中地区夏季的日照比泰国长，导致空心菜推迟至9月份开花，9月份以后接着气温下降，种子难以饱满。因此，泰国空心菜在华中地区难以留种，可移到热带地区的海南省留种，并加强肥水管理。

3. 水分

蔬菜是需水量较大的作物，与其他农作物相比，蔬菜对水分的反应尤为敏感。蔬菜生长期间灌水较为频繁，灌水及时与否对产量有明显影响。大棚蔬菜等保护地种植，采用自动化灌水的先进技术，不仅有利于增产、节水，也有利于改善蔬菜的品质。与大田作物相比，蔬菜的灌溉表现为更加现代化与科学化。

（1）对蔬菜生长发育的影响

①水是蔬菜的重要组成部分

蔬菜是含水量很高的作物，如大白菜、甘蓝、芹菜和茼蒿等蔬菜的含水量均达 93% ~ 96%，成熟的种子含水量也占 10% ~ 15%。任何作物都是由无数细胞组成，每个细胞由细胞壁、原生质和细胞核三部分构成。只有当原生质含有 80% ~ 90% 以上水分时，细胞才能保持一定的膨压，使作物具有一定形态，维持正常的生理代谢。

②水是蔬菜生长的重要原料

和其他作物一样，蔬菜的新陈代谢是蔬菜生命的基本特征之一，有机体在生命活动中不断地与周围环境进行物质和能量的交换。而水是参与这些过程的介质与重要原料。在光合作用中，水则是主要原料，通过光合作用制造的碳水化合物，也只有通过水才能输送到蔬菜的各个部位。同时蔬菜的许多生物化学过程，如水解反应、呼吸作用等都需要水分直接参加。

③水是输送养料的溶剂

蔬菜生长中需要大量的有机和无机养料。这些原料施入土壤后，首先要通过水溶解变成土壤溶液，才能被作物根系吸收，并输送到蔬菜的各种部位，作为光合作用的重要原料。同时一系列生理生化过程，也只有它的参与才能正常进行。如：黄瓜缺氮，植株矮化、叶呈黄绿色；番茄缺磷，叶片僵硬、呈蓝绿色；胡萝卜缺钾，叶扭转、叶缘变褐色。当施入相应营养元素的肥料后，症状将逐渐消失，而这些生化反应，都是在水溶液或水溶胶状态下进行的。

④水为蔬菜的生长提供必要条件

水、肥、气、热等基本要素中，水最为活跃。生产实践中常通过水分来调节其他要素。蔬菜生长需要适宜的温度条件，土壤温度过高或过低，都不利于蔬菜的生长。由于水有很高的比热容（4.184j/℃）和汽化热（2.255×103J/g），冬前灌水具有平抑地温的作用。在干旱高温季节的中午采用喷灌或雾灌可以降低株间气温，增加株间空气湿度。叶片能直接从中吸收一部分水分，降低叶温，防止叶片出现萎蔫。如中国农业科学院灌溉研究所在新乡塑料大棚内试验，中午气温高达30℃时，雾灌黄瓜，株间温度降低3～5℃，空气湿度提高10%，叶片降温达3～5℃，相对含水量增加5%，比地面沟灌增产15%。

蔬菜生长需要保持良好的土壤通气状况，使土壤保持一定的氧气浓度。一般而言，作物根系适宜的氧气浓度在5%～10%以上，如果土壤水分过多，通气条件不好，则根系发育及吸水吸肥能力就会因缺氧和二氧化碳过多而受影响。轻则生长受抑制、出苗迟缓，重则"沤根""烂种"。

蔬菜的生长需要大量的有机和无机肥料，如果土壤水分过少，有机肥料不易分解，养料不能以作物能吸收的离子状态存在。此时，化肥也往往使土壤溶液浓度过高而造成"烧苗"。因此，经常保持适宜的土壤水分，对肥料中氮素有效性提高则有明显的作用，如喷灌地土壤硝态氮含量常常比同等施肥的畦灌地高。

土壤水分状况不仅影响蔬菜的光合能力，也影响植株地上部与地下部、生殖生长与营养生长之间的协调，从而间接影响棵间光照条件。黄瓜是强光照作物，如果盛花期以前土壤水分过大，则易造成旺长，棵间光照差，致使花、瓜大量脱落，降低了产量和品质。又如番茄，如果在头穗果实长到核桃大小之前水分过多，叶子过茂，则花、果易脱落，着色困难，上市时间推迟。

由此可见，蔬菜生长发育与土壤水分的田间管理关系十分密切。

（2）蔬菜对水分的要求

蔬菜产品器官柔嫩多汁，含水量多在90%以上，而且多数蔬菜都是在较短的生育期内形成大量的产品器官。同时，蔬菜植物的叶面积一般比较大，叶片柔嫩，水分消耗多。因此，蔬菜植物对水分的需求量比较大。但不同的蔬菜种类、同一种类的不同生育时期，对水分的要求各不相同。

①不同种类蔬菜对土壤水分条件的要求

各种蔬菜对水分的要求主要取决于其地下部对水分吸收的能力和地上部的消耗量。凡根系强大、能从较大土壤体积中吸收水分的种类，抗旱力强；凡叶片面积大、组织柔嫩、蒸腾作用旺盛的种类，抗旱力弱。但也有水分消耗量小，且因根系弱而不能耐旱的种类。根据蔬菜对水分的需要程度不同，可把蔬菜分为如表所示的几类。

蔬菜按对水分要求分类

蔬菜类型	举例
水生蔬菜	这类蔬菜根系不发达，根毛退化，吸收力很弱，而它们的茎叶柔嫩，在高温下蒸腾旺盛，植株的全部或大部分必须浸在水中才能生活，如藕、茭白、荸荠、菱等

（续表）

蔬菜类型	举例
湿润性蔬菜	这类蔬菜叶面积大、组织柔嫩、叶的蒸腾面积大、消耗水分多，但根群小，而且密集在浅土层，吸收能力弱。因此，要求较高的土壤湿度和空气湿度。在栽培上要选择保水力强的土壤，并重视浇灌工作。如黄瓜、白菜、芥菜和许多绿叶菜类等蔬菜
半湿润性蔬菜	这类蔬菜叶面积较小，组织粗硬，叶面常有绒毛，水分蒸腾量较少，对空气湿度和土壤湿度要求不高；根系较为发达，有一定的抗旱能力。在栽培中要适当灌溉，以满足其对水分的要求。如茄果类、豆类、根菜类等蔬菜
半耐旱性蔬菜	这类蔬菜的叶片呈管状或带状，叶面积小，且叶表面常覆有蜡质，蒸腾作用缓慢，所以水分消耗少，能忍耐较低的空气湿度。但根系分布范围小，入土浅，几乎没有根毛，所以吸收水分的能力弱，要求较高的土壤湿度。如葱蒜类和石刁柏等蔬菜
耐旱性蔬菜	这类蔬菜叶子虽然很大，但叶上有裂刻及绒毛，能减少水分的蒸腾，而且都有强大的根系。根系分布既深又广，能吸收土壤深层水分，故抗旱能力强。如西瓜、甜瓜、南瓜、胡萝卜等蔬菜

②蔬菜不同生育期对水分的要求

蔬菜不同生育期对土壤水分的要求不同，根据蔬菜不同生育期的特点，其对土壤水分的要求为：

a.种子发芽期。要求充足的水分，以供种子吸水膨胀，促进萌发和胚轴伸长。此期如土壤水分不足，播种后，种子较难萌发，或虽能萌发，但胚轴不能伸长而影响及时出苗。所以，应在充分灌水或在土壤墒情好时播种。

b.幼苗期。植株叶面积小，蒸腾量也小，需水量不多，但根群分布浅，且表层土壤不稳定，易受干旱的影响，栽培上应特别注意保持一定的土壤湿度。

c.营养生长旺盛期和养分积累期。此期是根、茎、叶菜类一生中需水量最多的时期。但必须注意在养分贮藏器官开始形成的时候，水分不能供应过多，以抑制叶、茎徒长，促进产品器官的形成。当进入产品器官生长盛期后，应勤浇多浇。

d.开花结果期。开花期对水分要求严格：水分过多，易使茎叶徒长而引起落花落果；水分过少，植物体内水分重新分配，水分由吸水力较小的部分（如幼芽、幼根及生殖器官）会大量流入吸水力强的叶子中去，也会导致落花落果。所以，在开花期应适当控制灌水。进入结果期后，尤其在果实膨大期或结果盛期，需水量急剧增加，并达最大量，应当供给充足的水分，使果实迅速膨大与成熟。

③蔬菜对空气湿度条件的要求

除土壤湿度外，空气湿度对蔬菜的生长发育也有很大的影响。各种蔬菜对空气湿度的要求大体可分为四类：

第一类要求空气湿度较高，如白菜类、绿叶菜类和水生蔬菜等。适宜的空气相对湿度一般为 85% ~ 90%。

第二类要求空气湿度中等，如马铃薯、黄瓜、根菜类等。适宜的空气相对湿度一般为 70% ~ 80%。第三类要求空气湿度较低，如茄果类、豆类等。适宜的空气相对湿度为 55% ~ 65%。

第四类要求空气湿度很低，如西瓜、甜瓜、南瓜和葱蒜类蔬菜等。适宜的空气相对湿度为 45% ~ 55%。

（3）暴雨灾害的防止及补救

长江流域夏季灾害性天气高发，尤其是短时强降雨威胁最严重。要注意及时关注天气预报，做好降雨前和雨后的防控工作。暴雨发生之前的防御和雨后排涝，都是农事操作的重要方面。

①暴雨来临前

注意检查棚室各项设施，如通风口是否关严、棚膜是否破损、棚前排水渠是否畅通等。及时做好准备，以防强降雨造成灌棚。露地栽培，应及早疏通畦沟、厢沟、围沟，保护排水渠道畅通。

②暴雨来临时

密切关注棚内情况，一旦发现雨水倒灌，第一时间采取措施补救，如垫高进水处。露地栽培地块则要做好能及时抽水排涝的准备。

③暴雨后的灾后补救措施

为了恢复蔬菜生产，降低经济损失，做好蔬菜种植的管理应对工作十分重要。

a. 清理沟畦，排水抢救。疏通"三沟"，排出渍水，确保雨下快排，雨止沟干，畦面厢沟无积水。对地势低洼内河水位高的地区，组织电泵排水，加快排水速度和降低地下水位，受淹菜地应尽早排出田间积水，腾空地面，减少淹渍时间，减轻受害程度。做到"三沟"沟沟相通，雨止沟干，保护蔬菜根系健康生长，减少渍害。减少因积水和渍害导致的蔬菜窒息死亡，避免蔬菜提早罢园。

b. 根据灾情，分类抢救。受灾严重的菜田，根系已死亡的蔬菜要及时清理田园，并每 667m² 施石灰 25 ~ 30kg 消毒后精细整地，重播蔬菜或改种其他经济作物。一些受淹较重但根系仍有吸收能力的茄子、椒类、冬瓜等蔬菜可通过剪除地上部过密的枝叶，改善通风透光条件，及时将倒伏的蔬菜扶正，减少相互挤压的现象，并适当培土壅根。在天气转晴时用遮阳网进行短期遮阴，减少蒸腾，防止涝后突晴暴晒，植株生理性失水引起萎蔫。对于设施栽培蔬菜或育苗棚可采取避雨栽培（即直接覆盖顶膜或直接覆盖遮阳网或一膜加一网）遮阳、降温，防止暴雨冲刷及雨后骤晴高温暴晒。其他瓜类蔬菜，可剪去部分黄叶、烂叶、老叶，适当中耕、培土、压蔓，促进根系发育，恢复植株生长；豆类、叶菜类，当暴雨过后，应及时进行人工喷水，冲洗叶片。在有水井的地方，最好用井水进行喷灌，把黏附在茎叶上的泥土洗净。

c. 注意土壤调理。受洪水长期浸泡的土壤通气性很差，土壤易板结，影响蔬菜正常生长。退水后，尽快改善土壤的通气状况，同时，配合使用一些矿质肥，调理土壤环境，恢复土壤活力，预防土传病害的侵袭。

d. 加强肥水管理，恢复菜苗生长。菜田受淹后，养分容易流失，故应及时补施氮、磷、钾肥及其他复合微肥。在施肥上应适当，注意不能偏重、过量，否则，容易引起肥害。同时要结合中耕进行。

e. 及时采收上市。受淹蔬菜尚能采收上市的如叶菜、豆类、瓜类等，要尽量尽快采收上市，减少损失。

f. 安排后作，抢时播栽。受淹时间过长、菜苗已经死亡的田块，如叶菜类的小白菜、瓜类、茄类或不耐浸的其他蔬菜，要及时安排好重新播种或改种工作。洪水过后，要及时施用石灰消毒，然后抢晴整地，安排好播种期。可优先考虑安排种植生长期短、生长快、产量高的叶菜类等品种，确保蔬菜均衡上市。同时，有条件的菜农利用设施进行快速育苗，并实施设施栽培，以确保蔬菜及时上市。

g. 针对洪涝灾害的生产救灾预案。对部分出现死苗、缺苗的田块，积极指导农民做好速生蔬菜的补种、改种工作。同时，切实采取避雨措施，组织对甘蓝、花菜、辣椒、番茄、茄子、瓠子、黄瓜、小南瓜、莴苣、西芹等秋播蔬菜的育苗工作。对腾空的地面要突击抢播快生菜，如大白菜5号秧、小白菜、夏大白菜、生菜、油麦菜、广东菜心、叶用薯尖、竹叶菜、苋菜、芹菜、毛豆、四季豆、豇豆、萝卜、香菜、菠菜等。

h. 抢晴用药，综合防治病虫害。暴雨过后，雨天高湿而雨后高温，易被病菌感染，会造成多种病害流行。如叶菜类软腐病、黑腐病，瓜果类疫病、叶霉、灰霉病，茄果类土传性病害、根结线虫病等的发生。故退水后要针对不同品种、受害程度及时喷施杀虫剂、杀菌剂。另外，结合防治病虫害，加强温度、水分管理，及时通风换气；养分供应要少施氮肥，增施钾肥、生物肥和腐殖酸等肥料。可适当喷洒一部分叶面肥，如喷施0.2%～0.3%的磷酸二氢钾或其他叶面肥等，补充各种养分，以便提早调节、恢复生长机能，保证蔬菜正常生长。

i. 防止次生灾害、山高路陡地带、要注意泥石流和滑坡的危害，采取一定的防御措施，防止次生灾害，对于因雨量较大、浸泡时间较长而引起棚脚松动的设施，要及时检修，防止大棚倒塌。

4. 矿质营养

"有收无收在于水，收多收少在于肥"，这句话对水分代谢和矿质营养在农业生产中的重要性做了恰当的评价。存在于土壤中的矿质元素，由根部吸收，进入植物体内，运输到所需要的部分，加以同化利用、满足蔬菜生长的需要。

蔬菜植物生长过程中除了需要水和二氧化碳（碳、氢、氧）外，必需补充的矿质元素有：氮（N）、碳（P）、钾（K）、钙（Ca）、镁（Mg）、硫（S）、铁（Fe）、硼（B）、钼（Mo）、锰（Mn）、铜（Cu）、锌（Zn）和氯（C）。

在土壤栽培条件下，除氮、磷、钾三要素和钙、镁以外的营养元素，土壤有机物和肥料中都会有一定含量，所以习惯上都把氮、磷、钾加上钙、镁元素当作肥料施入土壤，其余元素非特殊情况下都不作肥料施用，但目前南方多数菜园施化肥过多，有机肥料施用量日趋减少，使菜园土壤有机质含量下降、土壤酸化、微量元素缺乏，特别是缺乏硼与钼。因此，当前把硼与钼也当作肥料施入土壤。

（1）蔬菜作物的吸肥特点

蔬菜作物种类品种繁多，供食部位和生长特性各异，对土壤营养条件要求也不相同，但蔬菜作物与其他作物比较，在营养元素吸收方面有不同的特点。

①盐基代换量高

土壤胶体上吸附的阳离子可分为两类：①氢离子（H^+）和铝离子（A^{3+}）；②盐基离子，钙离子（Ca^{2+}）、镁离子（Mg^{2+}）、钾离子（K^+）和铵离子（NH_4^+）。蔬菜作物主要吸收盐基离子。

作物根系盐基代换量是衡量根系活力的主要指标之一。根系盐基代换量大小与吸收养分能力强弱呈正相关。一般根系盐基代换量大的作物，其根系吸收养分的能力也强，相反，根系盐基代换量小的作物，其根系吸收养分的能力也弱。蔬菜作物根系盐基代换量，一般比禾本科作物高，大多数蔬菜根系盐基代换量都在每100g干根40～60mmol之间。高于60mmol/100g的蔬菜有黄瓜、莴苣、芹菜等，低于40mmol/100g的蔬菜有葱、洋葱等。而禾本科作物根部盐基代换量都较低，小麦14.2mmol/100g、玉米19.2mmol/100g、水稻23.7mmol/100g。

由于蔬菜根部盐基代换量高，所以蔬菜作物钙离子（Ca^{2+}）和镁离子

（Mg^{2+}）营养水平也高，蔬菜作物吸收钙量平均比小麦高 5 倍多，其中萝卜吸钙量比小麦多 10 倍，包菜高达 25 倍以上。根系盐基代换量高的作物，吸收二价的钙离子（Ca^{2+}）、镁离子（Mg^{2+}）多。因此，蔬菜上应施钙肥与镁肥。

②蔬菜属于喜硝态氮作物，对铵态氮敏感

一般喜硝态氮（NO）（如硝酸钠或硝酸钙）作物吸钙量都高，有的蔬菜作物体内含钙可高达干重的 2% ~ 5%。有材料证明，当铵态氮（NH）（如碳酸氢铵或氯化铵）施用量超过 50% 时，洋葱产量显著下降，菠菜对铵态氮更敏感，在 100% 硝态氮条件下产量最高，多数蔬菜对不同态氮反应与洋葱、菠菜反应相似。因此，在蔬菜栽培中应注意控制铵态氮的适当比例，铵态氮一般不宜超过氮肥总施肥量的 1/4 ~ 1/3，当铵态氮不适当增加时钙和镁的吸收量都下降。

番茄铵态氮比例不宜超过 30%，铵态氮在低温时，危害更明显，在高温时症状缓和。

③蔬菜为喜高肥多钙作物

适于蔬菜生长的培养液浓度比适合于水稻生长的培养液浓度氮素高 20 倍，磷素高达 3 倍，钾素高达 10 倍左右。

蔬菜吸氮量比小麦高出 40%，吸磷量高 20%，吸钾量高出 1.92 倍，吸钙量高出 4.3 倍，吸镁量高 54%。上述材料充分说明了蔬菜属于喜肥作物。根菜类、结球叶菜、瓜类、茄果类蔬菜吸钙量高于农作物或其他经济作物。

④蔬菜根系呼吸需氧量高

土壤通气状况好坏对根系形态和吸收功能有很大的影响。在通气良好的土壤中生长的蔬菜根部较长、色浅、根毛多，而通气不良的土壤中生长的根系短而多、根色暗、根毛少。即土壤通气良好促进根伸长，土壤通气不良抑制根伸长，形成多而短的分枝。

蔬菜根部和土壤微生物呼吸都需要大量氧气，土壤中氧气不足对生长影响较大。

黄瓜对土壤含氧量要求最高，茄子在土壤含氧量达10%时产量最高，而黄瓜在土壤含氧量10%时只有土壤含氧量20%时产量的90%，减产10%。番茄、茄子不减产。

不同种类蔬菜对土壤含氧量敏感程度和要求不同。萝卜、包菜、豌豆、番茄、黄瓜、菜豆、辣椒等蔬菜对土壤含氧量敏感，不足时对生长影响较大；但蚕豆、豇豆、洋葱等对土壤含氧量反应不敏感，氧气不足时对生长影响不大。

⑤蔬菜吸硼量高于其他作物。

根菜类、豆类蔬菜含硼量高。许多蔬菜比禾本科作物吸硼量高，因此，常出现缺硼症。禾本科作物体内含硼量约2.1～5.0mg/kg，而绝大多数蔬菜体内含硼量为10～75mg/kg。

⑥多数蔬菜吸钾量大

茄果类、瓜类、根菜类、结球叶菜等蔬菜吸收的矿质元素中，钾素营养占第一位。

（2）主要蔬菜吸收养分特点

①茄果类蔬菜

茄果类蔬菜对氮（N）、磷（P）、钾（K）、钙（Ca）、镁（Mg）的吸收比例有共同规律：吸钾量最高，吸收元素比例顺序为钾＞氮＞钙＞磷＞镁。由此可见，茄果类蔬菜施钾肥应放在优先位置加以考虑，钙肥施用也不容忽视。

茄果类蔬菜幼苗生长状况对产量、品质影响较大。茄果类蔬菜从播种到定植前的幼苗生长期内，经历了两个不同生长时期——营养生长期和营养生长与生殖生长并进时期。构成茄果类蔬菜的早期产量的果实都是在育苗期完成花芽分化和发育。因此，茄果类蔬菜幼苗期生长发育水平是增产的关键时期，必须采取有效的技术措施，才能培育出苗壮的幼苗。

苗期应加强磷、钾营养，满足植株生长需要，幼苗质量高，早期和红熟果产量都高；相反，幼苗期如果偏施氮素营养，幼苗生长不良，延迟结果期，产量降低。幼苗期氮肥、磷肥、钾肥必不可少，钙肥对花芽分化也有影响，如果钙营养不足，花芽分化就延迟。因此，幼苗期氮、磷、钾、钙营养对产量形成十分重要，应均衡施用。

土壤中含氧量对氮、磷、钾吸收及生长有影响，茄果类蔬菜土壤含氧量为10%～20%，对养分吸收较好，对生长有促进作用。

②瓜类蔬菜

钾肥有助于提高瓜类蔬菜的雌花率，缺钾容易产生大肚瓜。氮肥过多可引起雌花分化延迟，瓜类生长势衰落，营养不良。

瓜类蔬菜苦味除与品种遗传性有关外，还与栽培中施过多氮肥有关。黄瓜吸收钙肥、钾肥量较多，对氮、磷、钾、钙、镁吸收比例为100：35：170：120：32，每吨产品吸收量为氮2.4kg、磷0.9kg、钾4.0kg、钙3.5kg、镁0.8kg。瓜类蔬菜虽对钾、钙吸收量大，但不可忽视氮肥施用，如果瓜类蔬菜生长期内氮肥不足，则果实品质差。瓜类蔬菜喜硝态氮，如果铵态氮（如碳酸氢铵）施用过多，不仅影响到植株生长，还影响到钙、镁的吸收。

③根菜类蔬菜

根菜类蔬菜根部开始膨大是供应氮肥的关键时期。钾肥对根菜类的产量与品质影响很大，应注意多施钾肥。萝卜对氮、磷、钾吸收比例为 1.0 : 0.3 : 1.24，胡萝卜为 1.0 : 0.5 : 2.7。萝卜每吨产品吸收氮、磷、钾、钙、镁的量为 2.3kg、0.9kg、3.1kg、1.0kg、0.2kg，胡萝卜每吨产品吸收氮、磷、钾、钙、镁的量为 7.5kg、3.8kg、17.0kg、3.8kg、0.5kg。由此可见，胡萝卜需肥量远远超过萝卜。

根菜类中的萝卜、胡萝卜需要较多础肥，萝卜轻度缺硼，地上部看不到异常症状，但膨大根部变褐色：严重缺硼时根膨大不良，根内部全变褐色，组织粗糙，比较硬。据报道；施钙肥配合硼可显著地提高胡萝卜的含糖量，并明显提高产量。根菜类、薯芋类为忌氯作物，应避免施用含氯的化肥。

④绿叶菜类

绿叶菜类生长快、单位面积株数多、对土壤水要求严格、植株矮小、叶面积指数大、根系比较浅，吸收根一般分布于 30cm 深土层，最适宜在有机质含量丰富、土层较厚、保水保肥能力强的壤土上栽种，并应施用较多速效肥料，其中以氯素为主。

如菠菜吸肥特性：菠菜是一种最不耐酸性土壤的作物，在酸性土壤上播种，易出现出苗不齐，叶色变黑，下部叶片黄化，根先端变褐色等现象。这种酸性障碍可施用石灰来改善土壤 pH 值，可在播种前 2 周施用石灰，每 667m^2 施 100 ~ 150kg。菠菜喜硝态氮，施用硝态氮比例应在氮素化肥的 3/4 以上，菠菜吸收氮、磷、钾之比为 100 : 20 :（150 ~ 170），最好不要施硫酸铵。施用钾肥不可忽视，应加强钾肥施用，钾肥在提高菠菜产量中起重要作用。

⑤结球类蔬菜

吸肥适期：结球叶菜类莲座期到结球前、中期生长速度最快，是吸肥的适期，也是施肥的重点时期。大白菜、结球甘蓝吸收主要养分的顺序为钾＞氮＞钙＞磷＞镁。

氮素营养：结球叶菜类氮素营养很重要。大白菜、包菜均喜硝态氮。包菜以硝态氮90%、铵态氮10%组合的单株鲜重最高。

大白菜、包菜的无机养分吸收最高值都在结球初期出现，这时如果营养水平低的话对结球期影响很大，包菜以每1000m^2土地上施20kg左右氮素为最适宜限量。大白菜的N、P、K三要素吸收比例为1：0.38：1.18，包菜吸收氮、磷、钾比例为1：0.30：1.25。

钾素营养：大白菜、包菜从莲座期开始，吸收钾量猛增，直到结球中期吸收量达到最高值，而后降低。钾的吸收量比氮多，要注意施用足够量钾肥。

钙素营养：大白菜、包菜吸收钙肥较多，钙在体内运输速度极慢。钙对包菜和大白菜的叶球产量和品质影响较大，缺钙与土壤干旱往往造成包菜、大白菜球叶边缘干枯（烧边），心叶腐烂（干烧心）。有试验认为，氮肥（特别是硫酸铵）过高、土壤酸化、干旱可造成"干烧心病"。防止大白菜、包菜"干烧心病"应注意施用适量钙肥（如石灰、过磷酸钙），不宜过多施用硫酸铵、氯化铵、碳酸氢铵等肥料。保持土壤适宜湿度，防止干旱，如果发现叶缘干枯，可立即喷施0.7%氯化钙缓解症状。

硼素营养：结球叶菜类对硼需求量大，且我国菜园土壤普遍缺硼，应以硼酸、硼砂作基肥（每667m^2穴施0.7～1.5kg），或根外追肥（浓度为0.1%～0.2%），否则易产生叶柄（中肋）褐色纵裂、结球不良、心叶腐烂等生理病害。

⑥葱蒜类蔬菜

洋葱、葱属于吸肥量少的蔬菜。洋葱、葱的丰产栽培，除需要施用充足氮肥外，钾肥与钙肥应配合施用。

⑦豆类

豆类蔬菜同样喜硝态氮，铵态氮对豆类蔬菜具有毒害作用，导致生长延迟，生长不良，叶面褪绿，根生长不良，根色变黑，几乎无根瘤。

豆类蔬菜吸收钾比较低，吸磷比较高（与其他蔬菜相比而言），说明栽种豆类蔬菜应注意增施磷肥。菜豆对缺镁敏感，容易产生缺镁症。缺镁初期初生叶脉间黄化褪绿。如果土壤缺镁，在不施镁肥的情况下多施钾肥，则缺镁症加重，钾／镁比值在 2 以下则可防止缺镁症，可用农用硫酸镁作基肥、追肥。

（3）蔬菜矿质元素缺乏症

①缺氮症状

氮素不足时，植株矮小，叶色浅淡（叶绿素含量少）。初期症状，先是老叶叶色失绿，变为浅绿或黄色。茎色也常有改变，很快发展到全部叶片变黄色，而后变褐色。缺氮植株分枝少，花小、果实少、产量低，有的叶片变为紫红色（因氮少，用于合成氨基酸的碳水化合物也少，余下较多的碳水化合物，形成花色素而形成紫红色）。

番茄缺氮生长慢，叶色发黄，叶小而薄，叶脉，最后特别是下部叶，由黄绿色变深红色，茎变干硬而细，可能变成深红色。缺氮前期植株根发育一般比地上部良好，最后根部停止生长，逐渐呈褐色而死亡，花芽停止分化，叶面积减少，不结实，或结少量小而无味的果实，因而降低产量。

缺氮容易感染灰霉病。

黄瓜缺氮初期生长慢，叶色改变，变成绿黄不同的色调。极度缺氮时，叶呈浅黄色，全株变黄，甚至白化，茎细，干脆，前期根系受害比地上部轻，最后变褐色而死亡。果实浅黄色，已结的瓜变细，果实无商品价值。

洋葱缺氮时，症状表现最早，植株生长慢，叶片窄小，叶色浅绿，叶尖呈牛皮色，逐渐全叶变褐色。初期缺氮根部变白，正常伸长，而后根停止伸长，呈现褐色。

莴苣缺氮时，生长受抑制，叶片呈黄绿色，严重时，老叶变白并腐烂，严重矮化，结球莴苣不结球。

②缺磷症状

有些蔬菜作物缺磷，叶色深绿，营养生长停止，叶绿素浓度提高。另一些蔬菜作物缺磷，沿叶脉呈红色，须根不发达，果实小成熟慢，种子小或不成熟。成熟植株含磷量的50%集中于种子和果实中。蔬菜有2个时期要求磷量高——生长初期和果实、种子成熟期。缺磷症状通常在植株生长早期防止，因为植株所吸收供给营养生长的磷，有相当大的一部分可供给以后形成果实和种子之用。如结果期发现缺磷，再补施磷肥效果欠佳。

番茄缺磷初期症状为叶背面呈深红色。叶上先出现斑点，而后发展到叶肉，叶脉逐渐呈紫红色，茎部细弱，结果受到强烈抑制。

四季萝卜缺磷时，叶背面也呈红色。

芹菜缺磷时，根茎生长发育受阻。

洋葱缺磷多表现在生长后期，一般表现为生长缓慢、干枯和老叶尖端死亡，有时叶部表现有花斑点－绿黄同褐色间有。结球甘蓝和花椰菜缺磷时，叶背面呈紫色，因色素沿叶脉表现出来。

③缺钾症状

蔬菜缺钾多发生在施钾肥不足的土壤。蔬菜植物需钾量一般比其他元素多，而且钾容易淋溶，所以蔬菜常出现缺钾症状。

缺钾植株瘦弱而后易感病，生长减弱，淀粉形成能力和转化受到抑制，果实不甜，薯芋类不粉。

缺钾症先表现在老叶上，叶片边缘和叶尖失绿和出现斑点，不同蔬菜表现症状不同。

番茄缺钾初期，只在中部表现，而后发展到顶部，缺钾症首先表现在老叶上。番茄缺钾生长缓慢，矮小，产量降低。幼叶小而皱缩，叶缘变色，变鲜橙黄色，变脆，易碎，叶变褐色而脱落。茎变硬，不再增粗。根发育不良，较细弱，常呈现褐色，不再增粗。缺钾对番茄果实的形态、果汁稠度和品质有一定的影响，果实成熟不正常，缺乏韧性。缺钾易感灰霉病。

包菜早期缺钾，叶缘变青铜色，而后扩展到内叶。严重缺乏时症状继续发展，叶缘干枯，内叶表现呈褐斑。

胡萝卜缺钾，首先叶扭转，叶缘变褐色，内部绿叶变白，或呈灰色，最后呈青铜色。

黄瓜缺钾时叶肉（叶脉间）呈青铜色，主脉下陷，老叶受害重。果顶变小而呈青铜色。

四季萝卜缺钾时，最初症状为叶肉中部呈深绿色，同时变褐色，叶缘卷缩。严重缺乏时，下部叶、茎深黄和青铜色，叶小变薄和呈革质状。根不能正常膨大。

洋葱缺钾可能表现较早，外部老叶尖端呈灰黄色，或浅黄白色，随着叶片凋谢，逐渐向下发展，干黄瓜营养不良，特别是缺钾时，易发生大肚瓜。

枯叶密生绒毛，呈硬纸状。

④缺钙症状

钙在植物体内移动速度慢，在植物体内含量容易产生不平衡。有机肥用量减少，过量施用化肥，尤其是氯化铵可使土壤钙元素流失，缺钙时多表现在心叶上，在生长后期，根系活力衰弱和植物体内钙运输受阻，常发生缺钙生理病害。

番茄缺钙时顶叶黄化，下部仍保持绿色，这是缺钙与缺氮、磷、钾不同的典型特征。而缺氮、磷、钾时下部叶片变黄，而上部的茎和叶仍保持绿色。番茄缺钙，植株瘦弱，下垂，膨压降低或完全垂落，叶柄卷缩，根不发达、分叉，有些侧根膨大而呈深褐色。番茄缺钙易产生脐腐病，且顶芽死亡，顶芽周围的茎部出现坏死组织。

黄瓜缺钙时幼叶叶缘和叶脉间呈白色、透明腐烂斑点，严重时多数叶脉间组织失绿，叶脉仍为绿色。植株矮化，节间短，嫩叶向上卷，老叶向下弯曲。最后植株从上向下逐渐死亡，花小呈黄白色，瓜小而无味。

莴苣缺钙时，生长受抑制，幼叶畸形，叶缘呈褐色到灰色，并向老叶蔓延，严重时幼叶叶片从顶端向内部死亡。死亡组织呈灰绿色，在具有花色苷的品种叶片中部，有明显紫色。

豌豆缺钙时，引起叶片呈红斑，先是在中肋附近，而后扩展到侧脉，病斑逐渐扩大到全叶肉，叶色从绿到白绿，甚至到白色，首先叶基部褪色，而后叶缘失掉绿色。缺钙是生长缓慢和形成矮小植株的原因。

⑤缺镁症状

镁是叶绿素的组成成分。因此，缺镁最显著的特征是叶片脉间失绿，小的侧脉也失绿（这一点可与其他元素的缺乏症相区别）。一般缺镁最先在老叶上表现症状，先是叶缘出现浅黄色失绿斑，并向脉间发展。严重时，老叶枯萎，全株呈黄色。

番茄缺镁时，叶片易碎向下卷曲，叶脉保持深绿色，脉间叶肉呈黄色，逐渐扩展，以后变褐色而死亡。

甘蓝生长前期缺镁，下部叶失绿，有斑点和皱缩。在严重缺镁时斑点表现明显，斑点沿叶缘扩大成块，叶中部呈白色或浅黄色斑块，逐渐死亡。在极度缺镁时叶缘的白色或黄色斑块变褐色。如只缺镁时，坏死组织扩展到全叶。如果同时缺氮，全部叶先变成白绿色，而后变黄，最后叶脉间组织死亡。

胡萝卜缺镁时，叶呈浅色，叶尖浅黄色或呈褐色。缺镁植株一般矮小。

⑥缺硼症状

硼是蔬菜作物的主要营养元素之一。我国东部、东北部和东南部地区土壤普遍缺硼，尤其是干旱年份硼素往往严重不足，施入过量石灰，也会加速缺硼，因为硼的可给性降低。

植株各器官中含硼量不同，花器官中以柱头和子房最多，缺硼时花柱和花丝萎缩，花粉发育不良，往往导致白菜、包菜、花菜等蔬菜只开花不结实或结实很少。

各种作物缺硼典型症状差异较大，但其相同症状是根系不发达，生长点死亡。

芹菜缺硼引起茎部开裂。芹菜缺硼初期，叶部沿叶缘出现病斑。随着病斑的发展茎脆度增加，沿茎面表皮中出现褐色带，最终在茎表面出现横裂纹，破裂处组织向外卷曲，受害组织呈深褐色。缺硼植株的根系变褐色，侧根死亡，以至植株死亡。

肉质直根类蔬菜，由于缺硼而发生"心腐病"，初期在根部最粗部位出现深色斑点。生长缓慢，缺硼植株叶片少而小。缺硼植株叶常现卷曲，叶中脉很快卷曲和褪绿，生长点死亡和腐烂，根达不到正常大小，肉质根表现不平滑，带灰色。

芜菁缺硼根横切可看到髓部腐烂，呈水浸状。根据缺硼程度不同，心腐表现也不同，有时呈分散病斑部和多数水浸状。

萝卜缺硼肉质根中心赤褐色或黑褐色条纹，称"赤心"，这种萝卜煮不烂。

结球白菜、包菜缺硼，幼叶叶柄内侧发生纵向或横向开裂，裂口为褐色（有的为黑色），叶片短而卷缩，质地粗糙，硬而脆，顶芽坏死，严重的不结球，如果结球，纵切后可看到部分变为褐色，腐烂。

莴苣缺硼出现分生叶片畸形，上部叶片斑点和日灼状。因缺硼植物生长点停止生长，莴苣缺硼的首要症状是生长缓慢和由于叶缘停止生长，顶部嫩叶向下弯曲而出现畸形，叶上斑点增多形成斑块，逐渐扩展到全部上部叶片，叶尖端似日灼状。老叶上缺硼症表现不明显，但全部幼嫩叶片，首先是生长点变成卷缩状。

花椰菜缺硼时，主茎和小花茎上出现分散的水浸斑块，花球外部和内部变黑。在花球不同成熟阶段缺硼症都能发生，但随着植株生长年龄的增加而加重。花球周围的小叶缺硼时，发育不健全或扭曲。青花菜缺硼，茎部中空。

洋葱植株缺硼时，发育不良或畸形。叶色从深灰绿色到深蓝绿色。在幼叶上呈现黑黄和绿色斑点，基部叶片表面皱缩和横裂。叶片成水平伸出状而变脆。

⑦缺钼症状

钼与其他微量元素相反，它对植物的有效性随土壤 pH 值的增加（即碱性增强）而增加。因此，一般 pH 值在 6.5 以上的土壤很少缺钼，而酸性土壤和富含铁的土壤则易发生缺钼。土壤有效态钼＜ 0.1mg/kg，植株表现缺钼。

花菜缺钼时，叶片狭长条状，叶片边缘弯曲，凹凸不整齐，幼叶和叶脉失绿，称为"鞭尾症"，严重的不结球。

豌豆、蚕豆缺钼时，叶色黄绿，生长不良，根瘤发育不良，根瘤不发达，老叶枯萎上卷，叶缘呈焦状。

番茄缺钼时，老叶先褪绿，叶缘和叶脉间的叶肉呈黄色斑状，叶边向上卷，叶尖萎焦，渐向内移。严重者死亡，轻者仅开花，结实受到抑制。

⑧缺铁症状

华中地区菜园土多数为偏酸性土壤，酸性土壤铁化合物的溶解度偏高，植物残体或厩肥施入土壤后，能提高植物吸收铁效率。酸性土壤一般不缺铁，在碱性土壤（如海涂）常发现某些植物由于缺铁而失绿。缺铁的典型症状为植株上部叶片变黄色，上部枝条先表现失绿。土壤施入石灰使铁纯化，使不同种类的蔬菜受害程度不同。

番茄缺铁时，顶端叶片失绿，初期在最小叶的叶脉上产生黄绿相间的网纹，从顶叶向老叶发展，伴随着轻度坏死和组织坏死。

黄瓜缺铁时，叶脉绿色，叶肉黄色，逐渐呈柠檬黄色至白色，芽生长停止，叶缘坏死至完全失绿。

⑨缺铜症状

蔬菜作物缺铜引起叶片颜色改变。缺铜植株叶片失掉韧性而发脆、发白。

番茄缺铜侧枝生长缓慢，根系发育更弱，叶色呈深蓝绿色，叶卷缩，不能成花，严重失绿时根、叶丧失坚固性。

黄瓜缺铜时，生长受抑制，节间短，呈丛生状，幼叶小。后期叶片青铜色，症状从老叶向新叶发展。

莴苣缺铜时，叶失绿变白，沿叶柄和叶缘首先表现症状。叶片向下卷曲成杯状，叶色从叶边向里变黄，症状从老叶向新叶发展。

⑩缺锌症状

锌对菜豆、南瓜和芥菜作物组织的正常发育具有重要意义。一些作物缺锌，叶片上产生感染斑点或出现坏死和死亡组织。有些作物则表现失绿。番茄和芥菜缺锌常表现为叶片不正常而且小，发黄或斑枯。

番茄缺锌时，叶片数量减少，失绿，表现不正常的皱缩，叶柄有褐斑，叶柄向后卷曲，受害叶片迅速坏死，几天内全部叶片萎落。

黄瓜缺锌时，嫩叶生长不正常，芽呈丛生状，生长受抑制。

⑪缺锰症状

番茄缺锰，茎叶先变浅绿，而后变黄，主脉间叶肉变黄，因叶脉仍保持绿色，所以黄化叶片就呈黄斑状。以后茎叶全部变黄，新生小叶常呈坏死状，植株不开花。

菠菜缺锰呈现失绿症状，首先表现在新生叶片上，以后蔓延到全株。一般为绿色叶肉组织逐渐褪色，最初呈浅绿色，而后呈金黄色。经过一段时间叶脉间（即叶肉）可能出现白色坏死组织。缺锰变黄的菠菜叶片常与病毒病相似，叶片出现卷曲、皱缩和坏死斑块，称为菠菜黄化病。

黄瓜缺锰时叶片呈黄白色，但叶脉仍是绿色。缺锰植株的蔓比较短，细弱，花芽常呈黄色。

长江流域各地菜园土壤一般不缺铁、锌、铜、锰，可不施这些微量元素肥料。

第三章　植物的组成和营养元素

　　要了解植物正常生长发育需要什么养分，首先要知道植物体的养分组成。新鲜植物体一般含水量为70%～95%，并因植物的年龄、部位、器官不同而有差异。叶片含水量较多，其中又以幼叶为最高，茎秆含水量较低，种子中则更低，有时只含5%。新鲜植物经烘烤后，可获得干物质，在干物质中含有无机和有机两类物质。干物质燃烧时，有机物在燃烧过程中氧化而挥发，余下的部分就是灰分，是无机态氧化物。用化学方法测定得知，植物灰分中至少有几十种化学元素，甚至地壳岩石中所含的化学元素均能从灰分中找到，只是有些元素的数量极少。经生物试验证实，植物体内所含的化学元素并非全部都是植物生长发育所必需的营养元素。人们早就认识到，植物体内某种营养元素的有无和含量高低并不能作为营养元素是否必需的标准。因为，植物不仅能吸收它所必需的营养元素，同时也会吸收一些它并不必需，甚至可能是有毒的元素。因此，确定某种营养元素是否必需，应该采取特殊的研究方法，即在不供给该元素的条件下进行营养液培养，以观察植物的反应，根据植物的反应来确定该元素是否必需。

　　1939年阿隆（Arnon）和斯托德（Stout）提出了确定必需营养元素的3个标准：

（1）这种化学元素对所有高等植物的生长发育是不可缺少的。缺少这种元素植物就不能完成其生命周期。对高等植物来说，即由种子萌发到再结出种子的过程。

（2）缺乏这种元素后，植物会表现出特有的症状，而且其他任何一种化学元素均不能代替其作用，只有补充这种元素后症状才能减轻或消失。

（3）这种元素必须是直接参与植物的新陈代谢，对植物起直接的营养作用，而不是改善环境的间接作用。

通过化验了解到，作物体干物质中有 70 多种化学元素。通过生物试验，目前国际公认的高等作物生长发育所必需的营养元素是：碳、氢、氧、氮、磷、钾、钙、镁、硫、铁、锰、铜、锌、硼、钼、氯、镍。其余的是植物非必需的化学元素，如硅、硒等。

对许多作物所做的测定了解到，作物体内必需营养元素的含量是不相同的。根据作物对它们的需要必需营养元素分为 3 类：

（1）大量营养元素包括碳、氢、氧、氮、磷、钾。在碳、氢、氧和氮、磷、钾大量元素中，碳、氢、氧 3 种元素是含量最多的，它们构成植物体干重的 95% 以上，来源于大气和水；氮、磷、钾的含量占植物体干重不足 5%，主要来源于土壤。其中有小部分氮素来自空气中的氮气，只有豆科作物才能通过根瘤菌获取空气中的氮素。

（2）中量营养元素包括钙、镁、硫。钙、镁、硫三种中量元素主要靠土壤供应。

（3）微量营养元素包括铁、锰、铜、锌、硼、钼、氯、镍。微量元素主要来源于土壤，植物对它们的需要量很少。

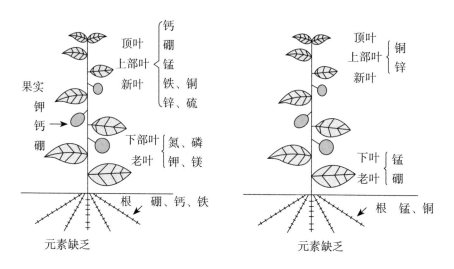

营养元素缺乏症与过剩症易发现的部位

第四章　作物必需大量营养元素

一、碳

（一）碳的营养功能

碳、氢、氧作为植物的必需营养元素，它们积极参与体内的代谢活动。首先始于植物光合作用对 CO_2 的同化。碳、氢、氧以 CO_2 和 H_2O 的形式参与有机物的合成，并使太阳能转变为化学能。它们是光合作用必不可少的原料。

陆生植物光合作用所需的 CO_2 主要取自空气，空气中的 CO_2 的含量约为 0.03%。从植物光合作用的需要量来看，这一数值是比较低的。然而，空气的流动能使 CO_2 得到一定数量的补充。有资料报道，若使 CO_2 浓度提高到 0.1%，就能明显提高光合强度并增加作物产量。不过浓度过高对植物也不利。如浓度超过 0.1% 时，光合强度不仅不能提高，反而会产生不良影响。如 CO_2 能促进叶片中淀粉的积累，易产生叶片卷曲现象，影响叶片的光合作用。一般来说 CO_2 浓度降低，光合作用的速率则急剧减慢。在植物生长茂盛、叶片密集的群体内，CO_2 浓度往会降低到 0.02% 并大大限制了光合作用。此时，使用 CO_2 肥料即可获得显著的增产效果；对于要求 CO_2 浓度较高的植物，其效果更加明显，生长期内表现为干物质可能成倍增加，收获时产量能提高几成。

（二）补充碳素养分的重要性

碳位列 17 种必需营养元素之首，在植物中的含量高达 50%，为氮、磷、钾元素之和的 5 倍多，作物增产必需增碳。然而，国内外养分平衡研究和技术开发中的重点始终在氮、磷、钾，以及中微量元素，甚少涉及碳营养，尤其是有机碳。经典植物营养三个原理之一的最小因子律表达为木桶原理图，它形象地显示了消除营养元素短板对增产的重要性，同样，碳在经典理论上虽有其名而在木桶图中却无其位。100 多年来化肥工业生产出氮、磷、钾及中微量元素肥料品种，唯独碳肥（除了二氧化碳施于大棚外）产品几为空白，这与碳营养的重要性是极不相配的。碳主要来源于大气，通过光合作用将 CO_2 转化为需要的碳水化合物。大气 CO_2 浓度约为 360mg/kg，植物株间实际浓度 200mg/kg，而光合作用的最佳浓度为 1000mg/kg 左右，大气浓度仅为最佳浓度的 1/5，在理论上作物存在碳饥饿。

作物生长过程是一种在大自然环境下进行的生化反应过程。作为生化反应最重要的底物之一，碳的供应不充分直接制约着生化反应的速率，同时减少反应物的生成，对于粮食作物来说，即产量减少。目前所有的高产记录均未将充足的碳营养作为前提，已有的肥料试验只能说是提高利用已有的碳供应量的结果，但作物产量有可能仍然受到碳饥饿的制约。若能在平衡施肥中补充碳，现有的高产记录可望被突破。

在温室和塑料大棚栽培中，增施 CO_2 肥料是不可忽视的一项增产技术，尤其是设施栽培采用无土栽培技术时，更是如此。由于温室或塑料大棚栽培中，植物所需的 CO_2 只能靠通气、换气时，由室外流入的空气中得到补充，而在冬、春季为了保温，温室内经常通气不足，CO_2 浓度常低于 0.03%。

生产实践中证明，使温室内 CO_2 浓度提高到 0.1% 时，只要其他生长因素配合得好，能使净光合率增加 50%，产量提高 20% ~ 40%。可见，增施 CO_2 肥料是一项重要的技术措施。温室中增加 CO_2 浓度可采用液化 CO_2 或固体 CO_2（干冰）、燃烧石蜡、天然气、丙烷或白煤油等碳氢化合物的方法加以补充。北京市丰台区农科所在菜农中推广碳酸氢铵肥料加浓硫酸的方法补充 CO_2 的不足，效果也很明显。但必须注意，CO_2 浓度应控制在 0.1% 以下为好。

二、氢

（一）氢的营养功能

氢不仅经常与碳和氧结合构成许多重要有机化合物，同时它还有许多极其不寻常的功能。由静电吸引所形成的氢键比其他化学键的结合力弱，具有明显的弹性、易分易合的特点。在许多重要生命物质的结构中氢键占有重要地位，例如在蛋白质和酶中，其多肽链的折叠、卷曲和交联，使之变成复杂的空间结构，而具有各种奇特的功能。这种空间结构的形成，氢键起很大的作用。又如，作为遗传物质的 DNA，是由两条相当长的多核背酸以双螺旋形式相互盘卷而成的，而这种盘卷结构正是通过碱基之间所形成的氢键来实现的。由于氢键的易分易合性，特别有利于 DNA 的复制和转录。

氢和氧所形成的水，在植物体内有非常重要的作用。当水分充满细胞时，能使叶片与幼嫩部分挺展，使细胞原生质膨润，膜与酶等保持稳定，生化反应得以正常进行。水是植物体内的一切生化反应的最好介质，也是许多生化反应的参加者。水是植物中氢的基本来源。它可自发电离产生质子，使细胞内质子维持在一定水平上，同时它的活性受许多因素的调节。

水是最大而最安全的质子（H^+）库，水微弱解离产生的质子（H^+）源源不断地供给植物细胞中某些生化反应的需要，但又不大量产生 H^+ 使细胞酸化。植物许多重要的生化反应都需要 H^+。例如，H^+ 在光合和呼吸过程中是维持膜内外 H^+ 梯度所必需。在光合作用中，当 CO_2 还原为糖时，呼吸作用把有机物分解并放出能量，H^+ 对能量代谢有重要作用。可见，光合作用和呼吸作用都需要 H^+ 与电子受体结合形成还原性物质。氢在氧化还原反应中作为还原剂，参与 NADP 还原过程。质子在光合磷酸化中起着重要的作用。此外，H^+ 还是保持细胞内离子平衡和稳定 pH 值所必需。

由氢产生的质子不仅可直接作为许多代谢反应的底物或产物，而且在调节酶促反应、膜运输以及其他调节系统（如第二信使）活性方面都有重要作用。此外，质子还联络着细胞内各个分室，在胞间运输中发挥重要职能。

在很多情况下，氢的重要作用是通过水分体现的。因此，以往人们只认识到水分对植物的重要性，而不认识其中也包含着氢对植物所做的贡献。

（二）H+ 过多对植物的危害

不适宜的氢离子浓度，不仅直接伤害细胞原生质的组分，而且还通过其他方面间接影响植物的生长发育。例如，直接影响根系对营养元素的吸收，降低环境中营养元素的有效性，使环境中有毒物质的浓度增加等等。pH 值变化对植物的生长发育也十分密切。有资料报道，休眠的菊芋其块茎汁液和胞浆的 pH 值都比非休眠状态的高出 0.4 个 pH 单位。pH 值下降将有助于促进养分释放，供给生长点萌发；而 pH 值上升时，薄壁细胞能主动积累养分，使养分从生长点转移出来，造成休眠的条件。

植物细胞内许多重要的生活物质，如酶、蛋白质等，对 pH 值的改变都很敏感，有的会引起物质的破坏或变性，有的会改变生化反应的方向。

例如，细胞质酸化会引起 CO_2 暗固定的增加。因为液泡膜两侧 pH 值的变化促进了苹果酸向液泡运输，降低了胞浆中苹果酸的浓度，从而能提高 PEP 羧化酶的活性。

细胞液酸化会引起胞液酶发生定位错误。pH 值降低对酶的活性也有明显的影响。一般来讲，胞内 pH 值可以影响酶的反应基团及其作用底物的电离状态，从而直接影响酶的活性。此外，pH 值也可通过其他机制影响酶的活性。在植物生长过程中，以 CO_2 为 C 源、以 NH、NH、N_2 或 CO（NH_2），为氮源时，氧化代谢是过量 H 生成的主要原因。植物细胞原生质膜上的 H^+-ATP 酶能将细胞代谢过程中产生的过量质子排出膜外。因此，人们普遍认为 H^+-ATP 酶在调节细胞质 pH 值中起主要作用。

近 30 多年来，氢酶在豆科作物固氮过程中的作用引起了人们浓厚的兴趣。不少人对氢酶也进行了研究。固氮微生物中有三类能催化氢代谢的酶：固氮酶、可逆性氢酶和吸氢酶（即单向氢酶）。它们三者之间有明显不同的生理生化特性。固氮酶能催化 H^+ 还原成 H_2。从各种生物中分离出的固氮酶均能催化放 H_2，反应过程中需要 ATP 及 Fd，不受 CO 的抑制。可逆性氢酶可催化 H^+ 与 H_2 之间的可逆反应，反应不需要 ATP，但受 CO 的抑制。吸氢酶只能催化 H_2 的氧化，主要是羟化反应。其反应是单向的，其产物是 H_2O，并有 ATP 产生。在没有 O_2 作为末端电子受体时，也能还原某些其他底物。其活性受 CO 的抑制。可逆性氢酶催化放 H_2，可除去过剩的还原力，以保证细胞生理活动的正常进行。氢化酶吸 H_2 的羟化反应中，可为细胞提供 ATP 和还原力（NADH 和 NAD-PH），从而有利于固氮作用，同时也有利于固定二氧化碳并还原成糖类。

NADH 和 NADPH 是固氮作用还原力的重要提供者，它们可由糖酵解反应生成，或由 6-P- 葡萄糖、苹果酸、异柠檬酸等有氧代谢的中间产物与其相应的脱氢酶反应而产生。从理论上分析，H_2 的再循环利用确实有助于增强固氮作用和提高作物产量，但是要在实践中取得明显的效果，还要注意其他各种条件的配合，特别是植株的特性和生长条件。

三、氧

（一）氧的营养功能

植物体内氧化还原作用中，氧是有氧呼吸所必需。在呼吸链的末端，O_2 是电子（e）和质子（H^+）的受体。大多数植物的氧来自 CO_2 和 H_2O。植物的呼吸作用产生的能量，为植物吸收养分提供了充足的能源。在其他很多方面都离不了能量，可以说没有能量就不能维持植物生命的一切活动。植物呼吸作用的中间产物是合成蛋白质、脂肪和核酸等重要有机物的原料，因此呼吸作用直接影响植物体内各种物质的合成与转化。当呼吸强度和途径发生改变时，代谢中间产物的数量和种类也随之改变，从而引起一系列其他物质的代谢和生理过程，最终将破坏正常的代谢过程及植物的生长发育。因此，呼吸作用与植物体内各种物质的合成、转化均有密切的关系。

作物吸收养分受供氧状况的影响。根系进行氧呼吸时，可取得吸收养分时所需的能量。能量充足时，植物吸收养分量明显增加。缺氧条件下，对作物的危害是十分明显的。缺氧不仅影响根细胞的有氧呼吸以及 ATP 的合成，导致根系吸收养分的能力下降，出现缺素症；而且会因乳酸积累或其他无氧酵解生成酸性代谢产物，而导致细胞质酸化。由于抑制乳酸发酵还会诱导乙醇的合成。

氧对豆科作物固氮也有一定的影响。大部分固氮微生物同样需要氧作为末端电子受体，进行氧化磷酸化，产生 ATP。因此，在适当供氧条件下，能使需氧性固氮微生物提高固氮酶的活性。

过去，人们只知道氧是植物必需的营养元素，离开氧植物就不能生活；并且认为氧对需氧生物是有益无害的，直到 1968 年，McCord 与 Fridovich 发现超氧化物歧化酶以后，大家才逐渐认识到氧的某些代谢产物及其衍生的活性物质也有损害需氧生物机体的作用。氧自由基是生物体自身代谢过程中产生的。它是一类活性氧，即超氧化物自由基（O_2^-）、羟自由基（OH）、过氧化氢（H_2O_2）、单线态氧（$1O_2$）及脂类过氧化物（RO'、ROO'）。这类物质是由氧转化而来的氧代谢产物及其衍生的含氧物质。由于它们都含氧，且具有比氧还要活泼的化学特性，所以统称为活性氧（也称为氧自由基）。活性氧具有很强的氧化能力，对生物体有破坏作用。

（二）活性氧的危害及其消除

在正常情况下，植物细胞内活性氧的含量很低，且有自身的清除系统，使活性氧的产生与清除处于低含量的动态平衡状态，一般对植物没有明显影响。但是，一旦条件发生变化，使之失去平衡，活性氧就会积累，并对植物产生毒害。如，生物膜内的双分子层中所含有的不饱和脂肪酸链易被氧化分解而导致膜整体的破坏。表现为膜的透性增大、离子漏失，严重时则造成植物死亡。同时，活性氧还会产生膜脂脱脂化现象，也会造成膜的伤害。此外，活性氧对叶绿素、核酸等也有破坏作用。

现在人们越来越注意到活性氧的破坏作用和对活性氧的清除。植物体内氧自由基有两大清除系统，即酶系统和抗氧化剂系统。

1. 酶系统

（1）超氧化物歧化酶（SOD）。它是植物细胞中清除氧自由基最重要的酶类之一。目前发现有 3 种不同形式的 SOD，即 CuZn-SOD、Mn-SOD 和 Fe-SOD。它们的主要功能是清除超氧化物自由基。SOD 清除 O_2 的能力与其含量多少有关，而生物体合成 SOD 的数量常受 O_2 浓度的影响。在 O_2 的诱导下，可提高 SOD 的生物合成的能力。

（2）过氧化氢酶（CAT）。在细胞的过氧化体中，酶反应所产生的 H_2O_2 可被过氧化氢酶清除。其他细胞器中产生的 H_2O_2，进入过氧化体后也可被过氧化氢酶清除。

（3）过氧化物酶（POD 或 POX）。它是清除 H_2O_2 与许多有机氢过氧化物的重要酶。在过氧化氢酶含量很少或 H_2O_2 数量很低的组织中，过氧化物酶可代替过氧化氢酶清除 H_2O_2。目前了解最多的是谷胱甘肽过氧化物酶（简称 GSH-PX）。在线立体及胞浆中所产生的 H_2O_2 常靠它来清除。

上述 3 种酶协调一致，即可使生物体内的自由基维持在低水平，从而防止自由基的毒害。因此，Fridovich 统称它们为保护酶系统。

2. 抗氧化剂系统

（1）维生素 E。生物体内维生素 E 的主要作用是防止脂类过氧化。它可淬灭单线态氧（$1O_2$），或与单线态氧发生反应，所以它是单线态氧的有效清除剂。维生素 E 能使在脂类过氧化过程中连反应关键作用的 ROO 转变为化学性质较不活泼的 ROOH，从而使脂类过氧化的链式反应中断，而终止脂类过氧化的作用。据报道，此类反应发生在膜的表面。

（2）谷胱甘肽（GSH）。谷胱甘肽既能清除 H_2O_2，又能修复损伤，使有机自由基恢复为原有机化合物和防护脂类过氧化物造成的损伤。

（3）抗坏血酸（ASA）。它也是生物体内自由基的重要清除剂。同时，抗坏血酸对维持体内维生素 E 的含量有重要作用。

此外，非酶类的自由基清除剂还有细胞色素 f、甘露糖醇、氢醌、胡萝卜素等。

在正常情况下，植物细胞内存在自由基的产生和清除两个过程，并处于平衡状态，因此自由基的含量维持在较低的水平。但在逆境条件下（如低温、水分、养分缺乏等）植物体内活性氧代谢系统的平衡被破坏，自由基的生成量增加，而清除自由基的能力降低，致使植物膜系统受损。此外，植物在遭到大气污染、重金属污染、高温、盐渍、强光辐射、衰老、病害等胁迫时均会使平衡破坏，导致植物体内自由基的积累和膜透性失常，造成一系列生理生化代谢紊乱。如能短期解除胁迫，植物仍能逐渐恢复生长，如长期受害，植物则不能忍受而死亡。

豆科作物体内的某些固氮微生物需要适量的氧，而固氮酶本身又对氧十分敏感，氧能使固氮酶不可逆地失活，并阻遏固氮酶的合成。高效率的固氮作用一般是在微氧条件下进行的。某些固氮微生物自身具有防氧保护及对氧进行调控的能力。如，可通过高强度的呼吸作用消耗 O_2，以降低体内氧的浓度；需氧固氮微生物往往体内含有氢化酶（吸氢酶），能通过羟化反应消耗体内一定数量的 O_2；还可通过固氮和光合放氧作用在时间上的隔离，即固氮与光合放 O_2 在生活不同时期内进行（例如固氮蓝藻，其早期固氮作用旺盛时，光合作用微弱，后期光合作用旺盛，发生放 O_2，固氮酶活性则急剧下降）；多种微生物成群聚居的方式也可有效地排除 O_2 等。一些固氮微生物（如棕色固氮菌和圆褐固氮菌）体内还存在着氧保护蛋白（也称为 Shethna 蛋白），它对固氮酶活性可进行"开 – 关"调节。这些都有助于减少氧的数量，起到保护固氮酶的作用。

碳、氢、氧是植物有机体的主要组分。碳是构成有机物骨架的基础。

碳与氢、氧可形成多种多样的碳水化合物，如木质素、纤维素、半纤维素和果胶质等，这些物质是细胞壁的重要组分，而细胞壁是支撑植物体的骨架；碳、氢、氧还可构成植物体内各种生活活性物质，如某些维生素和植物激素等，它们都是体内正常代谢活动所必需的；此外，它们也是糖、脂肪、酚类化合物的组分，其中以糖最为重要。糖类是合成植物体内许多重要有机化合物如蛋白质和核酸等的基本原料。植物生活中需要的能量必须通过碳水化合物在代谢过程中转化而释放。碳水化合物不仅构成植物永久的骨架，而且也是植物临时储藏的食物或是积极参与体内的物质代谢活动（包括各种无机盐类的吸收、合成、分解和运输等），并在相互转化中，形成种类繁多的物质。由此可见，碳水化合物是植物营养的核心物质。

四、氮素

（一）氮素营养

氮为作物结构组成元素，主要构成蛋白质、核酸、叶绿素、酶、辅酶、辅基、维生素、生物碱、作物激素。

氮常以硝态氮、铵态氮和酰胺态氮被作物吸收，也可吸收有机氮。旱田作物以吸收硝酸盐为主，作物吸收硝酸盐为主动吸收，受载体作用的控制，要有 H-ATP 酶参与。铵态氮主动吸收，在根系中合成胺。

根系吸收的氮通过蒸腾作用由木质部输送到地上部器官。作物吸收的铵态氮绝大部分在根系中同化为氨基酸，并以氨基酸、酰胺形式向上运输。作物吸收的硝态氮以硝酸根或在根系中同化为氨基酸再向上运输。韧皮部运输的含氮化合物主要是氨基酸。

作物吸收的硝酸盐在作物根或叶细胞中利用光合作用提供的能量或利用糖酵解和三羧酸循环过程提供的能量还原为亚硝态氮，继而还原为氨

（硝酸还原酶→亚硝酸盐—氨），这一过程称为硝酸盐还原作用。氨在植株体内参与各种代谢物质的生成。

1. 蛋白质

在氨同化作用过程中，氨与谷氨酸、天冬氨酸等各种有机化合物相结合，产物为谷氨酰胺、天冬酰胺等。谷氨酰胺和天冬酰胺在氨基酸合成过程中提供氨基，与 a– 酮酸等底物生成 100 多种氨基酸，其中有 20 种氨基酸用来合成蛋白质。

2. 核酸

二氧化碳、氨、氨基酸，有时还有甲酸盐生成氮碱基（腺嘌呤、鸟嘌呤、胞嘧啶、尿嘧啶、胸腺嘧啶）。氮碱基与核糖相连，称为核苷。核苷与磷酸连接成核苷酸。核苷酸组成核酸，是生物遗传信息的主要储存库。脱氧核糖核酸将作物遗传信息转录到核糖核酸，核糖核酸将信息翻译为多肽的氨基酸顺序，形成蛋白质。

3. 叶绿素

由 L– 谷氨酸形成 8– 氨基 –y– 酮戊二酸，再生成胆色素原（吡咯环），再合成尿卟啉原，继而生成原卟啉，又生成原叶绿素酸酯，最终形成叶绿素。

4. 酶、辅酶、辅基

酶是一类具有特殊功能的蛋白质，可以催化生物反应过程。简单蛋白质酶类除蛋白质外不含其他物质，结合蛋白质酶类则由蛋白质和称为辅助因子的非蛋白质的小分子物质组成全酶。辅助因子包括辅酶、辅基和金属离子。辅酶和辅基的组成与维生素和核苷酸有关。

5. 维生素

5.1 维生素 B 含有氨基和硫，又叫硫胺素。生物组织中常以硫胺素焦磷酸酯（TPP）形式存在。TPP 是丙酮酸脱羧酶和 a- 酮戊二酸的辅酶。由 a-酮戊二酸形成琥珀酰辅酶 A 需有它参加。TPP 在糖代谢中有重要作用。

5.2 维生素 B2 又叫核黄素，是许多氧化还原酶、黄酶的辅基。

5.3 维生素 Bg 是吡啶的衍生物。吡哆醇在无机磷、ATP 参与下能转变成磷酸吡哆醛。它是氨基转移酶的辅酶。

5.4 维生素 PP 为尼克酰胺。尼克酸在生物体内由色氨酸转变而来，构成脱氢酶的主要辅酶烟酰胺腺嘌呤二核苷酸（NAD）和烟酰胺腺嘌呤二核苷酸磷酸（NADP）的成分。

6. 生物碱

烟碱、茶碱、可可碱、咖啡碱、胆碱、奎宁、麻黄碱等均含氮，大多具有复杂的环状结构，难溶于水，易溶于微酸溶液，胆碱是卵磷脂的重要成分，卵磷脂参与生物膜的合成。

7. 植物激素

生长素和细胞分裂素也是含氮有机化合物。

8. 酰脲

酰脲（尿囊素、尿囊酸、瓜氨酸、B- 尿基丙酸和 B- 尿基异丁酸等）是贮存和运输形态的氮，和谷氨酰胺和天冬酰胺一样，是作物体内贮存、转运氨和解除氨毒的形态。

（二）氮营养诊断

1. 作物缺氮症状

作物缺氮的显著特征是植株下部老叶片从叶尖开始褪绿黄化，再逐渐向上部叶片扩展。缺氮也会造成作物品质下降，蛋白质和必需氨基酸、生物碱以及维生素的含量减少。整个植株生长受抑制，地上部受影响较地下部明显。叶片呈灰绿色或黄色，窄小，新叶出得慢，叶片数少，严重时下部老叶呈黄色，干枯死亡。茎秆矮短细小，多木质，分枝少。根受抑制较细小而短。花、果实发育迟缓，籽粒不饱满，严重时落果，不正常地早衰早熟，种子小，千粒重轻，产量低。水稻、麦类缺氮，分蘖少或无，穗小粒少；玉米缺氮，下部叶黄化，叶尖枯萎，呈"v"字形向下延展；叶菜类作物缺氮，叶小而薄，色淡绿或黄绿，含水量减少，纤维素增加，丧失柔嫩多汁的特色，商品价值下降；结球菜类缺氮，叶球不充实；果树缺氮新梢细瘦，叶小色淡，果小皮硬，含糖量虽相对提高，但产量很低。

2. 作物氮素过多

过量施氮症状：氮素过多，常使作物生育期延迟，贪青晚熟，对某些生长期短的作物，会造成生长期延长，易遭到早霜的侵害。氮素过多使营养体徒长，细胞壁薄，叶面积增加，叶色浓绿，细胞多汁，植株柔软，易受机械伤和引起植株的真菌性病害。群体密度大，通风透光不良，易导致中下部叶片早衰，抗性差，易倒伏，结实率下降。千粒重降低，秕粒多；棉花烂铃增加，铃壳厚，棉纤维品质降低；水果和甘蔗的含糖量降内薯块变小；烤烟的烟叶变厚，不易烘烤，烟碱含量高，品质差；豆科作物枝叶繁茂，结荚少；芹菜叶柄变细，叶宽大易倒伏，叶的生育中、后期延迟，收获期随之延迟，易老化，不耐储存。氮素过多还会增加叶片中硝态氮、亚硝胺类、甜菜碱、草酸等的含量，影响植物油和其他物质的含量。造成作物品质下降、减产，甚至造成土壤理化性状变坏、地下水污染。特别在保护地栽培条件下，更应重视合理施用氮肥。

3. 易于发生的环境条件

作物对氮需要量大，大多数土壤不能满足作物需要，如不施用氮肥，一般作物均可能出现缺氮症状，以下条件更易发生：

·轻质沙土和有机质贫乏的土壤。

土壤理化性质不良，排水不畅，土温低，有机质分解缓慢的土壤。

·施用大量新鲜有机肥，如绿肥及新鲜秸秆容易引起微生物大量繁殖，夺取土壤有效氮而引起暂时性缺氮。氮过剩一般为施用氮肥过量或对前作肥料残留量估计不足等。

4. 诊断方式

（1）形态诊断：作物缺氮症状如前所述，以叶黄、植株短小为其特征，通常容易判断。但单凭形态判断，难免误诊，仍需结合植株、土壤的化学诊断。

（2）植株诊断：植株的全氮量与作物生长及产量有较高的相关性，各种作物缺氮的临界范围：水稻（分蘗期叶片）为全氮2.4%～2.8%；大小麦、燕麦（抽穗期地上部）为1.25%～1.50%；玉米（抽雄期果穗节叶片）为2.9%～3.0%；棉花（蕾期功能叶）与高粱（开花期自上而下第三叶）为2.5%～3.0%；果树（叶片）为2.0%～3.8%。生产上为争取时间尽快作出判断，在田间诊断时采用组织化学速测法：①旱作用硝酸试粉法。作物组织中的硝态氮与试粉作用，产生红色偶氮物质，根据红色深浅判断氮状况。②水稻用碘–淀粉法。水稻进入幼穗分化期，叶鞘淀粉积累程度与氮高低呈负相关。采叶鞘，用碘液使叶鞘染色（蓝色），以染色长度（A）与叶鞘总长度（B）之比（A/B）值进行判断。此法限于决定后期穗肥的需要与否。

五、磷素

（一）磷素营养

磷是作物体内很多重要的有机化合物的组成元素。核酸、核蛋白、磷脂、植素和腺三磷等组成都含有磷。即使有些有机化合物不含磷，但在其形成和转化过程中也必须有磷参加，如淀粉、蛋白质、油脂和糖的形成及其它生命活动。

核酸是作物生长发育、繁殖和遗传变异中极为重要的物质，是形成核蛋白的主要成分。而细胞核、原生质和染色体都是由核蛋白组成。这种化合物集中在作物最富有生命力的幼叶、新芽、根尖上，担负着细胞增殖和遗传变异的功能。核蛋白的形成只有在磷素不断进入作物体内的情况下才能完成，特别是在作物生长的初期，磷进入作物体内的过程即使短暂的停止，也会使核蛋白的合成作用受阻。

磷脂主要存在于种子的胚和幼嫩的叶子中，它是构成生物膜的重要组成部分。生物膜是保证和调整物质流、能量流和信息流出入细胞的通道，并对这三种流具有选择性能，从而调节生命活动。几乎所有的生命现象都与生物膜有关。磷脂具有亲水性同时又具有疏水性，这就增强了细胞的渗透性。磷脂既具有酸性基又含有碱性基，因而可以缓冲和调节原生质的酸碱度。

植素是环己六醇磷酸酯的钙镁盐，又称植酸钙镁。它是积累在作物种子中的一种贮存形式。在种子萌芽时或幼苗生长初期，植素在植素酶的作用下，可以被水解成为无机磷供作物吸收利用。植素还有利于淀粉的生物合成。

腺三磷（ATP）在作物体内的作用，相当于能量贮存和供应的中转站。它借助于高能键的存在，具备大量的潜在能量。当腺三磷水解时，末端的磷酸根很快脱出，形成腺二磷（ADP）而释放出 25.08 ~ 33.44 千焦的热能。此外，磷还存在于各种脱氢酶（辅酶Ⅰ、辅酶Ⅱ）、黄素酶、氨基转移酶等酶中，它们是作物体内许多代谢过程中的重要催化剂。因此，磷是保证形成腺三磷和生成多种酶的重要条件，有利于作物体内各种代谢作用的顺利进行。

磷对加强碳水化合物的合成和运转有很重要的作用。在光合作用阶段，将光能转化为化学能，也是通过光合磷酸化作用，把光能贮存于腺三磷的高能磷酸键中来实现的。蔗糖和淀粉的合成，也是要经过磷酸化作用后，才能使合成反应顺利进行。磷还可以促进碳水化合物在作物体内的运输。

磷是氮化合物代谢过程中酶的组成之一。在氮化合物的合成过程中，要有"能"源供应，而作物在呼吸时通过氧化磷酸化作用所生成的腺三磷，则是"能"量的供应者。

磷对作物利用硝态氮也有良好影响。对豆科作物，磷还能提高共生根瘤菌的固氮活性，增加固氮量。作物体内油脂的代谢也和磷密切相关。因为由糖转化为甘油和脂肪酸的过程中，以及两者进一步合成脂肪时，都需要有磷的参加。

磷能提高作物的抗逆性及对外界环境的适应性。磷所以能提高作物的抗旱能力，是因为磷能提高细胞结构的充水性，减少细胞水分的损失，并增加原生质的黏性和弹性，这就增强了原生质对局部脱水的抵抗能力。同时，磷能促进根系发育，增加与土壤养分接触面积和加强对土壤水分的利用，减轻干旱造成的威胁。磷还能提高作物的抗寒性，这是因为磷可以维持和调控作物体内的新陈代谢过程，在低温下仍能保持较高的合成水平，相应也增加了体内可溶性糖类和磷脂的水平。因此，对越冬作物和早稻秧苗增施磷肥，可使作物发根健壮，少受冻害。磷素营养充足时，对提高细胞内部的缓冲性有重要作用，能使细胞原生质的反应保持比较稳定的状态，有利于细胞生命活动的正常进行。所以在盐碱地上施用磷肥，可以提高作物对碱性的抵抗能力。

总之，磷对作物生长发育的影响是多方面的。及时供给磷素养分，能促使各种代谢过程顺利进行，使体和分解、移动和积累得以协调一致，达到根深、秆壮、发育完善，促使提早成熟，提高产量，改善品质。

（二）磷营养诊断

1. 作物缺磷症状

缺磷的症状首先表现在老叶上，从下部叶子开始，叶缘逐渐变黄，然后死亡脱落，有些作物缺磷时，下部叶片和茎基部呈紫红色，在幼苗期较明显，中后期有所缓解，严重缺磷时，叶片枯死脱落。茎细小，多木质。根和根毛长度增加、根半径减少，次生根极少，有的作物缺磷时能分泌出有机酸，使根际土壤酸化，溶解更多的难溶性磷，提高土壤磷素的有效性。缺磷易引起根系相对生长速度加快，根冠比增加，从而提高根对磷素的吸收和利用。花少，果少，果实迟熟，种子小而不饱满，千粒重下降。缺磷也会引起作物体内硝酸盐的积累，造成品质下降。轻度缺磷，外表形态不易表现出来，如禾谷类作物可能只表现分蘖减少。水稻缺磷，植株瘦小，不分蘖或少分蘖，叶片直挺，株丛紧凑呈"一炷香"株形，叶色呈暗绿色或灰蓝色；小麦缺磷，苗期叶鞘呈特别明显的紫色；玉米缺磷，植株瘦小，茎叶呈明显紫红色；油菜缺磷，子叶形小色深，背面紫红色，果实皮厚粗糙；苹果缺磷，叶色暗绿，形小，老叶深暗带紫；番茄缺磷，叶呈灰绿色，叶背紫红色；洋葱缺磷，移栽后幼苗发根不良，易发僵。十字花科作物、豆科作物、茄科作物及甜菜等是对磷极为敏感的作物。其中油菜、番茄常作为缺磷指示性作物。

2. 作物过量施磷症状

过多地供给磷酸盐，强烈地促进作物呼吸，消耗大量糖分和能量，往往会使禾谷类作物无效分蘖和瘪粒增加；叶肥厚而密集，叶色浓绿；生殖器官过早发育，因而茎叶生长受到抑制，引起植株早衰。叶类蔬菜纤维素含量增多，降低食用品质，整齐度差。烟叶的燃烧性差。柑橘等的果实着色不良，品质下降。水稻磷素过多还会阻碍硅的吸收，易感染稻瘟病。因磷素过多而引起的病症，通常以缺锌、缺镁、缺铁等失绿症表现出来。豆科作物籽粒蛋白质含量低，易引起锌、铁、锰、硅的缺素症，收获时间不一致。

3. 易于发生的环境条件

· 酸性，有机质贫乏，熟化度低，固磷力强的土壤如红黄壤等。

· 早春低温，高寒山区，冷浸田。

· 水旱轮作田冬季种植旱田作物时。

· 易缺磷作物，如十字花科、豆科、茄科作物中的许多种，油菜、玉米、番茄、洋葱、水稻（旱稻）、麦子（冬作）都容易或较容易发生缺磷症状。

4. 诊断方式

（1）形态诊断：缺磷形态症状如上，要点在于"僵态"，即生长停滞，形态苍老。不少作物缺磷叶色转红，但须注意发红并不都由缺磷引起，低温可诱发叶片发红，发红与发僵兼有才是缺磷。

（2）植株诊断：植株全磷（P）含量与作物磷素营养呈正相关，一般认为植株磷 $< 0.15\% \sim 0.20\%$ 为缺乏，$0.2\% \sim 0.5\%$ 正常。但因作物种类、品种、生育阶段不同而有差异，水稻（分蘖期叶片）$< 0.15\%$ 为

缺乏，0.15%～0.30％为正常；棉花（苗期功能柄）<0.13％为缺乏，0.14%～0.8％为正常；玉米（抽雄时期，穗轴下第一叶）<0.10％严重缺乏，0.15%～0.24％轻度缺乏，0.25%～0.40％正常。田间诊断时，可结合形态症状作组织速测。作物中磷与钼酸铵作用生成磷钼杂多酸，以还原剂还原呈蓝色即磷钼蓝，根据蓝色深浅判断磷的高低状况。

（3）土壤诊断：土壤全磷含量一般不作为诊断依据，而以土壤有效磷为指标，因土壤类型不同而采用不同浸提剂，在石灰性和中性土壤上普遍采用0.5摩尔/升碳酸氢钠提取，有效磷<5毫克/千克为缺乏，5～10毫克/千克为中量，>10毫克/千克为丰富；酸性土壤一般用0.03摩尔/升氟化铵＋0.025摩尔/升氯化氢提取，有效磷<3毫克/升为严重缺乏，3～7毫克/千克为缺乏，7～20毫克/千克为中量，>20毫克/千克为丰富。

六、钾素

（一）钾素营养

钾是非作物结构组分元素。作物以钾离子形态吸收钾。根吸收钾的方式有主动吸收和被动吸收两种。动吸收要消耗能量，通过膜结合的 H-ATP 酶提供；被动吸收可沿电化学势梯度进行。两种方式中常以主动吸收占主导地位。钾首先要满足细胞质内代谢的需要。液泡是一种储备的细胞器，其中贮备的养分，也包括，大部分是通过代谢主动吸入的。

钾不是作物细胞结构组分，在作物体内钾以钾离子形态存在，很易运输。钾从木质部薄壁细胞进入木质部导管是逆电化学势梯度进行，受代谢的控制。进入导管后靠根压和蒸腾拉力向地上部运输。地上部组织从木质部导管液中吸取钾，可以通过木质部薄壁细胞质膜内的钾离子选择通道，也可通过 H-Atp 酶所启动的钾 / 氢共运输体进入地上部组织。

韧皮部筛管液中高浓度的钾随糖分运输流大量流动。筛管细胞质膜中的 H-ATP 酶泵出氢离子，启动氢离子 - 蔗糖共运输，在氢离子外流的同时钾离子被吸收到筛管。钾离子有促进韧皮部运输的功能。这主要是在合成代谢中的功能。钾促进蔗糖合成，蔗糖是碳水化合物运输的主要形式；钾也促进淀粉和蛋白质合成，因此促进同化物从源到库的运输；此外钾沿着韧皮部运输途径调节膨压，也促进溶质在筛管中的运输。

钾的功能有以下几个方面：

1. 钾在作物体内的功能主要是激活酶

有 60 多种酶需要钾来激活。当激活作用发生在一个或几个钾离子连接的酶分子表面时，钾可以改变酶分子的形状并暴露出酶的活性位点。这些酶在作物的上下两个生长点的分生组织中显得特别丰富，在那里细胞分裂得特别快，而且生成初生组织。

2. 钾参与光合作用

钾对光合作用的各个环节都有促进作用，包括希尔反应、光合电子传递、光合磷酸化作用、二氧化碳的固定和同化以及光合产物的运输等方面。

3. 钾对作物水分平衡的调节作用

表现在几个方面：钾是一价阳离子，在植株中比其他阳离子对渗透压的调节有优势。钾提供很强的渗透势将水分子拉入作物根系。其次，钾同有机酸阴离子（如苹果酸）作为主要溶质，使细胞膨压增高，促进细胞伸长。钾还通过调节生长素（吲哚乙酸）和赤霉素来影响细胞伸长。第三，钾调节气孔保卫细胞的膨压控制气孔开闭来控制蒸腾失水。光通过结合在保卫细胞质膜内的 H-ATP 酶使 ATP 水解，从保卫细胞内泵出氢离子，同时保卫细胞外的钾离子进入。

4. 钾调节阴阳离子平衡和 pH 值

钾平衡细胞结构内大分子的阴离子电荷或是在液泡、木质部及韧皮部内可转移的阴离子电荷，同时保持这些部位 pH 值。钾促进根系对硝酸根的吸收及其在作物体内的运输。

5. 钾从三个方面促进蛋白质代谢

第一，钾促进根对硝酸盐的吸收和转运，在硝酸根通过木质部导管向枝叶运输过程和枝叶中形成的苹果酸阴离子通过韧皮部运到根系脱羧生成碳酸根释放到土壤中与硝酸根交换的两个过程中，钾都作为这些阴离子的反离子。

第二，钾促进氨基酸向蛋白质合成的部位运输。

第三，钾促进蛋白质合成。

（二）钾营养诊断

1. 作物缺钾症状

作物缺钾症状一般在生长发育中后期才能看出来，表现出植株生长缓慢、矮化。典型症状为：植株下部老叶尖端沿叶缘逐渐失绿变黄，并出现褐色斑点或斑块状死亡组织，但叶脉两侧和中部仍保持原来色泽，有时叶卷曲显皱纹，植株较柔弱，易感染病虫害。严重缺钾时，幼叶上也会发生同样的症状，直到大部分叶片边缘枯萎、变褐，远看如火烧焦状；茎细小而柔弱，易倒伏；分叶多，结穗少，种子瘦小；果肉不饱满，果实畸形。一般蔬菜缺钾时，体内硝酸盐含量增加，蛋白质含量下降，根系生长明显停滞，细根和根毛生长差，经常出现根腐病，常倒伏，高温、干旱季节，植株失水过多出现萎蔫。水稻缺钾，叶片散长大量赤褐色斑点，焦尖，由下而上扩展，严重时稻面发红如火烧状。大麦缺钾，下叶叶尖、叶缘黄化，逐渐枯焦；有的品种叶面出现水浸状斑点，以后枯白，病斑近似矩形，称白斑型缺钾症。玉米缺钾，叶尖和叶缘黄化，焦灼明显，有时因节间显著缩短，叶片长宽变化不大致比例失调，导致株型异常。棉花缺钾，叶片脉间不绿发黄，主、侧脉及其两侧残留绿色，形成黄斑花叶，状如虎皮斑纹。后期叶源焦枯，坏死，呈残破缺刻状，提早落叶。油菜缺钾，苗期叶缘出现灰白色小斑，开春后叶缘及脉间开始失去绿色，出现黄色斑块或白色干枯组织，叶缘呈烧灼状，茎秆壁薄而脆，遇风雨易折断，着荚稀少，荚果发育不良。大豆缺钾，下位叶边缘及脉间失绿变黄，残留绿色区类似鱼骨状，后期老叶呈青铜色皱缩不平，边缘反卷。叶菜类作物一般在生育后期老叶外卷呈现黄白色斑，斑点扩大连成片后，叶子干枯脱落。黄瓜缺钾，果实发育不良，常呈头大蒂细的棒槌形。番茄缺钾，果实着色不匀，肩部常色不褪，称"绿背病"。苹果缺钾，严重时，几乎整株叶片呈明显的红褐色，卷曲干枯，焦灼感显著。马铃薯、甜菜、玉米、大豆、烟草、桃、甘蓝和花椰菜对缺钾反应敏感。

2. 作物过量施钾症状

过量施钾不仅会浪费资源，而且会造成作物对钙等阳离子的吸收量下降，造成叶菜心腐病、苹果苦痘病等；施用过量钾肥会由于破坏了植株养分平衡而导致品质下降；过量施用钾肥会造成土壤环境污染及水体污染；过量施用钾肥，会削弱庄稼生产能力；易早衰，生长期变短，引起作物缺镁症和喜钠作物的缺钠症。

3. 易于发生的环境条件

·供钾力低的土壤，质地较粗的河流冲积母质发育的土地，河谷丘陵地带的红砂岩，第四纪黏土及石灰岩发育的土壤，南方的砖红壤及赤红壤等。

地下水位高，土层坚实，以及过度干旱的土壤，阻碍根的发育，减少对钾的吸收。

·偏施氮肥，破坏植株体内氮、钾平衡，诱发缺钾。

·少施或不施有机肥的土壤。

·前作种植需钾量高的作物，如红麻、花椰菜、甘蓝菜等，长期连续种植时更是如此。

·还原性强的水稻田，抑制水稻根的呼吸，妨碍水稻对钾的吸收。

·种植对缺钾敏感作物，常见易缺钾作物有水稻、油菜、棉花、玉米、大豆、甘蓝、花椰菜、马铃薯、甘薯、甜菜、番茄、桃、桑等。

4. 诊断方式

（1）形态诊断：外部症状如上。典型症状是下位叶叶尖黄化褐变。

（2）植株诊断：植株全钾量，可以判断作物的钾素营养状况，大多数作物叶片钾的缺乏临界范围为 0.7% ～ 1.5%，但因作物不同而有差异，水稻（抽穗期植株）为 0.8% ～ 1.1%；玉米（抽穗期轴下第一叶）为 0.4% ～ 1.3%；棉花（苗、蕾期功能叶）0.4% ～ 0.6%；小麦（抽穗前上部叶）0.5% ～ 1.5%；大豆（苗期地上部）及烟草（下部成熟叶片）0.3% ～ 0.5%；番茄（花期下部叶）0.3% ～ 1.0%；柑橘（叶龄 6 ～ 7 月的叶片）＜ 0.6%；苹果（叶龄 3 ～ 4 月的定形叶片）＜ 0.7%。植株缺钾还受叶片含氮率影响，不少研究者认为以钾氮比值为指标，比单纯钾指标有更好的诊断性，如油菜（出荚时叶片）钾氮比的临界值为 0.25 ～ 0.30，水稻（幼穗分化以后叶片）钾氮比为临界值为 0.5。田间诊断时，通常以形态诊断结合组织钾素测定较为方便。

常用的组织钾素测定法有：

①亚硝酸钴钠比色法。作物组织中的钾与亚硝酸钴钠作用生成黄色沉淀，根据黄色沉淀的多少作出判断。

②六硝基二苯胺试纸法。六硝基二苯胺与钾作用生成橘红色络合物，以不同浓度六硝基二苯胺制成试纸，根据显色与否判断钾营养状况。

此外，诊断玉米缺钾时，还可采用硫氰化钾法，因缺钾时铁在茎节部积累，将硫氰化钾（10%）盐酸溶液直接涂抹于玉米剖开的茎秆节部，如呈鲜明紫红色，则表明极度缺钾。

（3）土壤诊断：土壤全钾含量只代表土壤供钾潜力，一般不作为诊断指标。

土壤交换性钾和缓效（酸溶性）钾含量可说明土壤供钾水平。两者结合则更好，一般以土壤交换性钾（摩尔/升醋酸铵浸提）＜50毫克/千克、缓效钾（1摩尔/升硝酸浸提）＜200毫克/千克为缺乏，交换性钾＞100毫克/千克、缓效钾＞500毫克/千克为丰富。由单一交换性钾作为诊断指标，水稻及一般旱作物如棉花、玉米等缺钾的临界范围为60～70毫克/千克，＜40毫克/千克时为严重缺钾。

第五章　作物必需中量元素

一、钙素

（一）钙素营养

钙是作物维持正常生命活动所必需的营养元素之一，在作物体内具有多种生理功能。钙已不仅是一种参与构成作物各种器官、组织的营养物质，而且还作为信号物质调节细胞功能，为作物体内各种代谢活动的正常进行提供保障。

1. 稳定细胞膜

钙能把生物膜表面的磷酸盐、磷酸酯与蛋白质的羧基桥接起来，从而稳定生物膜结构，保持细胞膜对离子的选择性吸收的功能。钙对生物膜的稳定作用在作物对养分和盐分离子的选择性吸收、生长、衰老、信息传递以及作物的抗逆性等方面有重要作用。概括起来有以下四个方面：

（1）提高生物膜的选择吸收能力。缺钙时，作物根细胞原生质膜的稳定性下降，透性增加，致使低分子量有机质和无机离子外渗增多。严重缺钙时，原生质膜结构彻底解体，丧失对离子吸收的选择性。

（2）增强对环境胁迫的抵抗能力。如果原生质膜上的钙离子被重金属离子或质子所取代，即可发生细胞质外渗，选择性吸收能力下降的现象。

增加介质中的钙离子浓度可提高离子吸收的选择性，并减少溶质外渗。因此，施钙可以减轻重金属及酸性毒害，还可以增强作物对盐害、冻害、干旱、热害和病虫害等胁迫的抗性。

（3）维持细胞分隔化作用，减弱乙烯的生物合成，防止作物早衰。早衰的典型症状与作物的缺钙症状极其相似。而钙通过对细胞膜透性的调节作用可减轻乙烯的生物合成，从而延缓衰老。果实中的钙可抑制呼吸作用，延缓果实衰败，有效防止采后贮藏过程中出现的腐烂现象，延长贮藏期，改善水果的贮藏品质。此外，对于分布在作物叶片、茎秆、枝条内的钙离子，还有增强树势、防止叶片衰老、延缓落叶，促进养分回流到树干的作用，尤其在落叶果树中，减轻大小年现象，保证下一年的生长和产量有重要意义。

（4）提高作物品质。在果实发育过程中，供应充足的钙有利于干物质的积累；成熟果实中的含钙量较高时，可有效防止果实腐烂、利于贮存。

2. 稳固细胞壁

作物细胞壁中有丰富的钙离子结合位点，绝大部分钙与细胞壁中的果胶质结合，其生理意义为：

（1）增强细胞壁结构与细胞间的黏结作用，对维持作物支撑、保持果实硬度非常关键。

（2）对膜的透性和有关的生理生化过程起调节作用。在苹果果实的贮藏组织中，结合在细胞壁上的钙可高达总钙量的90%。缺钙后细胞壁合成受阻，抑制茎尖、根尖等分生组织中细胞分裂。同时，缺钙造成细胞壁解体，细胞易受外界不良环境的影响。

3. 促进细胞的伸长和根系生长

缺钙会破坏细胞壁的粘结联系，抑制细胞壁的形成；同时不能形成细胞板，出现双核细胞现象；细胞无法正常分裂，最终导致生长点死亡。

4. 参与信息传递

当某种信号到达细胞时，质膜对钙离子通透性瞬间增加。当细胞质中钙离子浓度增加到一定阈值时，它会与一种钙调蛋白（CaM）结合，形成 Ca^{2+}-CaM 复合体，使 CaM 成为激活态。这种激活态的 CaM 可以进一步激活作物体内多种关键酶，如磷脂酶，磷酸化辅酶的激酶、Ca^{2+}-ATP 酶等，进而使细胞产生与信号相对应的生理性反应，如细胞分裂、物质合成等。

5. 调节渗透作用

在有液泡的叶细胞内，大部分钙存在于液泡中，它对液泡内阴阳离子的平衡有重要作用。液泡中草酸钙的形成有助于维持液泡以及叶绿体中的游离钙离子浓度处于较低水平，由于草酸钙的溶解度很低，它的形成对细胞的渗透调节十分重要。

6. 具有酶促作用

钙是某些酶的辅助因子或活化剂，如脂肪水解酶、卵磷脂水解酶、α-淀粉酶、腺苷三磷酸双磷酸酶、硝酸还原酶、琥珀酸脱氢酶等。钙离了对细胞膜上结合的酶（Ca^{2+}-ATP 酶）非常重要。该酶的主要功能是参与离子和其它物质的跨膜运输。钙离子能提高 a- 淀粉酶和磷脂酶等酶的活性，还能抑制蛋白激酶和丙酮酸激酶的活性。

（二）钙营养诊断

1. 作物缺钙症状

酸性土容易缺钙，缺钙主要是由于作物体内的生理失调，缺钙时，植株的顶芽、侧芽、根尖等分生组织首先出现缺素症，植株生长受阻，节间较短，植株矮小、柔软，幼叶卷曲畸形、脆弱，多缺刻状叶缘发黄，逐渐枯死，叶尖有黏化现象。不结实或很少结实。典型的缺钙症状，如缺钙使甘蓝、大白菜和莴苣等出现干烧心或心腐病或叶焦病，番茄、辣椒、西瓜等出现蒂腐病或脐腐病，苹果出现苦痘病，梨出现黑心病等，都是缺钙引起的生理病害。

我国缺钙土壤主要分布在南方酸性红壤和交换量低的沙质土壤。华北、西北及东北西部和东南滨海地区的盐渍土，其 pH 值多在 9 以上，土壤中以钠居多，交换性钙低，有的仅为 1 毫克 /100 克土，也易引起作物缺钙。有时土壤并不缺钙，但土壤盐分高会影响作物对钙的吸收，也会导致作物出现缺钙症状，应加以区分。需钙量多的作物有紫花苜蓿、芦笋、菜豆、豌豆、大豆、向日葵、草木樨、花生、番茄、芹菜、大白菜、马铃薯、甜菜、葡萄等。

2. 作物过量施钙症状

一般土壤不易引起钙过剩，但大量施用石灰于某些高碳酸盐土壤可能引起其它元素（如磷、镁、锌、锰等）的失调症。当花生施钙 3200 毫克 / 千克以上时，花生植株生长缓慢，表现株矮、叶小、叶色黄绿；施钙达到 6400 毫克 / 千克时，出苗后 15 天左右出现受害症状，植株下部叶片呈烧焦状，根系不发达，比正常株矮 10 厘米左右，结荚少，荚果产量低。田间条件下施钙肥过多会引起蔬菜植株的非正常生长和代谢，对蔬菜的产量和品质均无明显影响，在马铃薯上表现疮痂病，引起锌、铁、锰等微量元素有效性的降低，出现微量元素缺素症。

3. 易于发生的环境条件

·全钙及交换性钙含量低的酸性土壤：如花岗岩、千枚岩、硅质砂岩风化发育成的土壤以及泥炭土等。土壤湿度过大，光照不足，蒸腾减弱，代换性钠高的盐碱土，因盐类浓度过高抑制对钙的吸收。

·大量施用盐类肥料（化学氮肥和钾肥），遇高温晴旱、土壤干燥、盐分浓缩导致缺钙。

·种植对缺钙敏感的作物如苜蓿、番茄、大白菜、甜菜、大豆、马铃薯和草莓、苹果等。

4. 诊断方式

（1）形态诊断：缺钙形态症状如上。但缺钙与缺硼某种症状相似，如都有生长点、顶芽及根尖枯萎、死亡，嫩芽、新叶扭曲，变形等，容易混淆，须注意辨别。但缺硼叶片、叶柄变厚、变粗、变脆，内部常产生褐色物质，而缺钙无此症状。

（2）植株诊断：植株含钙差异颇大，一般双子叶作物如十字花科、豆科等含量显著高于单子叶禾本科作物。几种作物的缺钙临界值或临界范围如下：小麦幼苗 < 0.14%，马铃薯叶片 < 0.49%，番茄幼苗 < 0.79% ~ 1.5%，黄瓜（茎叶）< 2.0%，甘蓝、大白菜 < 1.8%，苹果（叶）0.5% ~ 1.4%，柑橘（叶）0.7% ~ 2.0%，桃（叶）0.8% ~ 2.1%，葡萄（叶）0.4% ~ 1.75%。

（3）土壤诊断：南方淋溶的强酸性低盐基土壤易缺钙。一般认为代换性钙小于 5 ~ 6 毫克 /100 克土时，作物可能缺钙；在钙质土壤中也常发生缺钙，是由土壤盐类浓度过高抑制钙的吸收引起。因此，在土壤诊断中要注意盐类浓度的检测，结合植株含钙状况综合分析，作出判断。

5. 防治

（1）施用钙肥。酸性土壤缺钙，可施用石灰，既提供钙营养，又中和土壤酸性。对于中性、碱性土壤，鉴于原因都出于根系吸收受阻，土壤施用无效，应改用叶面喷施，一般以 0.3% ~ 0.5%（大白菜用 0.7%）氯化钙液，连喷数次；此外，对番茄脐腐病，试验施用硅酸防治有效，施硅后植株钙含量显著提高。

（2）控制肥料用量。大量施用氮、钾肥，增高土壤溶液浓度，抑制对钙的吸收，铵态氮肥尤其如此。控制用肥，防止盐类浓度提高是防治缺钙的基本措施。

（3）防止土壤干燥。高温干旱、土壤溶液浓缩，尤其是作物需钙较多时期，如大白菜结球始期，番茄结果期等，遇干旱极易诱发缺钙，应及时灌溉。

二、镁素

（一）镁素营养

镁是一切绿色作物所不可缺少的元素，是叶绿素的组成成分。叶绿素 a 和叶绿素 b 中均含有镁。可见，镁对光合作用有重要作用。镁是许多酶的活化剂，能加强酶促反应，因此有利于促进碳水化合物的代谢和作物的呼吸作用。镁在磷酸盐代谢、作物呼吸和几种酶系统的活化中也有辅助作用。其具体功能如下：

1. 叶绿素合成及光合作用

镁的主要功能是作为叶绿素 a 和叶绿素 b 卟啉环的中心原子，在叶绿素合成和光合作用中起重要作用。当镁原子同叶绿素分子结合后，才具备吸收光量子的必要结构，才能有效地吸收光量子，进行光合碳同化反应。

镁也参与叶绿素中二氧化碳的同化反应，对叶绿体中的光合磷酸化和羧化反应都有影响。

2. 多种酶的活化剂

作物体中一系列的酶促反应都需要镁或依赖于镁进行调节。在 ATP 酶催化 ATP 水解的反应中，镁首先在 ATP 或 ADP 的焦磷酸盐结构和酶分子之间形成一个桥梁，形成稳定性较高的 Mg^{2-}ATP 酶复合体，然后在 ATP 酶的作用下，这个复合体能把高能磷酰基转移到肽链上去。同时，在 ATP 的合成过程中，也需要镁将 ADP 和酶进行桥接。在 C3 作物光合作用中，叶绿体基质中的 RuBP 羧化酶（1，5- 二磷酸核酮糖羧化酶）催化二氧化碳的同化反应，而该酶的活性取决于 pH 值和镁的浓度。当镁和该酶结合后，它对二氧化碳的亲和力增加，转化速率提高。镁也能激活谷胱甘肽合成酶和 PEP 羧化酶等。

3. 调节蛋白质的合成

作为核糖体亚单位连接的桥接元素，镁可以稳定核糖体的结构，为蛋白质的合成提供场所。当镁的浓度低于 10 摩尔 / 升时，核糖体亚单位便失去稳定性，核糖体分解成小分子的失活颗粒。蛋白质合成中需要镁的过程还包括 RNA 聚合酶的活化、氨基酸的活化、多肽链的启动和多肽链的延长反应。有报道表明，镁能促进作物体内维生素 A、维生素 C 的形成，从而提高果树、蔬菜的品质。

（二）镁营养诊断

1. 作物缺镁症状

缺镁时，植株变色发生在生长后期，突出的表现是叶绿素含量下降，并出现失绿症。常从下部老叶开始失绿，逐渐发展到新叶上。双子叶蔬菜的叶脉间叶肉变黄失绿，叶脉仍呈绿色，并逐渐从淡绿色转变为黄色或白色，出现大小不一的褐色或紫红色斑点或条纹。严重缺镁时，整个植株的叶片出现坏死现象。根冠比降低。开花受抑制，花的颜色苍白。

在降水量多、风化淋溶较重的土壤，一般含镁较少，作物容易缺镁，如我国南方由花岗岩或片麻岩发育的土壤，第四纪红色黏土以及交换量低的沙土含镁量均较低。在盐碱土中，由于含钠量高，同样也会出现缺镁。此外，土壤中钾和铵的含量高，也会引起作物缺镁。

农作物严重缺镁时才会出现缺镁的症状，一般轻微缺素（或潜在缺素）作物表现不出缺镁症状，但产量已受到影响。这时，需配合植株、土壤的化学诊断，才能确定是否缺镁。一般农作物含镁量为 0.1% ~ 0.6%，通常豆科作物比禾本科作物含镁量高，块根作物镁的吸收量通常是禾谷类作物的 2 倍。

2. 作物过量施镁症状

在田间条件下，一般不会出现镁素过多而造成植株生长不良的症状。但有些根发育受阻，中质部不发达，叶绿组织细胞大而且数量少。

3. 易于发生的环境条件

·温暖湿润地区、质地粗轻的河流冲积物发育的酸性土壤，如河谷地带泥沙土；高温风化淋溶强烈的土壤，如第四纪黏土发育的红黄壤等。

·红砂石发育的红沙土。

·过量施用钾肥以及偏施氨态氮肥，诱发缺镁。

·种植敏感作物，一般果蔬作物多于大田作物，常见的主要有：菜豆、丝瓜、大豆、辣椒、向日葵、花椰菜、油菜、马铃薯；其次为玉米、棉花、小麦、水稻等；果树中葡萄、柑橘、桃、苹果也较易发生。

4.诊断方式

（1）形态诊断：某些作物缺镁有特异性症状，如小麦叶片脉间残留绿色小斑呈念珠状；水稻病叶从叶枕处呈折角下垂，匍匐出现"水面"等。但缺镁形成花叶类型多，有的类似缺铁，有的类似缺钾，容易混淆，需注意鉴别。与缺铁症状区别在于出现位置不同，缺铁在上位新叶，而缺镁出现于中、下位老叶；与缺钾症状的区别因叶位相同，辨别比较困难，但有如下几点可供比较辨认：①缺镁褪绿常倾向于白化，缺钾为黄化。②缺镁叶片后期常出现浓淡不同的紫色或橘黄色等杂色，缺钾则少见。③有些阔叶作物缺镁叶面明显起皱，叶脉下陷，叶肉微凸，而缺钾则不常见。④缺钾在叶片边缘先表现，缺镁在叶肉位置先表现。

此外缺镁症大多在生育后期发生，又易与生理衰老混淆，但衰老叶片全叶均匀发黄，而缺镁则脉绿肉黄，且在较长时间内保持鲜活不脱落。

（2）植株诊断不同作物缺镁临界值为 0.1% ~ 0.3%。小麦、燕麦及玉米植株缺镁临界值为镁＜ 0.15%；大豆植株＜ 0.30%；甜菜、马铃薯叶片＜ 0.1%；番茄、黄瓜叶片＜ 0.3%；甘蓝、大白菜＜ 0.2%；梨、苹果及葡萄等叶片＜ 0.25% ~ 0.44%；柑橘类＜ 0.10% ~ 0.25%。

（3）土壤诊断：一般用土壤代换性镁为指标，由于镁的有效性还受其它共存离子及镁总代换量比率的影响，当土壤代换性镁大于100毫克/千克，镁钾比大于2或代换性镁占总代换量＞10%时，一般不缺镁。土壤代换性镁＜ 60毫克/千克，镁钾比值＜ 1，或代换性镁占代换量＜ 10%时为缺镁。但作物间有差异，如水稻，缺镁临界值为＜ 30毫克/千克，占阳离子代换量的比率＜ 6%；马铃薯缺镁临界值为代换性镁＜ 50毫克/千克，占阳离子代换量＜ 8%；在红壤上；代换性镁＜ 25毫克/千克时，花生、大豆缺镁。

5. 防治

（1）施用镁肥：酸性缺镁果园土壤，施用含镁石灰（白云石烧制）既供镁又中和土壤酸性，兼得近期和长期效果，最为适宜。一般大田施用硫酸镁为多，每公顷施用 150 ~ 225 千克，作基肥施用。应急矫正时，以叶面喷施为宜，浓度 1% ~ 2%，连续 2 ~ 3 次。其它镁肥如氯化镁、硝酸镁、碳酸镁等都可施用，但碳酸镁效果较慢、较长，适作基肥。钙镁磷肥、钢渣磷肥以及冶炼炉渣（含镁）也都可用，所含镁为枸溶性，以用于酸性土壤并作基肥为宜。海水制盐的副产品苦卤（结晶为粗硫酸镁）以及加工产品钾镁肥等可以利用，但它们都含较多的氯，忌氧作物慎用。

（2）钾、镁平衡：钾、镁存在较强的拮抗作用，土壤中存在过量钾，抑制镁的吸收，诱发缺镁。目前钾用量偏高，易诱发缺镁。

三、硫素

（一）硫素营养

硫是氮、磷、钾之后的第四大元素，是作物结构组分元素，主要由硫氨基酸、谷胱苷肽、硫胺素、生物素、铁还蛋白、辅酶 A 等等组成。某些作物中带有难闻气味的挥发性物质也含硫，如萝卜和洋葱中的硫醇、洋葱中的二氧化硫、大蒜油和芥子油中的多硫化物等。目前，土壤缺硫已经成为部分地区增加作物产量的限制因素或潜在限制因素。硫不是叶绿素的成分，但影响叶绿素的合成，这可能是由于叶绿体内的蛋白质含硫所致。硫的生理功能如下：

1. 蛋白质和酶的组成元素

硫是构成蛋白质和酶不可缺少的成分，在作物体内许多蛋白质都含有硫。在蛋白质合成中，硫和氮有密切关系。缺硫时，蛋白质形成受阻，而非蛋白态氮会累积，从而影响作物的产量和产品中蛋白质含量。硫有助于酸和维生素的形成。胱氨酸、半胱氨酸和蛋氨酸均含硫，在蛋白质的一级结构中，二硫键使蛋白质分子相互连接，以稳定蛋白质结构。硫是苹果酸脱氢酶、α–酮戊二酸脱氢酶、脂肪酶、磷酸化酶等酶的成分。

2. 硫参与氧化还原反应

氧化条件下，两个半胱氨酸氧化形成胱氨酸；还原条件下，还原为半胱氨酸。胱氨酸–半胱氨酸氧化还原体系和谷胱苷肽氧化还原体系均是作物体内重要的氧化还原系统。

3. 硫是某些生理活性物质的组分

硫是硫胺素（维生素B）、生物素（维生素H）、辅酶A、乙酰辅酶A等生理活性物质的组分。硫胺素能促进根系生长，生物素参与脂肪合成。

4. 参与固氮作用

硫能促进豆科作物上的根瘤形成，并有助于籽粒生产。

5. 其它作用

增强作物抗旱性、抗寒性和减轻或消除重金属元素对作物的危害。

（二）硫营养诊断

1. 作物缺硫症状

作物缺硫，症状类似缺氮，植株普遍失绿和黄化，但失绿出现的部位与缺氮不同，缺硫首先出现在顶部的新叶上，而缺氮是新叶老叶同时褪绿。不过，烟草、棉花和柑橘缺硫时，症状却是老叶先表现出来，从而易与缺氮症状相混淆。作物缺硫典型症状为：先在幼叶（芽）上开始黄化，叶脉先缺绿，遍及全叶，严重时老叶变黄，甚至变白，但叶肉仍呈绿色，茎细弱，根系细长不分枝，开花结实推迟，空壳率高，果少。供氮充足时，缺硫症状主要发生在蔬菜植株的新叶，供氮不足时，缺硫症状则发生在蔬菜的老叶上。豆科和十字花科蔬菜容易发生缺硫症状。

我国北方土壤硫的供应量较高，缺硫现象较少见，南方由花岗岩、砂岩和河流冲积物等母质发育的质地较轻的土壤，含全硫和有效硫均低，故南方地区土壤硫不足现象相对较普遍，所以，南方要注意作物缺硫问题。另外，丘陵地区的冷浸田虽然全硫含量并不低，但因低温和长期淹水，影响土壤中硫的释放而导致有效硫含量低，在这些土壤中施用硫肥常有良好效果。但缺硫与缺氮的症状往往很难区别。油菜、苜蓿、三叶草、豌豆、芥菜、葱、蒜等都是需硫多、对硫反应敏感的作物。土壤缺硫，首先就会在对硫反应敏感的作物上表现出症状。

2. 作物过量施硫症状

旱作物硫过量中毒现象少见，即使在亚硫酸气污染的工矿区及工业城市周围，旱作物硫过量中毒也不多见。田间条件下施硫肥过多会引起植株的非正常生长和代谢，叶色暗红或暗黄，叶片有水渍区，严重时发展成白色的坏死斑点。南方冷浸田和其它低湿、还原物质多的土壤经常发生硫化氢毒害，水稻根系变黑，根毛腐烂，叶片有胡麻叶斑病的棕色斑点。

3. 易于发生的环境条件

·温暖湿润地区，淋溶强烈，有机质少，质地疏松的沙质土壤。

·远离城镇和工矿区，降水中含硫少的偏远地区。

·长期不施含硫化肥的土壤。

·南方丘陵山区还原性强的沙性冷浸田。

种植敏感作物，如十字花科、豆科作物及烟草、棉花等土壤容易或较易发生，禾本科作物一般不敏感，但水稻也能发生。

4. 诊断方式

（1）形态诊断：作物缺硫的一般表现为植株均匀褪淡黄化，易与缺氮混淆，但多数作物新叶重于老叶，缺氮则老叶重于新叶。

（2）施肥诊断：部分作物如水稻缺硫，褪淡黄化，新老叶差异不明显。不易辨别时，可分别施用含硫氮肥（硫酸铵）和不含硫氮肥（碳酸氢铵或尿素），施后两者叶色均变绿，属缺氮；只硫酸铵区复绿而尿素（或碳酸铵）区不复绿，则属于缺硫。

（3）植株诊断：植株缺硫，氮代谢异常而积累，氮硫比扩大，缺硫诊断以全硫或氮硫比结合作指标，临界值水稻（分蘖期）为全硫 $< 0.13\%$，氮硫比 $< 12\% \sim 19\%$；棉花硫 S $< 0.17\% \sim 0.20\%$，氮硫比 $< 15\% \sim 17\%$；苜蓿全硫 $< 0.199 \sim 0.22\%$，氮硫比 $< 11\% \sim 15\%$。

（4）土壤诊断：一般缺硫土壤的有效硫临界范围为 10 ~ 15 毫克/千克，油菜 < 10 毫克/千克，玉米 < 12 毫克/千克，棉花 < 15 毫克/千克，水稻 < 16 毫克/千克。

5. 防治

施用含硫肥料石膏、明矾、硫磺以及硫酸铵、过磷酸钙、硫酸钾镁都可见效，一般作物每公顷用纯硫 15 千克左右可以满足需要。硫磺为单元素硫，要转化为硫酸盐成硫酸根离子形态才能被作物吸收，用前宜与土壤混拌堆置。其它各种含硫肥料都是水溶速效。如遇缺硫、缺氮不易确诊时，则可直接施用硫酸铵。

第六章 作物必需微量元素

一、铁素

（一）铁素营养

铁在作物中的含量不多，通常为干物重的千分之几。铁是形成叶绿素所必需的，缺铁时便产生缺绿症，叶呈淡黄色，甚至为白色。铁还参加细胞的呼吸作用，在细胞呼吸过程中，它是一些酶的成分。由此可见，铁对呼吸作用和代谢过程有重要作用。铁在作物体中的流动性很小，老叶中的铁不能向新生组织中转移，因而它不能被再度利用。因此缺铁时，下部叶片常能保持绿色，而嫩叶上呈现失绿症。

铁在作物体内是一些酶的组分。由于常居于某些重要氧化还原酶结构上的活性部分，起着电子传递的作用，对于催化各类物质（碳水化合物、脂肪和蛋白质等）代谢中的氧化还原反应，有着重要影响。因此，铁与碳、氮代谢的关系十分密切。其生理作用具体如下：

1. 有利于叶绿素的形成

铁不是叶绿素分子的组分，但是铁对叶绿素的形成也是必需的。缺铁时，叶绿素的片层结构发生很大变化，严重时甚至使叶绿体发生崩解，可见铁对叶绿体结构的形成是必不可少的。缺铁时，叶绿素的形成受到影响，叶片便发生失绿现象，严重时叶片变成灰白色，尤其是新生叶更易出现这类失绿病症。铁与叶绿素之间的这种密切联系，必然会影响到光合作用和碳水化合物的形成。

2. 促进氮素代谢

铁和铜一样，在硝态氮还原成铵态氮的过程中起着促进的作用。在缺铁的情况下，亚硝酸还原酶和次亚硝酸还原酶的活性显著降低，使这一还原过程变得相当缓慢，蛋白质的合成和氮素代谢便受到一定影响。铁还是固氮系统中铁氧还蛋白和钼铁氧还蛋白的重要组分，对于生物固氮具有重要作用。

3. 铁与作物体内的氧化—还原过程关系密切

铁是一些重要的氧化—还原酶催化部分的组分。在作物体内，铁与血红蛋白有关，铁存在于血红蛋白的电子转移键上，在催化氧化-还原反应中铁可以成为氧化或还原的形式，即铁能增加或减少一个电子。因此，铁就成为一些氧化酶或是非血红蛋白酶（如黄素蛋白酶）的重要组分。

4. 增强抗病力

保证作物的铁素营养，有利于增强作物的抗病力。有人用氯化铁溶液对冬黑麦种子进行处理，提高了植株对锈病的抗性。施铁肥能使大麦和燕麦对黑穗病的感染率显著降低。铁盐肥还可大大增强柠檬对真菌病的抗性。

（二）铁营养诊断

1. 作物缺铁症状

作物缺铁，表现为缺绿症或失绿症，植株矮小、失绿，失绿症状首先表现在顶端幼嫩部分。典型症状为：在叶片的叶脉之间和细网组织中出现失绿症，在叶片上明显可见叶脉深绿、脉间黄化，黄绿相间很明显。严重时叶片上出现坏死斑点，并逐渐枯死。茎、根生长受阻，根尖直径增加，产生大量根毛等，或在根中积累一些有机酸。果树长期缺铁时，顶部新梢死亡，果实小。缺铁多发生在多年生的作物上。果树如苹果、梨、桃、杏、柑橘、李等都经常发生缺铁现象。对于一年生作物来说，则多发生于高粱、蚕豆、花生、玉米、甜菜、菠菜、黄瓜、马铃薯、花椰菜、甘蓝、燕麦等上。在石灰性土壤、盐碱土，以及通气良好的旱地土壤上的作物，常常容易缺铁。

2. 作物过量施铁症状

铁素过多易导致植株中毒。植物铁中毒往往发生在通气不良的土壤上，所以，铁中毒实际上是亚铁中毒，常与缺锌相伴而生。铁中毒症状因植物种类而异。亚麻表现为叶片变为暗绿色，地上部及根系生长受阻，根变粗；烟草叶片脆弱，呈暗褐至紫色，品质差；水稻下部老叶叶尖、叶缘脉间出现褐斑，叶色深暗，称为青铜病。

3. 易于发生的环境条件

·石灰性高 pH 值土壤、江河石灰性冲积土、滨海石灰性涂地、内陆盆地的石灰性紫色土。

·石灰或碱性肥料施用过多的土壤，局部混有石灰质建筑废弃物的土壤。

·施用磷肥和含铜肥料过多的土壤，由拮抗作用使铁失去生理活性。

·多雨年份，地下水位高，渍水等引起土壤过湿，促进游离碳酸钙溶解，碳酸氢根增加，抑制对铁的吸收利用；土壤温度低、湿度大、根系活力下降，导致吸收障碍。

·大型机械镇压及其它原因引起的土壤板结，通气不良，二氧化碳易积累，碳酸氢根增加，诱发缺铁。

·果树苗木移栽，根系受伤，栽后 1～2 年内也易缺铁。

·种植敏感作物。一般木本作物比草本作物敏感，多年生作物比一年生作物敏感。常见容易发生缺铁的作物：果树中有柑橘、苹果、桃、李，行道树种中有樟、枫、杨等；大田作物有花生、大豆、玉米、甜菜；蔬菜作物中有番茄等。

4. 诊断方式

（1）形态诊断：作物缺铁的外部症状前所述。在诊断中，由于铁、锰、锌三者容易混淆，需注意鉴别：①缺铁褪绿程度通常较深，黄绿间色界较明显，一般不出现褐斑，而缺锰褪绿程度较浅，而且常发生褐斑或褐色条纹。②缺锌一般出现黄斑叶，而缺铁通常全叶黄白化而呈清晰网状花纹。③缺铁一般叶片不变小，缺锌叶片变小。

（2）植株诊断：作物缺铁失绿症与稀酸（2 摩尔/升氯化氢）提取的活性铁有良好的相关性，而与全铁相关性一般。认为向日葵（叶）＜70 毫克/千克，番茄（叶）＜90 毫克/千克，水稻（叶）＜60 毫克/千克，都可能缺铁，（6 摩尔/升氯化氢）临界值为 40 毫克/千克。重金属元素过多诱发缺铁，尤其是锰，故铁与其它金属元素诊断意义。大豆叶片中正常铁锰比例为 1.5～1.6，小于 1.5 时发生缺铁症或锰过剩症，大于 2.6 则发生铁过剩症。作物缺铁时，叶片中的过氧化氢酶活性显著降低，可作诊断的辅助。

诊断以 0.1%～0.2% 硫酸亚铁或柠檬酸铁作叶面喷施，如果叶片出现复绿斑，可以确诊。

（4）土壤诊断缺铁一般发生在 pH 值＞7 的中性偏碱性土壤，酸性土壤一般可排除缺铁的可能，土壤有效铁因所用提取剂不同，临界值有差异，目前没有统一的方法和标准，一般应用较多的是 DTPA 浸提的络合态铁，也有用醋酸铵（pH4.8）提取的易溶性铁，前者临界范围为 2.5 ~ 4.5 毫克 / 千克，后者为 5.0 毫克 / 千克。

5.防治：施用含铁丰富的肥料。

二、锰素

（一）锰素营养

锰对作物的生理作用是多方面的，与许多酶的活性有关。它是多种酶的成分和活化剂，能促进碳水化合物的代谢和氮的代谢，与作物生长发育和产量有密切关系。锰与绿色作物的光合作用（光合放氧）、呼吸作用以及硝酸还原作用都有密切的关系，缺锰时，作物光合作用明显受到抑制。锰能加速萌发和成熟，增加磷和钙的有效性。

1.直接参与光合作用

在光合作用中，锰参与水的光解和电子传递。水可被分解并放出氧气和电子，并把所产生的电子传递给光系统。

在光合作用中，水的光解反应可简单表示为：H_2O 叶绿体，$Mn℃ l'2H^+ + 2e^-$

从反应式可以看出，水的光解除需要锰离子外，还需要氯离子，而且作用的场所在叶绿体中。在叶绿体内，光合水解酶能使二价锰离子进行光氧化变为三价锰离子，从而有较强的氧化势，使水氧化分解。二价锰离子和氯离子都存在于放氧系统中，组成光系统 II 的电子供体，氯离子在此过程中起活化作用。缺锰时，叶绿体仅能产生少量的氧，并且光合磷酸化作用减弱，糖和纤维素的合成也随之减少。

　　许多资料表明，叶绿体含锰量高。锰是维持叶绿体结构所必需的微量元素。缺锰时，膜结构遭破坏而导致叶绿体解体，叶绿素含量下降。如甜菜缺锰时，其栅栏组织和海绵组织细胞中叶绿体的数目、体积和叶绿素含量都明显减少。菠菜缺锰时，也表现为叶绿体片层数减少，互相融合，片层物质逐渐变成小泡状。玉米和番茄也有同样的现象。作物缺锰时，在其它器官尚未出现症状时，叶绿体的结构就已经明显受损伤。由此可见，在所有细胞器中，叶绿体对缺锰最为敏感。缺锰既降低了希尔反应速率，也降低了非循环式磷酸化的速率；光合磷酸化的降低是由于缺锰导致叶绿体结构破坏而引起的。此外，作物体内其它的氧化还原系统也受到锰的控制，例如缺锰时，抗坏血酸（维生素 C）和谷胱甘肽易被氧化而影响作物正常生长。

　　作物体内锰和铁之间的关系十分密切。在作物体中，铁以 Fe_2 和 Fe 两种形态存在。两者的比例受细胞液的氧化—还原电位支配，而锰能控制其氧化－还原电位，因此在作物体内铁和锰的数量比例与两者的缺素症有密切关系。当作物吸收过量锰时，就会引起缺铁失绿症。

2. 调节酶活性

　　锰在作物代谢过程中的作用是多方面的，如直接参与光合作用，促进氮素代谢，调节作物体内氧化还原状况等，而这些作用往往是通过锰对酶活性的影响来实现的。例如在三羧酸循环中，二价锰离子可以活化许多脱氢（如柠檬酸脱氢酶、草酰琥珀酸脱氢酶、α－酮戊二酸脱氢酶、苹果酸脱氢酶、草酰乙酸脱氢酶等），因而对呼吸作用有重要意义。锰能提高植株的呼吸强度，增加二氧化碳的同化量，也能促进碳水化合物的水解。还有不少羧化酶也需要二价锰离子来激活。不过应该指出，需锰离子激活的酶没有专一性，它的作用往往可被其它离子（镁离子）所代替。缺锰和缺镁症状很类似，但部位不同。缺锰的症状首先出现在幼叶上，而缺镁的症状则首先表现在老叶上。

锰作为羟胺还原酶的组分，还参与硝态氮的还原过程。缺锰时，硝酸还原酶活性下降，作物体内硝态氮的还原作用受抑制，硝酸盐不能正常转变为铵态氮，造成体内硝酸盐积累，因此蛋白质形成和氮素代谢受到阻碍。此外，缺锰时，由于叶绿体结构破坏，光合磷酸化强度降低，使碳水化合物合成减少，这也间接影响着硝酸盐的还原作用。

锰还是核糖核酸聚合酶、二肽酶、精氨酸酶的活化剂，它可促进氨基酸合成为肽，有利于蛋白质合成；也能促进肽水解生成氨基酸，并运往新生的组织和器官，在这些组织中再合成蛋白质。

现已发现，各种作物体内都有含锰的超氧化物歧化酶（Mn-SOD）。它具有保护光合系统免遭活性氧毒害以及稳定叶绿素的功能。

3. 促进种子萌发和幼苗生长

锰能促进种子萌发和幼苗早期生长，因为它对生长素促进胚芽鞘伸长的效应有刺激作用。锰不仅对胚芽鞘的伸长有刺激作用，而且能加快种子内淀粉和蛋白质的水解过程，促使单糖和氨基酸能及时供幼苗利用。研究表明，玉米、小麦等用锰肥进行拌种，可促进种子萌发，提高作物幼苗活性。供锰充足还能提高结实率，对幼龄果树提早结果有良好的作用。此外，锰对维生素C的形成以及加强茎的机械组织等都有良好的作用。锰对根系的生长也有影响。缺锰时作物侧根几乎完全停止生长，根中无液泡的小细胞数量增多。这也表明缺锰对细胞伸长的影响大于对分裂作用的影响。

4. 锰与蛋白质、碳水化合物和脂类代谢关系密切

锰与氮代谢有密切关系。缺锰时影响作物体内可溶性氮的含量，使硝态氮、亚硝态氮、酰胺态氮、游离氨基酸和水溶性蛋白质均增多。各器官中的可溶性糖（特别是根）显著下降，主要是光合作用受抑制所引起的。细胞叶绿体含量，特别是叶绿体成分（如糖脂类及多聚不饱和脂肪酸）的含量降低 50%。

5. 提高作物抗病力

锰素营养充足可以增强作物对某些病害的抗性。施锰能减轻大麦黑穗病、黑麦的黑粉病和坚黑穗病的发病率。冬黑麦种子用高锰酸钾浸种，可提高对锈病的抵抗力。锰能提高土豆对晚疫病、甜菜对立枯病和褐斑病的抗性。锰作种肥可减轻亚麻炭疽病、立枯病和细菌病的感染。此外，锰素能增强小麦等作物的抗寒性。

（二）锰营养诊断

1. 作物缺锰症状

在成熟叶片中锰元素的含量降到 10 ~ 20 毫克 / 千克时，即开始发生作物缺锰症状。植株矮小，呈缺绿病态。典型症状为：幼叶的叶肉黄白，叶脉保持绿色，显白条状，叶上常有斑点；茎生长势衰弱，黄绿色，多木质，花少，发育不良，果实重量减轻。缺锰的作物也比较容易受冻害袭击。

我国容易发生缺锰的土壤是富含碳酸盐，pH 值＞ 6 的石灰性土壤，特别是质地较松的石灰性土壤。成土母质富含钙的冲积土和沼泽土，以及酸性土壤施用石灰过多和干湿交替频繁的土壤均易发生作物缺锰。作物缺锰的一般症状有早期和后期两个阶段。后期为严重缺锰阶段。对锰敏感可作为锰的供给情况的指示作物有燕麦、小麦、豌豆、甜菜、柑橘、苹果等。

2. 作物过量施锰症状

施锰过多，可诱导植物出现缺铁症状。一般植物中含锰量超过 600 毫克 / 千克时，就有可能发生锰中毒（粗皮病）。老叶出现棕色斑块，斑点上有氧化锰的沉淀物。菜豆锰中毒还诱发植株缺钙，发生皱叶病。

3. 易于发生的环境条件

富含碳酸盐，pH 值 7.0 以上的石灰性土壤。

· 质地松，有机质少易淋溶土壤。

· 水旱轮作的旱茬作物。

· 低温、弱光照条件促进发生。

· 种植对缺锰敏感作物。主要有大麦、甜菜、烟草、马铃薯、柑橘、苹果；其次是小麦、番茄、豌豆等。

4. 诊断方式

（1）形态诊断：作物缺锰外部症状如上。由于缺锰与缺铁、缺锌症状近似，容易混淆，要注意辨别。与缺锌区别：缺锌多呈斑状黄化，与绿色部位色差鲜明，缺锰少见斑状黄化，色差不明显。与缺铁的区别：参看作物缺铁诊断。与缺镁区别：缺镁出现于老叶，缺锰失绿先出现于新叶。

（2）植株诊断：作物成熟叶含锰 20 ～ 30 毫克 / 千克时，可能缺锰。但不同作物有差异，一般果树（叶片）＜ 30 毫克 / 千克，小麦（孕穗期）叶片＜ 25 毫克 / 千克，大豆、番茄、黄瓜（叶）＜ 10 毫克 / 千克，甜菜、烟草、马铃薯等叶片＜ 5 毫克 / 千克。

（3）施肥诊断：结合形态特征，遇症状不易鉴别时可叶面喷施 0.2% 硫酸锰溶液，如叶片变绿，可确诊。

（4）土壤诊断：缺锰临界值因提取剂不同而不同，一般以代换性锰

（室温浸提）＜ 4 毫克 / 千克，还原性锰（含还原剂的中性醋酸铵浸提）
＜ 100 毫克 / 千克为缺乏，石灰性土壤以代换锰＜ 3 毫克 / 千克，活性锰
100 ～ 200 毫克 / 千克作为临界范围。

5. 防治

（1）施用锰肥：含锰肥料有硫酸锰、氯化锰、碳酸锰、二氧化锰、锰
矿渣等，以硫酸锰、氯化锰见效较快。一般以用硫酸锰为多，大田作物作
基肥，每公顷用量 15 千克，喷施溶液浓度 0.1% ～ 0.2%，拌种时每公顷用
750 ～ 1500 克。基施效果一般优于追施，果树一般以喷施为主。

（2）施用硫黄和酸性肥料：硫黄和酸性肥料硫酸铵等入土后产酸，酸
化土壤，可以提高土壤锰的有效性。硫黄用量约为 22.5 ～ 30 千克 / 公顷。

三、铜素

（一）铜素营养

铜离子形成稳定性络合物的能力很强，它能和氨基酸、肽、蛋白质
及其它有机物质形成络合物，如各种含铜的和多种含铜蛋白质。含铜的酶
类主要有超氧化物歧化酶、细胞色素氧化酶、多酚氧化酶、抗坏血酸氧化
酶、吲哚酸氧化酶等。各种含铜酶和含铜蛋白质有着多方面的功能。

1. 参与体内氧化还原反应

铜是作物体内许多氧化酶的成分，或是某些酶的活化剂。例如细胞色
素氧化酶、多酚氧化酶、抗坏血酸氧化酶、吲哚乙酸氧化酶等都是含铜的
酶。这些含铜氧化酶能参与氧分子的还原作用，以氧为电子受体，形成水
或过氧化氢，而铜在氧化还原作用中改变自身的化合价。由此可见，铜是
以酶的方式参与作物体内的氧化还原反应，并对作物的呼吸作用有明显影
响。例如，抗坏血酸氧化酶是作物呼吸作用的末端氧化酶之一，在呼吸作

用中把电子传递给氧。在叶片、根尖和新生的幼根中，抗坏血酸氧化酶的活性很高，是作物体内重要的催化剂之一。它不仅参与作物体内的呼吸作用，而且还参与受精过程，有利于胚珠的发育。又如漆酶，属于多酚氧化酶类，它的作用是氧化对苯二酚和邻苯二酚。作物体内胺类化合物的氧化脱氨基作用是由胺氧化酶催化的，而胺氧化酶中也含有铜。有资料报道，铜还能提高硝酸还原酶的活性，催化脂肪酸的去饱和作用和羧化作用。在这些氧化反应中它起电子传递作用。

2. 构成铜蛋白并参与光合作用

叶片中的铜大部分结合在细胞器中，尤其是叶绿体中含量较高。铜与色素可形成络合物，对叶绿素和其它色素有稳定作用，特别是在不良环境中能防止色素被破坏。铜也积极参与光合作用。叶绿体中有一种含铜的蓝色蛋白质，其分子量不大，每摩尔蛋白质中含 2 个铜原子，它被称为质体蓝素（也称为蓝蛋白）。在光系统 i 中，质体蓝素可通过铜化合价的变化传递电子。铜与光合作用的关系还不仅仅在于质体蓝素中含有铜，而且是生成质体所必需的，质体配在光系统 II 中能产生氢的受体。多酚氧化酶是作物体内重要的含铜酶类，它能把多元酚类氧化酶氧化成邻醌类。多酚氧化酶是呼吸作用中的一种末端氧化酶。

现在已知含铜蛋白质有 3 种：

（1）无氧化酶活性的蓝色蛋白质（即质体蓝素）起电子传递作用。

（2）非蓝色蛋白质能产生过氧化物酶，并将单酚氧化成联苯酚。

（3）多铜蛋白质每个分子中至少含 4 个铜原子。如抗坏血酸氧化酶或漆酶，它们作为氧化酶，可催化底物的氧化，在作物体内参与氧化还原反应。

3. 超氧化物歧化酶（SOD）的重要组分

铜与锌共同存在于超氧化物歧化酶中。铜锌超氧化物歧化酶（CuZn-SOD）是所有好氧有机体所必需的。生物体中的氧分子易于再接收一个电子形成氧自由基（O_{-2}）。它是一种反应能力很强的自由基，其转化产物具有寿命短、不稳定和毒性大的特点，能使整个有机体的代谢作用紊乱，导致有机体死亡。铜锌超氧化物歧化酶具有催化超氧自由基歧化的作用，以保护叶绿体免遭超氧自由基的伤害。超氧自由基是叶绿素光反应还原产物还原氧时所产生的。缺铜时，植株中超氧化物歧化酶的活性降低。现在已经证实，厌氧有机体之所以不能在有氧气的条件下生存，其原因就在于其体内缺少超氧化物歧化酶。

4. 参与氮素代谢，影响固氮作用

铜参与作物体内的氮素代谢作用。在蛋白质形成过程中，铜对氨基酸活化及蛋白质合成有促进作用。缺铜时，蛋白质合成受阻，可溶性氨态氮和天冬酰胺积累，有机酸也明显增加，导致作物体内 DNA 含量降低。铜还有抑制核糖核酸酶活性的作用，铜能和酶结合形成复合物而使该酶钝化，从而对核糖体有保护作用，进而促进蛋白质合成。

铜对共生固氮作用也有影响，它可能是共生固氮过程中某种酶的成分。缺铜时，根瘤内末端氧化酶的活性降低，同时能使根瘤细胞中氧的分压提高，从而影响固氮能力。也有资料报道，铜供应水平较低时，三叶草的根瘤形成受到影响，不仅根瘤明显减少，而且固氮能力下降。因此，有人推测，铜可能参与豆血红蛋白的合成作用。此外，固氮能力下降也受铜的间接影响。因为缺铜导致光合作用受阻和光合产物数量减少，在碳水化合物供应不足的情况下，也会影响豆科作物固氮。当氮肥用量过高时，会

加剧作物缺铜。

5. 促进花器官的发育

缺铜明显影响禾本科作物的生殖生长。缺铜时，麦类作物因主茎丧失顶端优势，使分蘖明显增加，秸秆产量较高，但却不能结实。

研究证实，小麦孕穗初期对缺铜十分敏感，表现为花药形成受阻，而且花药和花粉发育不良，生活力差。可以判断，缺铜造成的花粉不能成活是不结实的主要原因。

据报道，缺铜时，谷类作物老叶中的铜不能向花粉中转移，而导致雄性不育，不能结出籽实。

6. 促进木质素合成

铜在细胞壁形成中有重要作用，尤其在木质化过程中的作用最大。因此，细胞壁木质化受阻是高等作物缺铁诱发的最典型的解剖学变化之一。缺铜时，叶片的细胞壁物质占干重的比例显著下降，木质素含量仅为正常铜处理的一半。铜对木质化的影响在茎组织表现更为突出。严重缺铜时，作物木质部导管的木质化受阻，甚至轻度缺铜也使木质化降低。因此，木质化程度可作为判断作物铜营养状态的指标。作物缺铜影响木质化作用与含铜多酚氧化酶的活性受阻有关。多酚氧化酶参与木质素的生物合成，缺铜使多种氧化酶的活性下降，因而木质素合成减少。

（二）铜营养诊断

1. 作物缺铜症状

作物缺铜时，植株矮小，出现失绿现象，易感染病害。典型症状为：幼嫩叶尖端是白色。果树顶叶成簇状，严重时顶梢枯死，并逐渐向下扩展；禾本科作物叶尖失绿而黄化，以后干枯、脱落，严重时不能抽穗，种子不能形成；蔬菜体内的含铜量小于 4 毫克 / 千克时，就有可能发生缺铜，明显的特征是很多蔬菜花的颜色发生褪色现象，如蚕豆缺铜时，花朵颜色由原来的深红褐色褪成白色状。缺铜严重时，叶片或果实均褪色，顶梢发白枯死并向下蔓延。

我国常见的原发性缺铜土壤主要有沙质土、铁钼土、铁锈土、碱性土及石灰性土壤。然而在多数情况下，植物缺铜不是因为土壤中铜的绝对量少，而是某些因素限制了铜的有效性。如泥炭土和沼泽土及腐殖土，所含有机质对铜有强烈的吸附作用而降低了铜的有效性；土壤干旱缺水，会使有机质分解慢，也可诱发缺铜。

一般农作物的缺铜症状不如缺乏其它微量元素那样具有专一性。不同作物缺铜症状的差异很大，作物种类之间的差异大于土壤类型的影响。一般单子叶蔬菜对铜元素比较敏感，双子叶蔬菜差一些，但胡萝卜施用铜肥效果好。禾本科作物和果树缺铜，危害最大，有明显的症状，容易辨认，可作为判断是否缺铜的依据。

2. 作物过量施铜症状

铜在植物体内难以移动，这一特点在过剩症状中体现出现。植物对铜元素的忍耐能力有限，当植株内的铜量大于 20 毫克 / 千克时，就可能发生铜中毒。铜中毒的外部特征与缺铁很相似，首先表现在根部，主根的一级侧根变短，侧根和根毛数量减少，根的质膜结构遭到破坏，根内大量物质外溢。新叶失绿，老叶发生栖和叶背有紫红色斑块出现。此外，果树上由于长期大量喷施波尔多液，在有些地方也曾发生了铜过剩症状。

3. 易于发生的环境条件

有机质土壤如泥炭土、腐泥土。

·有机物过多或土壤碱化。

本身含铜低的土壤，如花岗岩、钙质砂岩、红砂岩及石灰岩等母质发育土壤，表土流失严重的粗骨土壤。氮、磷及铁、锰含量高的土壤。

·种植敏感作物，如燕麦、小麦、菠菜、烟草以及柑橘、苹果和桃等。

4. 诊断方式

（1）形态诊断：禾谷类作物如麦类是上位叶黄化、白化及穗而不实。收获期小麦植株地上部的铜含量不能成为缺铜的判定标准，因为在严重缺铜导致不出穗的情况下，有时一些未出穗的小麦植株中的铜含量会高于已出穗的小麦；木本果树作物是枝梢枯死的枝枯病。

（2）植株诊断：一般作物含铜范围 5 ~ 30 毫克 / 千克，成熟叶片含钢 < 2 毫克 / 千克时，可能缺铜。不同作物缺乏临界为：柑橘叶片 < 4 毫克 / 千克，5 ~ 6 毫克 / 千克正常；麦类不实叶片 < 1.5 毫克 / 千克，正常结实的植株叶片应 > 3.0 毫克 / 千克；大豆 < 12 毫克 / 千克（苗期叶片），< 15 毫克 / 千克（结英期叶片），< 13 毫克 / 千克（成熟期叶片）。缺铜植株含铁增高，铁与铜呈显著负相关，小麦的铜铁比 < 0.008 ~ 0.012 时为缺钢。

（3）土壤诊断：土壤有效铜含量与作物含铜关系良好，因所用提取剂不同临界值不同，酸性和中性土壤普遍采用 0.1 摩尔 / 升氯化氢提取，石灰性和有机质含量高的土壤，多采用整合剂 DTPA 提取，0.1 摩尔 / 升氯化氢提取的铜 < 2.0 毫克 / 千克，DTPA 浸提取铜 < 0.2 毫克 / 千克时为缺乏临界，小麦缺铜临界值为 0.1 摩尔 / 升氯化氢，浸提铜 < 1 毫克 / 千克；棉花缺铜临界值为 DTPA 铜 < 0.3 毫克 / 千克。

（4）组织化学与酶学诊断：铜能活化多酚氧化酶，提高作物木质化程度，酸性间苯三酚可使木质化部分染成红色，红色深浅说明木质化程度强弱。铜又是抗坏血酸氧化酶的组成，活性与叶片含铜量关系密切，测定酶活性强弱可以判断含铜丰缺。

5. 防治

土壤及叶面施肥均有助于铜缺乏的矫正，但土壤施肥较普遍，施用铜肥一般用硫酸铜。大田作物如麦类硫酸铜用量15～30千克/公顷，拌泥基施，于拔节前后喷施两次；果树一般采用喷施，结合防病喷洒波尔多液也能见效。由于作物每年吸收的量很少，且铜淋失量甚微，故施用一次后，可发挥数年的残效，不需要每年施用，否则将产生铜中毒。

尽管蔬菜上很少发生缺铜症，但作为有效的保护性杀菌剂波尔多液被广泛使用。由于白菜、萝卜、甘蓝、葱、大豆、菜豆、小麦、梅、桃、柿子等植物对铜比较敏感，使用时可增加石灰的量改为等量式波尔多液；而黄瓜、西瓜、甜瓜、南瓜等对石灰较敏感的植物则减少石灰量。

四、锌素

（一）锌素营养

1. 某些酶的组分或活化剂

现已发现锌是许多酶的组分。例如乙醇脱氢酶、铜锌超氧化物歧化酶、碳酸酐酶和RNA聚合酶都含有结合锌。乙醇脱氢酶在高等作物体内是一种十分重要的酶。在有氧条件下，高等作物体内乙醇主要产生于分生组织（如根尖），缺锌时作物体内的乙醇脱氢酶活性降低。锌也是许多酶的活化剂，在生长素形成中，锌与色氨酸酶的活性有密切关系。在糖酵解过程中，锌是磷酸甘油醛脱氢酶、乙醇脱氢酶和乳酸脱氢酶的活化剂，这都表明锌参与呼吸作用及多种物质代谢过程。缺锌还会引起作物体内硝酸还原酶和蛋白酶活性降低。总之，锌通过酶的作用对作物碳氮代谢产生相当广泛的影响。

2. 参与生长素的代谢

锌在作物体内的主要功能之一是参与生长素的代谢。试验证明，锌能促进吲哚和丝氨酸合成色氨酸，而色氨酸是生长素的前身，因此锌间接影响生长素的形成。缺锌时，作物体内吲哚乙酸（IAA）合成锐减，尤其是芽和茎中的含量明显下降，作物生长发育即出现停滞状态，其典型表现是叶片变小，节间缩短等症状，通常称为小叶病或簇叶病。

3. 参与光合作用中二氧化碳的水合作用

碳酸酐酶（CA）可催化作物光合作用过程中二氧化碳的水合作用。缺锌时，作物的光合作用效率大大降低，这不仅与叶绿素含量减少有关，而且也与二氧化碳的水合反应受阻有关。锌是碳酸酐酶专性活化离子，它在碳酸酐酶中能与酶蛋白牢固结合。试验表明，作物体内含锌量与碳酸酐酶活性呈正相关。这种酶存在于叶绿体的外膜上，能催化二氧化碳和水合成碳酸，或使碳酸脱水形成二氧化碳。光呼吸过程中作物可释放出碳酸，而碳酸酐酶可捕捉碳酸，释放二氧化碳，为光合作用提供底物。

锌是醛缩酶的激活剂。醛缩酶是光合作用碳代谢过程中的关键酶之一，它能催化二羟丙酮和甘油醛 -3- 磷酸转化为 1，6- 二磷酸果糖的反应，在叶绿体中使之进入淀粉合成的途径，而在细胞质中使之向糖酵解支路——蔗糖合成途径转移。

4. 促进蛋白质代谢

锌与蛋白质代谢有密切关系，缺锌时蛋白质合成受阻。因为锌是蛋白质合成过程中多种酶的组成成分。如蛋白质合成所必需的 RNA 聚合酶中就含有锌。作物缺锌的一个明显特征是作物体内 RNA 聚合酶的活性提高。

由此可见，缺锌作物体内蛋白质含量降低是由于 RNA 降解加快所引起的。此外，锌不仅是核糖和蛋白体的组成成分，也是保持核糖核蛋白体结构完整性所必需。对裸藻属细胞的研究表明，在缺锌条件下，核糖核蛋白体解体；恢复供锌后，核糖核蛋白体又可重建。

在几种微量元素中，锌是对蛋白质合成影响最大的元素。缺锌几乎总是和蛋白质合成的减少联系在一起。最近几年又发现另外一些对氮素代谢有影响的含锌酶，如蛋白酶和肽酶等。锌还是合成谷氨酸不可缺少的元素，因为锌是谷氨酸脱氢酶的成分。在作物体内谷氨酸是形成其它氨基酸的基础。可见，锌与蛋白质代谢的关系十分密切。

5. 促进生殖器官发育和提高抗逆性

锌对作物生殖器官发育和受精作用都有影响。锌和铜一样，是种子中含量比较高的微量元素，而且主要集中在胚中。在缺锌介质中培养的豌豆不能产生种子。在澳大利亚进行的试验表明，给三叶草增施锌肥，作物营养体产量可增加 1 倍，而种子和花的产量可增加近 100 倍。这足以证明了锌对繁殖器官形成和发育所起的重要作用。

锌可增强作物对不良环境的抵抗力。它既能提高作物的抗旱性，又能提高作物的抗热性。缺锌时，作物的蒸腾效率降低。锌能增强高温下叶片蛋白质构象的柔性。锌在供水不足和高温条件下，能增强光合作用强度，提高光合作用效率。锌还能提高作物抗低温或霜冻的能力，因而有助于冬小麦抵御霜冻侵害，安全越冬。不少报道指出，锌可以降低作物感病性，高浓度的锌能抑制作物的某些病害。其原因可能是锌对病原体有直接毒害作用。此外，锌还能提高作物的抗盐性，其原因是锌有降低原生质对氯离子和硫酸根离子透性的作用，增加原生质胶体稳定性，提高亲水胶体含量和糖含量的能力，从而恢复水分平衡。

（二）锌营养诊断

1. 作物缺锌症状

作物缺锌时，生长受阻，植株矮小，节间生长严重受阻，叶片脉间失绿或白化。新叶呈灰绿色或黄白色斑点。双子叶蔬菜缺锌，典型症状是节间变短，植株生长矮化，叶片失绿，有的叶片不能够正常展开，根系生长差，果实少或变形。

我国缺锌土壤主要分布在北方的石灰性土壤（包括石灰性水稻土），如黄绵土、黄潮土、砂姜黑土、褐土、棕壤、暗棕壤、栗钙土、棕灰土、灰钙土、棕漠土、灰漠土以及黑色石灰土、碳酸盐紫色土等。在我国南方主要分布在石灰性及中性水稻土、沼泽土区及滨海盐土区的水稻土、石灰性的紫色土，以及花岗岩发育的土壤。另外，过量施用磷肥的土壤和因某些恶劣环境条件而限制根系发育的土壤，也易发生缺锌。对锌反应敏感的作物有玉米、大豆、水稻、棉花、番茄、柑橘、葡萄、桃树、苹果树等。

2. 作物过量施锌症状

植物锌中毒主要表现在叶的伸长受阻，叶片黄化，进而出现褐色斑点。大豆锌过量时叶片黄化，中肋基部变赤褐色，叶片上卷，严重时枯死。小麦叶尖出现褐色的斑条，生长延迟，产量降低。蔬菜的耐锌能力较强，田间条件下锌中毒的机会很少。如果植株体内的含锌量大于400毫克/千克时，就会出现锌元素的中毒。锌素过多时，叶色失绿，黄化，茎、叶柄、叶片下表皮表现赤褐色。

3. 易于发生的环境条件

·酸性且经长期淋洗作用的沙质土壤，其锌含量很低，作物容易缺锌

·石灰质土壤或石灰施用过量的土壤，锌的有效性低，作物容易缺锌，因在高 pH 值和游离碳酸钙存在下，锌易被土壤黏粒和碳酸钙吸附，且锌的氧化物溶解度降低，因而此等土壤中锌的有效性低。土壤中碳酸氢根也会抑制作物对锌的吸收，也加重锌的缺乏。

·有机质土壤，锌与有机物形成稳定的化合物，致作物无法吸收而导致缺锌。

·土壤磷含量过高或长期施用过量磷肥，使土壤中的锌更易被吸附而降低其有效性，导致作物缺锌。种植敏感作物，如果树中的柑橘、苹果、桃、柠檬，大田作物中的玉米、水稻等，其次是马铃薯、番茄、甜菜等。

4. 诊断方式

（1）形态诊断：作物的典型缺锌症状，如果树小叶病、水稻红苗等，容易判断，但须注意与其它易混症状的区别：①水稻缺锌与缺钾，叶片都发生赤褐色斑点等赤枯现象，但缺锌病斑先发于中肋，以后逐渐向外扩展，缺钾则先发于叶尖及两缘，向下向内延伸。②水稻缺锌与缺磷均发生僵苗，但缺锌可先分蘖后坐苗发僵，缺磷则移栽后不分蘖即发僵，且呈明显的"一炷香"株形。

当激素过剩时也会发生类似于缺锌引起的畸形叶，但后者在田间条件下很少发生，所以一旦发生这类症状可怀疑为激素施用过多或病毒感染、叶螨危害及药害等。

（2）土壤诊断：土壤全锌量表示潜在锌肥力，没有诊断价值，通用有效锌为指标，石灰性土壤用 DTPA 提取，临界值为 1.0 毫克 / 千克，< 0.5 毫克 / 千克严重缺乏，0.5 ~ 1.0 毫克 / 千克时为潜在性缺乏，> 1.0 毫克 / 千克为正常。偏酸性土壤用 0.1 摩尔 / 升氯化氢提取，< 1.0 毫克 / 千克是严重缺乏，

1.0 ~ 1.5 毫克 / 千克为潜在缺乏，＞ 1.5 毫克 / 千克为正常。

（3）植株分析诊断：作物叶片全锌量与缺锌症状有良好关系，大多作物缺锌临界在 10 ~ 20 毫克 / 千克，水稻分蘖期叶片＜ 10 毫克 / 千克为严重缺乏，10 ~ 20 毫克 / 千克为轻度或潜在性缺乏；黄瓜（茎叶）＜ 8 毫克 / 千克，玉米（吐丝期叶片）＜ 15 毫克 / 千克，番茄、苹果及梨等叶片＜ 15 毫克 / 千克，柑橘（叶）＜ 24 毫克 / 千克为缺乏。

（4）酶学诊断：在光合作用中二氧化碳固定需要碳酸酐酶，锌为该酶的组成，测定该酶活性，可以诊断是否缺锌。在碳酸氢根与氢离子反应中，碳酸酐酶促进二氧化碳产生，使 pH 值降低，以溴百里酚蓝作指示剂，反应液颜色由淡蓝变黄绿色，表示缺锌，绿黄色表示不缺锌。

5. 防治

（1）施用锌肥：用作锌肥的有硫酸锌、氯化锌、氧化锌、碳酸锌等，常用硫酸锌。大田作物如水稻、玉米，施硫酸锌每公顷 30 千克左右，喷施用 0.1% ~ 0.2% 浓度。果树一般喷施，浓度在 0.5% ~ 1.0%，冬季可浓，夏季宜淡，如与尿素（0.5%）混用可提高效果。另外也可采用树干钻孔，拌填料塞入或打入锌钉等方法。

（2）排除渍水：强还原条件促使缺锌，石灰性渍水难排的水稻田极易发生缺锌，提高排水性能，增强土壤氧化对防止缺锌可获显著效果。

五、硼素

（一）硼素营养

硼不是作物体内各种有机物的组成成分，但它对作物的某些重要生理过程有着特殊的影响。其生理功能主要有以下几个方面：

1. 促进体内碳水化合物的运输和代谢

硼的重要营养功能之一是参与糖的运输。其可能原因是：

合成含氮碱基的尿嘧啶需要硼，而尿嘧啶二磷酸葡萄糖（UDPG）是蔗糖合成的前体，所以硼有利于蔗糖合成和外运。硼直接作用于细胞膜，从而影响蔗糖的韧皮部装载。

缺硼容易生成胼胝质，堵塞筛板上的筛孔，影响糖的运输。供硼充足时，糖在体内运输就顺利；供硼不足时，则会有大量糖类化合物在叶片中积累，使叶片变厚、变脆，甚至畸形。糖运输受阻时，会造成分生组织中糖分明显不足，致使新生组织难以形成，往往表现为植株顶部生长停滞，甚至生长点死亡。

2. 参与半纤维素及细胞壁物质的合成

硼酸与顺式二元醇可形成稳定的酯类。许多糖及其衍生物如糖醇、糖醛酸，以及甘露醇、甘露聚糖和多聚甘露糖醛酸等均属于这类化合物，它们可作为细胞壁半纤维素的组分；而葡萄糖、果糖和半乳糖及其衍生物（如蔗糖）不具有这种顺式二元醇的构型。研究表明，只有顺式二元醇构型的多羟基化合物才能与硼形成稳定的硼酸复合物。这种复合物在高等作物体内常结合在细胞壁中。例如，单子叶作物（如小麦）的细胞壁中牢固结合态硼的含量为 3 ~ 5 微克 / 克；而某些双子叶作物（如向日葵）中可达 30 微克 / 克。作物体内含量不同反映了作物种间需硼量的差异。质外体中硼的功能可能类似于钙，具有调节和稳定细胞壁和质膜结构的作用。

3. 促进细胞伸长和细胞分裂

缺硼最明显的反应之一是主根和侧根的伸长受抑制，甚至停止生长，使根系呈短粗丛枝状。硼能在作物体内与 6- 磷酸葡萄糖酸形成络合物，使4-磷酸赤藓糖不能形成（是酸类化合物合成的重要原料）。而作物缺硼时，有机酸在根中积累，根尖分生组织的细胞分化和伸长受到抑制，发生木栓化，引起根部坏死。硼素能使作物的根尖和茎的生长点等分生组织正常生长。此外，硼与醇类、糖类以及其它有机物相化合形成过氧化物，从而改善作物根部氧气的供应。特别是在缺氧情况下，施用硼肥可以促进作物根系发育。所以，块根、块茎作物如甜菜、土豆、萝卜等，施用硼肥效果较好。

4. 促进生殖器官的建成和发育

人们很早就发现，作物的生殖器官，尤其是花的柱头和子房中硼的含量很高。试验证明，所有缺硼的高等作物，其生殖器官的形成均受到影响，出现花而不孕。缺硼抑制了作物细胞壁的形成，细胞伸长不规则，花粉母细胞不能进行四分体分化，从而导致花粉粒发育不正常。硼能促进作物花粉的萌发和花粉管伸长，减少花粉中糖的外渗。由此可见，硼与受精作用关系十分密切。缺硼还会影响种子的形成和成熟，如甘蓝型油菜出现的花而不实，棉花出现的蕾而不花，花生的有壳无仁等，都是缺硼引起的。甚至像小麦这种在营养生长阶段（包括根系生长）对缺硼不敏感的作物，在其生殖生长时期（首先是花粉发育期）对缺硼也很敏感，会出现春小麦的穗而不实（不稳症）。玉米缺硼时，花粉发育被抑制，大多数植株雄蕊缺少造孢组织，使正常雄蕊不能产生花粉。果树缺硼会明显影响花芽分化，致使结果率低，果肉组织坏死，果实畸形。

5. 调节酚的代谢和木质化作用

硼与顺式二元醇形成稳定的硼酸复合体（单酯或双酯），从而能改变许多代谢过程，例如，6-磷酸葡萄糖与硼酸结合能抑制底物进入磷酸戊糖途径和酚的合成，并通过形成稳定的酚酸－硼复合体（特别是咖啡酸－硼复合体）来调节木质素的生物合成。它还能促进糖酵解过程。缺硼时，由于酚类化合物的积累，多酚氧化酶（PPO）的活性提高，导致细胞壁中醌（如咖啡醌）的浓度增加。这些物质对原生质膜透性以及膜结合的酶有损害作用。硼对多酚氧化酶的氧化系统有一定的调节作用。缺硼时，氧化系统失调，多酚氧化酶活性提高，产生黑色的酚类聚合物而使作物出现病症。如甜菜的心腐病和萝卜的褐腐病等都是酚类聚合物积累所引起的。

6. 提高豆科作物根瘤的固氮能力

硼可以提高豆科作物根瘤的固氮能力并增加固氮量，这与硼充足时能改善碳水化合物的运输，为根系提供更多的能源物质有关。有资料报道，缺硼时，作物根部维管束发育不良，影响碳水化合物向根部运输，根瘤因得不到充足的碳源，最终导致固氮能力下降。

7. 促进核酸和蛋白质的合成及生长素的运输

缺硼时，蛋白质合成受阻，叶片中常有过多的游离态氮，氨基酸和酰胺积累。缺硼也会影响作为细胞膜重要组分的磷脂蛋白的合成。硼能影响尿嘧啶的合成，而尿嘧啶是合成 RNA 的一种碱基。作物缺硼的第一个变化是 RNA 含量减少，随后作物停止生长。这可能是缺硼时根茎生长点停止生长和坏死的直接原因。

8. 提高作物的抗旱、抗病能力

当供硼充足时，有助于维持膜的正常功能，因此能提高作物的抗旱性。供给作物的硼素不充足，会使作物产生一定生理病害，如甜菜的心腐病、花椰菜与萝卜的褐腐病、上豆的疮痂病，芹菜茎秆开裂、萝卜空心、白菜及菠菜生长不良等。

9. 促进作物早熟

据有关资料报道，在硼的影响下，冬小麦通过春化时间会缩短 8 天，小麦喷硼能提前 3～4 天成熟。棉花施硼，霜前花增多，籽棉产量和纤维品质均有提高。玉米、水稻施硼使各主要生育期提前，种子提早 5 天左右成熟。硼的这种促进早熟作用，对山地寒冷地带以及两熟、三熟制地区发展农业生产有明显的积极意义。

（二）硼营养诊断

1. 作物缺硼症状

作物严重缺硼影响到作物的叶、花、果以及根和茎的正常生长，使外部形态发生异常，根据这些异常，可以直观判断作物缺硼状况。不同种类的作物缺硼症状也不一样，但是有共同的特征，即生长点死亡，维管束受损，根系发育不良，有时只开花不结实，生育期推迟。

作物缺硼首先出现于幼嫩部分，新叶畸形、皱缩，叶脉间不规则褪绿，常呈烧焦状斑点。老叶叶片变厚变脆、畸形，并变成深黄绿色或出现紫红色斑点，枝条节间短，出现木栓化现象。根生长发育明显受阻，粗短，有褐色，根系不发达，生长点常死亡，如甜菜的心腐病、萝卜的溃疡病。蕾、花和子房发育受阻，脱落，果实、种子不充实，果实畸形，果肉有木栓化现象或干枯。

我国南方广泛分布着缺硼土壤，如红壤、砖红壤、黄壤和紫色土等，由花岗岩、片麻岩发育的土壤缺硼尤为突出。我国北方的黄绵土、褐土、棕壤等土壤有效硼也很低，作物也易缺硼。有机质贫乏、熟化度低的土壤易缺硼。持续干旱导致土壤有效硼含量降低，同时作物吸硼下降，促发缺硼。偏施氮肥，使氮硼的比值过大，促进或加重缺硼。另外，酸性土壤过量施用石灰或含游离碳酸钙的石灰性土壤，以及排水不良的草甸上，因有机质对硼的吸附，作物也易缺硼。

缺硼症状在早期一般不易发现，内部的潜在性异常现象早已存在，到孕蕾和开花期最为显著。根作作物如甜菜和萝卜以及花椰菜、芹菜等都可作为土壤缺硼的指示作物。根据这些作物的生长情况，可以判断出土壤中硼的供给情况。

2. 作物过量施硼症状

施硼过多，可能导致植株中毒，症状多表现在成熟叶片的尖端和边缘，叶尖发黄，脉间失绿，最后坏死。双叶植物叶片边缘焦枯如镶金边，单子叶植物叶片枯萎早脱。一般桃树、葡萄、无花果、菜豆和黄瓜等对硼中毒区，所以施用硼肥不能过量，以防受害。幼苗含硼过多时，可通过叶片吐水方式向体外排出一部分素。

3. 易于发生的环境条件

雨量丰富地区的河床地、石砾地、沙质土或红壤等，因长期淋洗作用使土壤中硼含量极低，作物容易缺硼。

·酸碱度高的石灰质土壤，硼易被固定，有效性低，而引起作物缺硼。

·干旱时，硼在土壤中的移动和作物的吸收均受阻，更易发生缺硼。

·偏施氮肥，后期易引起早衰诱发缺硼。

·种植敏感作物。双子叶作物比单子叶作物敏感，果蔬作物缺硼一般较大田作物多。大田作物中油菜、甜菜、向日葵、芝麻、棉花；果蔬作物中的柑橘、苹果、葡萄及甘菇、大白菜、芹菜对硼敏感。禾本科作物除麦子、玉米外一般对硼不敏感。

4. 诊断方式

（1）诊断形态：如前所述，作物缺硼症状多样，比较复杂，重点应注意：①顶端组织的变异，如顶芽畸形萎缩，死亡，腋芽异常抽发。②叶片（包括叶柄）形态质地变化，如叶片变厚，叶柄变料、变硬、变脆、开裂等。③结实器官变化，如蕾花异常脱落，花粉发育不良，不实等。

元素中，缺钙与缺硼最为相似，二者都在生长点产生生育障碍，仅从生长点症状往往难以区别，但缺硼明显症状是茎及叶柄表皮组织的龟裂和组织栓化。二者难区分的一个重要原因是它们在田间常常同时发生，如番茄蒂腐症、白菜心腐病即是缺钙，同时又是缺硼。它们不仅在植物体内的机能与作用相似（都与果胶结合而大量存在），而且吸收难易程度都受土壤水分的影响较大。

（2）植株分析诊断：叶片全硼含量能很好反映植株硼营养状况，一般作物成熟叶片含硼< 20 毫克 / 千克可能缺乏硼，20 ~ 100 毫克 / 千克适量或正常，但作物之间有较大差异，通常双子叶作物含硼大于单子叶作物。棉花（叶）< 20 毫克 / 千克预示硼缺乏，20 ~ 60 毫克 / 千克正常；油菜（叶）< 10 毫克 / 千克预示硼缺乏，10 ~ 30 毫克 / 千克正常；甜菜（中部叶片）、芹菜（嫩叶）、黄瓜（中部叶片）< 20 毫克 / 千克预示硼缺乏，30 ~ 100 毫克 / 千克正常；水稻极大、小麦（苗期植株）< 5 毫克 / 千克预示硼缺乏，5-10 毫克 / 千克正常。钙硼比也能反映作物的硼营养，油菜（蔓期）钙硼比> 200 时缺硼，50 ~ 200 时正常；甜菜> 100，大豆> 50 为缺硼。

（3）土壤诊断：一般以水溶性硼 0.5 毫克 / 千克为指标，适量为 0.5 ~ 1.0 毫克 / 千克，丰富或过量为> 1.0 毫克 / 千克，不同作物的临界值：

棉花严重缺硼临界值 < 0.2 毫克 / 千克，轻度缺硼 0.25 ～ 0.5 毫克 / 千克；甜菜缺硼临界值为 0.75 毫克 / 千克；水稻，麦类等禾谷类作物临界值为 0.1 毫克 / 千克。但土壤质地、pH 对临界值有显著的影响，沙土临界值低于黏土，酸性上低于碱性土。

5. 防治

（1）因土种植，选用耐性品种。基于不同作物品种对缺硼忍耐度存在较大差异，在通常发生缺硼的地区少种或不种敏感作物，或选用耐性品种来减少损失。

（2）土壤施用硼肥。用作硼肥的有硼砂、硼酸、硼矿泥等，以硼砂常用。一般大田作物用量为 7.5 ～ 15 千克 / 公顷，需硼量大的如甜菜用量 22.5 ～ 30 千克 / 公顷，拌泥或对水浇施。喷施用 0.1% ～ 0.2% 硼砂液，每公顷用量 750 ～ 1500 克；果木按树施用，每树用 50 ～ 100 克。由于一般作物含硼适宜范围狭窄，适量与过剩界限接近，极易过量，所以用量要严格控制；硼砂溶解慢，应先用温热水促溶，再对足水量施用。

（3）面喷施硼肥；干旱季节，注意灌溉。

（4）酸碱度高的土壤采用生理酸性的肥料如硫酸铵等，以降低土壤 pH，而提高硼的有效性。

六、钼素

（一）钼素营养

在必需营养元素中，作物对钼的需要量低于其它元素，其含量范围为 0.1 ～ 300 毫克 / 千克（干重），通常含量不到 1 毫克 / 千克。豆科作物含钼量明显高于禾本科作物，其种子含钼量约为 0.5 ～ 20 毫克 / 千克，根瘤中含钼量也很高，因为豆科作物的根瘤有优先累积的特点，如豌豆根瘤中钼的含量比叶片高出 10 倍。谷类作物含钼量一般为 0.2 ~ 1 毫克 / 千克，且以幼嫩器官中含量较高，叶片含钼量高于茎和根。叶片中的钼主要存在于叶绿体中。一般作物含钼量低于 0.1 毫克 / 千克，而豆科作物低于 0.4 毫克 / 千克时就有可能缺钼。作物对钼的吸收与其生长环境有关。代谢影响根系对钼酸根的吸收速率。硫酸根是作物吸收钼酸根的竞争离子。钼主要存在于韧皮部和维管束薄壁组织中，在韧皮部内可以转移，但它以何种形态转移还不清楚。它属于移动性中等的元素。

1. 硝酸还原酶的组分

钼的营养作用突出表现在氮素代谢方面。它参与酶的金属组分，并发生化合价的变化。在作物体中，钼是硝酸还原酶和固氮酶的成分，这两种酶是氮素代谢过程中不可缺少的。对豆科作物来说，钼有其特殊的重要作用。

作物吸收硝态氮素以后，必须经过一系列的还原过程，转变成氨以后才能用于合成氨基酸和蛋白质。在一系列的还原过程中，第一步就是硝酸还原成亚硝酸，这一步骤需要硝酸还原酶催化。硝酸还原酶是一个黄素蛋白，黄素腺嘌呤二核苷酸是硝酸还原酶的辅基，而钼是硝酸还原酶辅基中的金属元素。钼在硝酸还原酶中和蛋白质部分结合，构成该酶不可缺少的部分。还原的辅酶（NADPH）是还原反应所需的电子来源。供钼能提高硝酸还原酶的活性；除去钼，硝酸还原酶就会丧失活性，只有重新供钼才能恢复其活性。缺钼植株叶片中的硝酸还原酶，经施钼诱导可明显提高其活性。有试验证明，只供硝态氮的植株并不需要钼；但按作物形成单位干物质计算，施硝态氮的植株吸收的钼多于施铵态氮的植株，而硝酸还原酶中的钼主要起电子传递作用，它通过自身化合价的变化，把硝酸盐转变为亚硝酸盐，并进一步转变为氨。缺钼时，植株内硝酸盐积累，氨基酸和蛋白质的数量明显减少。柑橘黄斑病就是因硝酸盐积累过多而引起的。

2. 参与根瘤菌的固氮作用

钼的另一重要营养功能是参与根瘤菌的固氮作用。豆科作物借助固氮酶把大气中的氮固定为氨，再由氨合成有机含氮化合物。固氮酶是由钼铁氧还蛋白和铁氧还蛋白两种蛋白组成的。这两种蛋白单独存在时都不能固氮，只有两者结合才具有固氮能力。在固氮过程中，钼铁氧还蛋白直接和游离氮结合，它是固氮酶的活性中心；铁氧还蛋白则与 Mg^{2+}–ATP 结合，向活性中心提供能量和传递电子，在活性中心上的氮获得能量和电子后就能还原成氨。钼在固氮酶中也起电子传递作用。钼还能提高豆科作物根瘤中脱氢酶的活性，加大氢的流入，增强固氮能力。有人推测，在固氮过程中钼很可能直接参与氮的还原反应。钼不仅直接影响根瘤菌的固氮活性，而且也影响根瘤的形成和发育。缺钼时，豆科作物的根瘤发育不良，固氮能力下降。

钼除了参与硝酸盐还原和固氮作用外，还可能参与氨基酸的合成与代谢。有人发现给作物供钼时，谷氨酸的浓度增加；在缺钼情况下，不仅硝酸还原酶活性降低，而且谷氨酸脱氢酶活性也有所下降。在发芽的豌豆核糖体组分中，钼能抑制核糖核酸酶的活性，使其保持在一种潜伏状态，对核糖体起保护作用。钼阻止核酸降解，也有利于蛋白质的合成。

3. 促进作物体内有机含磷化合物的合成

钼与作物的磷代谢有密切关系。据报道，钼酸盐会影响正磷酸盐和焦磷酸酯一类化合物的水解作用，还会影响作物体内有机态磷和无机态磷的比例。缺钼时，体内磷酸酶的活性明显提高，使磷酸酯水解，不利于无机态磷向有机态磷的转化。在缺钼的情况下，施钼可使作物体内的无机态磷转化成有机态磷，而且有机态磷与无机态磷的比例显著增大。钼可促进大豆植株对磷同位素的吸收和有机态磷的合成，并能提高产量。

4. 参与体内的光合作用和呼吸作用

钼对作物的呼吸作用也有一定的影响。作物体内抗坏血酸的含量常因缺钼而明显减少。这可能是由于缺钼导致作物体内氧化还原反应不能正常进行所致。钼还能提高过氧化氢酶、过氧化物酶和多酚氧化酶的活性。

缺钼会引起光合作用强度降低，还原糖的含量减少。许多试验证明，缺钼时叶绿素含量减少。跟踪元素试表明，叶绿素减少的区位往往正好发生在缺钼的同一脉间区内。钼对维持叶绿素的正常结构也是不可缺少据研究，施钼可使作物光合作用强度比对照提高 10% ~ 40%，表明钼也参与碳水化合物的代谢过程。钼对抗坏血酸的合成也有良好的作用，施钼能提高抗坏血酸的含量。

5. 促进繁殖器官的建成

钼除了在豆科作物根瘤和叶片脉间组织积累外，在繁殖器官中含量也很高。这表明它在受精和胚胎发育中的特殊作用。当作物缺钼时，花的数目减少。番茄缺钼表现出花特别小，而且丧失开放的能力。玉米缺钼时，花粉的形成和活力均受到极明显的影响。有资料报道，种子含钼量有时可作为预测作物对钼反应敏感程度的指标。例如，当豌豆种子中钼的含量为 0.65 毫克 / 千克时，施钼没有反应；而含量为 0.17 毫克 / 千克时，施钼肥有良好效果。在缺钼的土壤，玉米种子含钼为 0.08 毫克 / 千克时，出苗正常；而含量为 0.03 ~ 0.06 毫克 / 千克时，幼苗出现缺钼症状；若种子含量为 0.02 毫克 / 千克时，则会出现严重的缺钼症状。种子中有足够的钼，可以保证生长在缺钼土壤上的幼苗能正常生长并获得较好的产量。

6. 增强抗旱、抗寒、抗病能力

据研究表明，钼能增加土豆上部叶片的含水量，以及玉米叶片的束缚水含量；调节春小麦在一天中的蒸腾强度，使早晨的蒸腾强度提高，白天其余时间的蒸腾强度降低。喷洒钼肥，可以使冬小麦的保水能力明显增强，这在一定程度上等于提高了冬小麦的抗旱能力。钼素对作物抗寒性能力增强，其原因有二：一是钼可使作物中的抗坏血酸含量增高。抗坏血酸能维持作物为适应恶劣环境所需要的氧化还原状况；二是钼能提高种子的含糖量，特别是对抗寒性有决定意义的蔗糖的含量。因而使细胞质的浓度增大，降低了冰点，减轻了低温的伤害和植株的死亡率。钼对增强作物抗病力有良好效应。据试验，钼可使小麦黑穗病的感染率明显下降。盆栽试验表明，施用高剂量的钼肥（4克/盆），不仅能使感染花叶病的烟草植株具有健康植株的外观，而且可以使烟草产生对花叶病的免疫性。

（二）钼营养诊断

1. 作物缺钼症状

作物缺钼时的症状主要有两种：一种是脉间叶色发黄，出现斑点，叶缘焦枯内卷呈萎蔫状，一般老叶先显症状，定型叶片尖端有褐色或坏死斑点，叶柄和叶脉干枯，另一种是十字花科植物常见的症状，即叶瘦长畸形、扭曲，老叶变厚、焦枯。蔬菜缺钼，植株矮小，易受病虫危害，生长缓慢，叶片失绿，有大小不等的黄色或橙黄色斑块，严重缺钼时叶缘萎蔫，有的叶片扭曲成杯状，老叶变厚、呈蜡质焦枯，最后整株死亡。蔬菜缺钼主要发生在酸性土壤上，故植株缺钼常伴随着锰中毒。

我国容易发生缺钼的土壤主要有：全钼含量和有效钼含量均偏低的土壤，如北方的黄土和黄河冲积物发育的各种石灰性土壤，土壤条件不适导致土壤缺钼,如南方酸性红壤,全钼含量虽高,但 pH 值过低,铁铝含量高,导致有效钼含量低而缺钼,淋溶作用强的沙土及有机质过高的沼泽土和泥炭土;硫酸根及锰含量高的土壤,抑制作物对钼的吸收。

2. 作物过量施钼症状

蔬菜的耐钼能力很强,在钼含量大于 100 毫克 / 千克的情况下,绝大多数蔬菜不会发生不良反应,有的长势还很好。番茄只有当植株中的钼浓度达到 1000 ~ 2000 毫克 / 千克时,才会在叶片上表现出明显的中毒症状,表现为叶片呈鲜明的金黄色。花椰菜中毒症状表现为叶片呈深紫色。马铃薯中毒症状表现为小枝呈金黄或红黄色。

3. 易于发生的环境条件

·酸性土壤,特别是游离铁、钼含量高的红壤、砖红壤。淋溶作用强的酸性岩成土、灰化土及有机土。

·北方土母质及黄河冲积物发育的土壤。

·硫酸根及铵、锰含量高的土壤,抑制作物对钼的吸收。

·种植敏感作物,较常见的敏感作物主要有十字花科、豆科的大豆等,其次是柑橘以及蔬菜作物中的叶菜类和黄瓜、番茄等。

4. 诊断方式

(1)形态诊断:作物缺钼症状如上,典型症状如柑橘的黄斑病比较容易确诊,有些作物缺钼影响固氮酶、硝酸还原酶作用而表现与缺氮相似,需注意。

(2)植株诊断:一般作物缺钼临界范围为:成熟叶含钼量 < 0.21 毫克 / 千克。含钼量 0.5 ~ 1.0 毫克 / 千克为生长正常。不同作物临界范围:甘蓝(叶)及柑橘(叶) < 0.08 毫克 / 千克,大豆 < 0.21 毫克 / 千克,棉

花（初蕾期叶片）< 0.5 毫克 / 千克。

（3）土壤诊断：测土壤有效钼含量，可以诊断作物缺钼状况。目前一般采用草酸 – 草酸铵（pH 值为 3.3）提出的土壤有效钼，缺钼临界值为< 0.15 毫克 / 千克，0.16 毫克 / 千克为正常和足够。

（4）酶学诊断：钼是硝酸还原酶的组成成分，在硝酸根到亚硝酸根的反应中，亚硝酸根的生成量可以反映硝酸还原酶的活性。取样后立即测定酶的活性，再在加钼条件下培养 24 小时重测酶的活性，如酶活性增加，表示作物缺钼。

5. 防治

（1）施用钼肥：钼酸铵或钼酸钠效果相仿，土施、喷施、拌种均可，一般每公顷用量 150 克即够，喷施浓度为 0.005% ~ 0.01%。由于磷能促进钼的吸收，可以把钼肥混入磷肥中施用，方便有效。

（2）施用石灰：缺钼发生于酸性土，提高土壤 pH 值可增加钼的有效性，有时随石灰的施用，可使缺钼现象消失。

七、氯素

（一）氯素营养

1. 参与光合作用

在光合作用中，氯作为锰的辅助因子参与水的光解反应。水光解反应是光合作用最初的光化学反应，氯的作用位点在光系统 II。研究工作表明，在缺氯条件下，作物细胞的增殖速度降低，叶面积减少，生长量明显下降（大约 60%），但氯并不影响作物体中光合速率。由此可见，氯对水光解放氧反应的影响不是直接作用，氯可能是锰的配合基，有助于稳定锰离子，使之处于较高的氧化状态。氯不仅为放氧反应放氧所必需，它还能促进光合磷酸化作用。

2. 调节气孔运动

氯对气孔的开张和关闭有调节作用。当某些作物叶片气孔开张时，钾离子流入是由有机酸阴离子（主要是苹果酸根）作为陪伴离子，这些离子在代谢过程中是靠消耗淀粉产生的；但是对某些淀粉含量不多的作物（如洋葱），当钾离子流入保卫细胞时，由于缺少苹果酸根则需由氯离子作为陪伴离子。缺氯时，洋葱的气孔就不能自如地开关，而导致水分过多地损失。由于氯在维持细胞膨压、调节气孔运动方面的明显作用，从而能增强作物的抗旱能力。

3. 激活 H-ATP 酶

以往人们了解较多的是原生质上的 H-ATP 酶，它受钾离子的激活。而在液泡膜上也存在有 H^+-ATP 酶。与原生质上的 H-ATP 酶不同，这种酶不受一价阳离子的影响，而专靠氯化物激活。该酶可以把原生质中的氢离子转运到液泡内，使液泡膜内外产生 pH 值梯度（胞液，pH 值＞7；液泡，pH 值＜6）。缺氯时，作物根的伸长严重受阻，这可能和氯的上述功能有关。因为缺氯时，影响活性溶质渗入液泡内，从而使根的伸长受到抑制。

4. 抑制病害发生

施用含氯肥料对抑制病害的发生有明显作用。据报道，目前至少有 10 种作物的 15 个品种，其叶、根病害可通过增施含氯肥料而明显减轻。例如冬小麦的全蚀病、条锈病，春小麦的叶锈病、枯斑病，大麦的根腐病，玉米的茎枯病，马铃薯的空心病、褐心病等。根据研究者的推论，氯能抑制土壤中铵态氮的硝化作用。当施入铵态氮肥时，氯使大多数铵态氮不能被转化，而迫使作物吸收更多的铵态氮；在作物吸收铵态氮肥的同时，根系释放出氢离子，使根际酸度增加。许多土壤微生物由于适宜在酸度较大的环境中大量繁衍，从而抑制了病菌的滋生，如小麦因施用含氯肥料而减轻了全蚀病、条锈病；玉米茎枯病及马铃薯空心病、褐心病等病害的发生。还有一些研究者从氯离子和硝酸根存在吸收上的竞争性来解释。施含氯肥料可降低作物体内硝酸根的浓度，一般认为硝酸根含量低的作物很少发生严重的根腐病。

5. 其它作用

在许多阴离子中，氯离子是生物化学性质最稳定的离子，它能与阳离子保持电荷平衡，维持细胞内的渗透压。作物体内氯的流动性很强，输送速度较快，能迅速进入细胞内，提高细胞的渗透压和膨压。渗透压的提高可增强细胞吸水，并提高作物细胞和组织束缚水分的能力。这就有利于促进作物从外界吸收更多的水分。在干旱条件下，也能减少作物丢失水分。提高膨压后可使叶片直立，延长功能期。作物缺氯时，叶片往往失去膨压而萎蔫。氯对细胞液缓冲体系也有一定的影响。氯在离子平衡方面的作用，可能有特殊的意义。

氯对酶活性也有影响。氯化物能激活利用谷氨酰胺为底物的天冬酰胺合成酶，促进天冬酰胺和谷氨酸的合成。氯在氮素代谢过程中有重要作用。适量的氯有利于碳水化合物的合成和转化。

（二）氯营养诊断

1. 作物缺氯症状

作物缺氯时根细短，侧根少，尖端凋萎，叶片失绿，叶面积减少，严重时组织坏死，坏死组织由局部遍及全叶，植株不能正常结实。幼叶失绿和全株萎蔫是缺氯的两个最常见症状。

　　番茄缺氯表现为下部叶的小叶尖端首先萎蔫，明显变窄，生长受阻。继续缺氯，萎蔫部分坏死，小叶不能恢复正常，有时叶片出现青铜色，细胞质凝结，并充满细胞间隙。根短缩变粗，侧根生长受抑。如及时加氯可使受损的基部叶片甚至恢复正常。莴苣、甘蓝和苜蓿缺氯，叶片萎蔫，侧根粗短呈棒状，幼叶叶缘上卷成杯状，失绿，尖端进一步坏死。棉花缺氯，叶片凋萎，叶色暗绿，严重时叶缘干枯，卷曲，幼叶发病比老叶重。甜菜缺氧，叶片脉间失绿，开始时与缺锰症状相似。大麦缺氯，叶片呈卷筒形，与缺铜症状相似。

　　在大田中很少发现作物缺氯症状，因为即使土壤供氯不足，作物还可从雨水、灌溉水、大气中得到补充。

　　实际上，氯过多是生产中的一个问题。土壤中含氯化物过多时，对某些作物是有害的，常常出现中毒症。氯中毒的症状是：叶缘似烧伤，早熟性发黄及叶片脱落。各种作物对氯的敏感程度不同，糖用甜菜、大麦、玉米、菠菜和番茄的耐氯能力强，而烟草、菜豆、马铃薯、柑橘、莴苣和一些豆科作物的耐氯能力弱，易遭受毒害。在通常情况下，氯的危害虽不会达到出现可见症状的程度，但却会抑制作物生长，并影响产量。对某些作物来讲，施用含氯肥料有时会影响产品的品质。如氯会降低烟草的燃烧性，减少薯类作物的淀粉含量等。

　　大多数作物对氯中毒有一定的敏感期。通常中毒发生在某一较短的时期内，而且有时症状仅发生在某一叶层的叶片上。敏感期后，症状趋于消失，生长也能基本恢复正常。禾本科作物氯的敏感期主要在幼苗期。如小麦、大麦、黑麦等是在 2～5 叶期，大白菜、小白菜和油菜在 4～6 叶期，水稻在 3～5 叶期，柑橘和茶树在 1～4 年生的幼龄期。

椰子、油棕、洋葱、甜菜、菠菜、甘蓝、芹菜等是喜氯作物。氯化钠或海水可使椰子产量提高。我国广东、广福建、浙江、湖南等省区也有施用农盐的习惯，主要用于水稻，有时也用于小麦、大豆和蔬菜。氯化钠可使水稻、甜菜增产、亚麻品质改善。这除了氯的作用外，还有钠的营养作用。

八、镍素

镍元素被确认为必需营养元素的时间不长，很多人对此还很陌生。镍有利于种子发芽和幼苗生长；催化素降解；镍是脲酶的金属辅基，脲酶是催化尿素，水解为氨和二氧化碳的酶。镍是脲酶的金属辅基，脲酶是催化尿素，将其水解为氨和二氧化碳的酶。低浓度的镍可促进紫花苜蓿叶片中过氧化物酶和抗坏血酸氧化酶的活性，达到促进有害微生物分泌毒素降解，增强作物的抗病能力。豆科植物和葫芦科植物对镍的需求最为明显，这些植物的氮代谢中都有脲酶参加。过量的镍对植物也有毒，且症状多变，如生长迟缓，叶片失绿、变形；有斑点、条纹，果实变小、着色早等。镍中毒表现的失绿症可能是由于诱发缺铁和缺锌所致。

第七章　作物必需有益元素

一、硅素

（一）硅素营养

到目前为止，还没有足够的证据证明硅是高等作物生长发育的必需营养元素，但硅对高等作物生长的作用得到越来越多的证实，硅作为水稻、甘蔗、黄瓜等作物的必需营养元素也得到认可，它对作物生长的有益作用可归纳如下几点。

1. 参与细胞壁的组成

硅在参与组成结构物质时所需要的能量仅仅是合成本质素所需能量的1/20。硅与作物体内果胶酸、多糖醛酸、糖脂等物质有较高的亲和力，形成稳定性强、溶解度低的单、双、多硅酸复合物并沉积在木质化细胞壁中，增强组织的机械强度与稳固性，抵御病虫害的入侵。例如硅能提高禾谷类作物对白粉病和锈病、葡萄对白粉病和霜霉病、水稻对茎螟虫和稻瘟病等病虫害的抵抗能力。

2. 影响作物光合作用与蒸腾作用

作物叶片的硅化细对于散射光的透过量为绿色细胞的 10 倍，能增加能量吸收，从而能促进光合作用在田间条件下，水稻等作物供硅充足时，叶片直立、改善植株的受光姿态，从而间接增加水稻群体的光合作用，并可消除高产栽培中大量供氮造成叶片展开度大而相互遮阴的问题。硅化物沉淀在细胞壁与角质层之间，能抑制作物的蒸腾，避免强光下过多失水造成萎蔫症状，硅减少蒸腾的作用可以促进作物对水分的有效利用。

3. 提高作物的抗逆性

硅在提高作物抗逆性中的作用及其机制还不很清楚，但这方面的研究日益受到重视。不少研究表明，硅在提高作物耐铝毒、镉毒、酸性土壤过量锰和盐害中有重要作用。在作物细胞壁和质外体中有较高浓度的硅，这些硅降低了毒害离子的浓度。大麦在遭受重金属毒害时，叶片出现大量黑褐色坏死斑，施硅后，硅使锰在作物体内分布均匀，会使坏死斑明显减少。硅可以明显降低铝的毒害，这主要是在作物根细胞壁质外体空间形成溶解度较低的铝硅酸盐或羟基铝硅酸盐，降低了游离铝离子浓度。硅修饰的细胞壁对镉有较强的亲和性，明显抑制了镉的毒害。硅对缓解盐胁迫也有明显效果。在小麦、大麦、水稻上都发现，硅明显抑制了钠离子运转，改善了作物的生长。

此外，硅也能提高作物对真菌病害的抵抗力，如硅明显提高小麦、黄瓜、葡萄对白粉病的抗性和稻对稻瘟病的抗性。目前推测硅对作物病害可能是以机械强度，或化学代谢调节起作用，或二者共同作用。研究表明水稻对稻瘟病、褐斑病的抵御能力也随着体内含硅量的增加而提高。

（二）硅营养诊断

1. 作物缺硅症状

由于硅未被肯定为植物营养的必需元素，因而研究作物种类的扩大受到一定影响。目前，对作物缺硅的形态特征与缺硅指标只停留在稻、麦、甘蔗等一些嗜硅作物上。土壤中的含硅量因母质类型而异。由红色砂岩、花岗岩、片麻岩、浅海沉积物和第四纪红色黏土母质发育的土壤，以及质地较轻、土层薄、淋溶强烈的水稻田，有效硅含量均较低，水稻等作物容易发生缺硅。毛竹、水稻、燕麦、甘蔗、黄瓜和番茄等作物需硅较多，应注意硅肥的使用。

2. 易于发生的环境条件

凡成土母质中含易风化矿物多的土壤，有效硅含量较高；发育于花岗岩、石英砂岩、凝灰岩风化物上的土壤，含硅量较低；质地较轻、土层较薄、淋溶强烈、酸性较强以及有机肥料用量少的土壤，其有效硅含量也低；缺硅的水稻土多为低 pH 值或沙质土壤。

3. 诊断方式

硅是水稻最佳生长和可持续生产的重要营养素，在植株中积累了高达10%的硅，而这种高积累是保护水稻植株免受多种非生物和生物胁迫所必需的。当水稻茎叶中的二氧化硅含量不及茎叶干重的10%时，即可视为缺硅，需要施用硅肥。施硅肥可使其茎秆生长健壮，增强对病虫害的抗性。对蔬菜而言，使用硅肥也会产生同样的效果，营养液栽培时给黄瓜施硅肥可明显增强对白粉病的抗性；但将其推广到大田时却并未取得明显效果。

二、硒素

（一）硒素营养

硒是生物环境中的重要生命元素，植物体内的硒主要以硒蛋白、硒核酸、硒多糖等多种生物大分子以及硒代半胱氨酸和硒代蛋氨酸等生物小分子有机化合物存在。作物施硒可提高食物链硒水平，改善作物品质，增强作物抗逆性和提高作物产量。

1. 抗氧化作用

硒在体内的抗氧化作用主要是通过含硒 GSH-Px 的抗氧化机制来实现的，主要功能是催化过氧化物分解，阻断脂质过氧化连锁反应和清除某些有机氢过氧化物，保护膜结构和功能的完整性。在作物体的代谢和次生代谢的过程中，尤其是在环境胁迫时，会产生大量的游离自由基，对机体造成严重的毒害作用，甚至死亡。高浓度硒又会使自由基的生成量增加，促进过氧化作用。

2. 参与作物新陈代谢

在缺硒地区施用亚硒酸钠后，小麦籽粒中多种氨基酸含量提高，以胱氨酸增加最多，喷施硒能使大豆中的亚油酸、必需氨基酸增加。适量的补硒能促进烤烟生长，并提升烟叶品质；对茶树补硒施肥促进碳素同化产物向根系运转，促进根系贮藏多糖、结构多糖、结构蛋白等物质的合成与积累。

3. 与作物抗逆性的关系

硒能够提高机体的抗逆性，如抗真菌病害、环境胁迫、重金属污染等。对于重金属元素，硒多表现为拮抗，如在生理浓度范围内，硒能减少作物对汞、镉的吸收。

三、稀土

稀土是镧（La）、铈（Ce）、镨（Pr）、钕（Nd）、钷（Pm）、钐（Sm）、铕（Eu）、钆（Gd）、铽（Tb）、镝（Dy）、钬（Ho）、铒（Er）、铥（Tm）、镱（Yb）、镥（Lu），以及与镧系的 15 个元素密切相关的两个元素 —— 钪（Sc）和钇（Y）共 17 种元素的统称，称为稀土元素（rareearth），简称稀土（RE 或 R），常用代号"RE"、"TR"或"P3"表示。在一定条件下施用稀土，能促进农作物生长发育，提高生理活性，增加产量和改善品质。

各个稀土元素都是具有一般金属性能的金属元素，其物理性质和化学性质十分相近。稀土金属是银白带灰色，质地较软，表面有光泽，延展性好，有顺磁性和多种色光，为超良导体；其化学性质十分活跃。几乎与所有的非金属都起作用，生成稳定的氧化物、卤化物、硫化物、氮化物、氢化物和碳化物；有很强的还原性，是优良的还原剂，在稀盐酸、硝酸和硫酸中生成相应的稀土盐。

（一）稀土营养

1. 稀土能促进种子萌发，提高出苗率

应用稀土浸种，种子萌发速率加快，而且在一定浓度范围内，种子发芽率随稀土浓度提高而增加，一般促进效果在10%左右。

2. 稀土能促进根系生长

作物施用适量稀土后，苗期根的数量增加20% ~ 35%，根长增加4% ~ 10%，根重增加16.6% ~ 66.6%；同一生育阶段根系的体积也明显增加，增长幅度为2.5% ~ 21.7%。

3. 稀土能提高根系活力，促进作物对营养元素的吸收

水稻施用稀土后，根系氧化能力增强，脱氢酶活性提高20.01%，叶片衰老速度减慢，功能期延长。同时，根系吸收养分的能力也提高，对氮吸收的促进率为16%左右，对磷吸收的促进率为12%左右，对钾吸收的促进率平均为8.5%。

4. 稀土能提高叶片中叶绿素的含量

一般可提高大豆叶绿素含量25.1%，花生5.76%，水稻2.98%，棉花13.4%，葡萄4.4% ~ 38.6%，紫云英30%，在外观上也可明显看到叶色普遍加深。

5. 稀土能增强光合作用

施用稀土后，可提高作物叶片中叶绿体的光还原活性，增强光合作用强度，提高光合效率。甘蔗施用稀土后，光合强度提高 12%，花生提高 10% ~ 36%，水稻提高 7% ~ 16%。

6. 稀土能提高多种酶的活性

稀土对提高作物根系脱氢酶，体内硝酸还原酶、固氮酶等的活性有显著作用，因而可促进作物的物质代谢，特别是氮素代谢，增加作物体内氨基酸、蛋白质及总氮含量。

7. 稀土能促进作物生长发育，改善经济性状

作物施用稀土后，可促进叶片生长，增大叶面积，提高出叶速度，增加地上部株高和分枝（分蘖）数，延长叶片寿命，提早开花时间，增加开花数，提高结实率，促进早熟，增加果粒重等。水稻在孕穗期喷施稀土，可促使提早 3 天左右抽穗，经济性状也得到明显改善，有效穗一般增加 3.3% ~ 6.1%，每穗实粒数多 4.5% ~ 4.8%，空秕率减少 10% ~ 15%，千粒重增加 1.2% ~ 1.5%。

8. 稀土能增强作物的抗逆性能

由于稀土可使作物细胞膜结构稳定或提高细胞膜的保护功能，因而能增强作物抵御不良环境的能力，提高抗病性能，如对水稻的稻瘟病、僵苗病和纹枯病等有较好的防治效果。

第八章 作物营养元素缺乏的一般原因

土壤 pH 值是影响作物吸收营养元素有效性的主要因素（如图），作物缺乏任何一种必需元素时，其生理代谢就会发生障碍，从而在外形上表现出一定的症状，这就是所谓的缺素症。引起缺素症的原因是很多的，常见的有以下几方面。

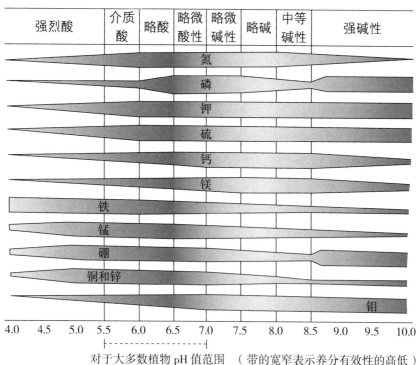

土壤酸碱性与营养元素有效性示意图

一、土壤营养元素缺乏

土壤中营养元素不足，植株无法吸收到它必需的数量，这是引起缺乏症的主要原因。但某种营养元素缺到什么程度会发生缺乏症，却是个复杂的问题。因为作物种类不同反应不同，同种作物还因品种、生育期、候条件不同而有差异，所以不能一概而论。不过，一般当土壤中某种元素含量低到一定程度时容易引起作缺素症的界限还是存在的，常见情况如下：

·缺乏有机质和雨水多的沙土多为贫氮土壤。

·高度风化并呈酸性反应、有机质少的土壤多为贫磷土壤。

·由酸性火成岩或硅酸砂岩发育而来的、含钙的盐基饱和度低（小于25%）的土壤，蛇纹石发育成的、多雨的沙土、酸性泥岩土、蒙脱石黏土都为贫钙的土壤。

·由花岗岩和流纹石发育的矿质土壤，富含石灰、富含氮素的土壤，泥炭、腐泥土和碱土都为贫铜土壤。

·多雨的淋溶性强的酸性沙土，多为贫钾、贫锌、贫铜和贫镁土壤。

·碱性土、排水不良的黏土、冲积土、腐泥土也为缺镁的土壤。

·由花岗岩、片麻岩风化而成的土、或冲积土或碱性土都为贫锌土壤。

·由黄土母质发育而成的土壤、生草灰化土、高位泥炭土及砾沙漂石、蛇纹石发育而成的土壤为贫铜土壤。

·由酸性火成岩或淡水沉积而成的、淋溶性强的沙质土壤、酸性泥炭土、腐泥土和碱性土为贫硼土壤。

·富含石灰质或富含锰、排水及通气不良的土壤，多为贫铁的土壤；富含石灰质和有机质、或酸性的沙性强的砾沙土，多为贫锰土壤。

二、土壤中所含元素不可吸收

土壤中本来含有该种元素，由于种种原因植物不能吸收。

1. 干旱

无水时元素不能成为溶解态或离子态，根无法吸收。所以缺素症多出现在干旱年份或干旱季节。

2. 土壤反应（pH 值）不适

土壤反应强烈影响营养元素的溶解度，即有效性。有些元素在酸性条件下容易溶解，有效性高，反应趋向中性或碱性时溶解度（有效性）降低。另外一些元素则与此相反，在碱性条件下有效性高而酸性条件下有效性低。与反应关系特别密切的是微量元素。如铁、硼、锌、铜随着 pH 值下降（在 pH 值 4.5 之前）溶解度显著提高，有效性迅速增加，pH 值接近中性或趋向碱性时有效性下降；钼则与此相反，其有效性随 pH 值提高而增加。大量元素对 pH 值反应一般比较迟钝，但其中磷是例外，磷的适宜 pH 值范围极窄，严格说仅在 pH 值 6.5 左右，pH 值 < 6.5 和土壤中的铁、铝等结合而固定,pH 值越低，铁、铝溶解度越大，固定量越多,pH 值 > 6.5 则与土壤中的钙结合固定，有效性也降低。不过，磷酸钙的溶解度要比磷酸铁、铝大，所以偏碱性土壤的磷的有效性通常比酸性土来得高。常见适宜 pH 值如下：

· 氮的最适 pH 值为 6 ~ 8。

· 磷的最适 pH 值为 6.5 ~ 7.5。

· 钾的最适 pH 值为 6 ~ 7.5。

· 硫的最适 pH 值要在 6 以上向碱的方向。

· 钙的最适 pH 值为 6.5 ~ 8.5。

· 镁的最适 pH 值为 6.5 ~ 8.5。

. 铁的最适 pH 值要在 6.5 以下向酸的方向。

. 硼的最适 pH 值为 5 ~ 7。

· 锰的最适 pH 值为 5 ~ 6.5。

· 锌、铜的最适 pH 值为 5 ~ 7。

· 钼的最适 pH 值要在 6 以上向碱的方向。

3. 吸附固定

即营养元素被无机物或有机物所吸附固定，不能为根系所吸收。各元素的吸附固定与土壤或成土母质有密切关系。

成土壤质和土壤对元素的吸附固定表

成土壤质、土壤	被固定的元素
泥炭土、腐殖质土	PKCaBMnMoZnCu
碱土、苏打土	CaMgFeBZnCu
石灰性土壤	PMnBCu
有机质多的土壤	MnZnCu
花岗岩、片麻岩发育的土壤	ZnMo
黄土母质发育的土壤（蒙脱土的黏粒）	BCaCu
水稻土	Zn
蛭石、智利石	KB
铁结核的酸性土壤	Mo

4. 元素间的不协调（如图）

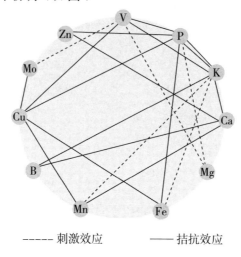

----- 刺激效应　　—— 拮抗效应

元素间的刺激效应和拮抗效应

·氮：吸收硝态氮要比吸收铵态氮难；施用过量的钾和磷都影响对氮的吸收；缺硼不利于氮的吸收。

·磷：增加锌可减少对磷的吸收；多氮不利于磷的吸收；铁对磷的吸收也有拮抗作用；增施石灰可使磷成为不可吸收态；镁可促进磷的吸收。

·钾：增加硼促进对钾的吸收，锌可减少对钾的吸收；多氮不利于钾的吸收；钙、镁对钾的吸收有拮抗作用。

·钙：钾影响钙的吸收，降低钙营养的水平；镁影响钙的运输，镁和硼与钙有拮抗作用；铵盐能降低对钙的吸收，减少钙向果实的转移；施入钠、硫也可减少对钙的吸收；增加土壤中的钼、锰、氮，也会减少对钙的吸收。

·镁：钾多影响镁的吸收，多量的钠和磷不利于镁的吸收，多氮可引起缺镁。镁和钙、钾、铵态氮、氢有拮抗作用，增施硫酸盐类可造成缺镁；镁能消除钙的毒害；缺镁易诱发缺锌和缺锰；镁和锌有相互促进作用。

·铁：多硼影响铁的吸收和降低植物体中铁的含量，硝态氮影响铁的吸收，钒和铁有拮抗作用，能引起缺铁的元素比较多，有镍、铜、钴、铬、锌、钼、锰等。钾不足可引起缺铁；大量的氮、磷和钙都可引起铁的缺乏。

·硼：铁和铝的氧化物可造成缺硼；铝、镁、钙、钾、钠的氢氧化物可造成缺硼；长期缺乏氮、磷、钾和铁会导致硼的缺乏；增加钾可加重硼的缺乏，缺钾会导致少量硼的中毒；氮量的增多，需硼量也增多，会导致硼的缺乏。

·锰：钙、锌、铁阻碍对锰的吸收，铁的氢氧化物可使锰呈沉淀状态。施用生理碱性肥料使锰被固定。钒可减缓锰的毒害。硫和氯可增加释放态和有效态的锰，有利于锰的吸收。铜不利于锰的吸收。

·钼：硝态氮有利于钼的吸收，铵态氮不利于钼的吸收，硫酸根不利于钼的吸收。多量钙、钼、铅以及铁、铜、锰都阻碍对钼的吸收。处于缺磷和缺硫的状态，必然缺钼，增加磷对钼的吸收有利，增加硫则不利；磷多时需钼也多，因此，磷过多有时会导致钼的缺乏。

·锌：锌若形成氢氧化物、碳酸盐和磷酸盐，则成不可给态。植物要求适当的磷锌比值（一般为 100 ~ 120，大于 250 则缺锌）。磷过量会导致缺锌，氮多时需锌量也多，有时也会导致缺锌，硝态氮有利于锌的吸收，铵态氮不利于锌的吸收。增多钾和钙不利锌的吸收。锰、铜、钼对锌吸收不利。镁、锌之间有互助吸收的作用。缺锌会导致根系中少钾。土中有硅镁比值低的黏粒会缺锌，锌拮抗铁的吸收。

·铜：施用生理酸性氮或钾肥等可提高铜的活性，有利于吸收。生成铜的磷酸盐、碳酸盐和氢氧化物则有碍吸收，所以富含二氧化碳、碳酸和含钙多的土壤，不利于铜的吸收。多磷会导致缺铜。土壤嫌气状态产生硫化氢也有碍铜的吸收。铜还与钼、铁、锌、锰元素拮抗。氮多时也不利于铜的吸收。

5. 土壤理化性质的不良

主要是指与养分吸收有关的因素。正常而旺盛的地上部的生长有赖于根系的良好发育，根系分布越深越广，吸收的养分数量就越多，而且可能吸收到的养分种类也越多。土壤僵韧坚实，底层有硬盘、漂白层、地下水位高等都会限制根系的伸展，减少作物对养分的吸收，加剧或引发缺素症。高的地下水位如一些低地，在梅雨季节地下水位上升时期作物缺钾症较多发生，而在钙质土壤中，高的地下水位还使土壤溶液中重碳酸离子增加而影响铁的有效性，从而引发或加剧缺铁症等。不合理的土地平整使土性恶劣养分、贫瘠的底土上升也常成为缺素的原因。土壤阳离子代换量（CEC）与缺素也有关，代换量小的沙土，因吸附保蓄养分容量小，对需要量较大的养分元素常不能满足作物需要。有研究指出 CEC < 20 克 / 摩尔干土的大多数土壤无法保持足够的钾离子以维持较高的供钾水平，也就是说是容易缺钾的土壤。

三、不良的气候条件

气温，主要是低温的影响。低温一方面减缓土壤养分的转化，另一方面削弱作物对养分的吸收能力，故低温容易促发缺素。通常寒冷的春天容易发生各种缺素症。

雨量多少对缺素症发生也有明显影响，雨量偏多偏少通过土壤过干过湿左右营养元素的释放、淋失及固定等。例如干旱促进缺硼，一般作物缺硼症常在干旱年份大面积发生，这是因为土壤有效硼主要来自有机质的分解矿化，干旱抑制了微生物的活动，削弱了硼的有效化过程。近来一些研究者指出，某些以离子扩散为主要吸收途径的养分元素如钾、磷等，在干燥条件下向根的扩散速率显著减缓，结果同样诱发或促进缺素。相反多雨容易促发缺镁和缺铁，前者是由于增加淋失，后者主要是增加土壤中碳酸氢根浓度之故。

此外，光照对于某些元素的缺乏也有一定的影响，例如果树的缺锌常以树冠的南侧为重，这是因为光破坏生长素，受光多时需要较多的生长素，缺锌时，植物体内生长素形成减少，南侧的树冠更易感到生长素不足；反之，光照不足会加剧失绿现象，如处于阴处的缺铁花叶其失绿程度往往更深，持续时间更长，因为光照是叶绿素的生成条件。光照还影响元素吸收。与前面提及的一样，光照不足对吸收的影响也以磷最严重。这说明作物对磷酸根的吸收比其它元素吸收需要消耗更多的能量。

四、土壤施肥不科学

施肥是为了补充植物的营养，如果不依科学施肥就可能事倍功半，甚至事与愿违。要做到科学施肥是很不容易的，要充分了解树种品种的需肥特点、土壤性质和雨水状况，还要了解肥料成分、含量和理化性质以及树体和果园管理的技术水平等。只有这样，才有可能做到科学施肥。

五、土壤管理不善

1. 土壤紧实

不松土、不耕翻、未经土壤改良的土壤易紧实板结，其中固相、液相、气相三者比例失调，使养分成为不可给态；同时因紧实也不利根系伸展，减少了根系吸收，从而导致营养失调，这种情况多易造成缺锌、缺钾和缺铁。

2. 温度、水调节不当

当早春气温低时进行果园大水漫灌，往往由于降低地温而影响铁的溶解度，还影响根系的正常活动，从而导致缺铁；夏秋季节气温太高时若进行地面覆盖，则因为地温太高限制了铁的吸收和根系的活动，也易导致秋梢出现缺铁症。

3. 改土不当

锌、锰元素多在耕作层的表层，由于深翻改土和修筑梯田，将表和心土进行置换，然后育苗，由于苗根多分布在上层，从而造成缺锌和缺锰症。

第二部分

茄果类蔬菜缺素症状及矫正措施

大多数植物正常生长发育所必不可少的营养元素。按照国际植物营养学会的规定，植物必需元素在生理上应具备 3 个特征：对植物生长或生理代谢有直接作用；缺乏时植物不能正常生长发育；其生理功能不可用其他元素代替。植物必需元素计有 16 种：碳（C）、氢（H）、氧（O）、氮（N）、磷（P）、钾（K）、钙（Ca）、镁（Mg）、硫（S）、铁（Fe）、锰（Mn）、锌（Zn）、铜（Cu）、钼（Mo）、硼（B）和氯（Cl）。其中，钙、钼、硼、氯对某些低等植物则属非必需元素。另有一类植物除上述必需元素外，还需要碘（I）、钒（V）、钴（Co）、硅（Si）、钠（Na）、硒（Se）等元素中的一种或几种。

植物体内正常的代谢作用不仅要求有足够的必需营养元素，而且要求各种元素的含量保持相对平衡。一种营养元素的过量，常会抑制另一种元素的吸收利用，这种现象称为元素间的拮抗作用，常见的有氮钾、钾镁、铁锰、磷锌之间的拮抗等。产生拮抗的原因比较复杂，大致有：吸收被抑制。如 NH_4^+ 离子和 K^+ 离子因半径相似，存在着竞争性吸收，前者常对后者的吸收有抑制作用。溶解度降低。如高浓度的磷酸盐可与吸收的锌离子结合而沉淀，造成锌的不足。

稀释效应。如氮素过多，植物生长量显著增加，使其他养分相应被稀释，甚至导致缺素症。元素间除拮抗作用外，还有协合作用，即一种离子的存在可促进植物对另一种离子的吸收。例如镁离子是许多酶的活化剂，参与 ATP、磷脂、RNA、DNA 等化合物的生物合成；它的存在能促进磷的吸收和同化。

蔬菜在生长发育过程中离不开 17 种必需的营养元素，只有这些必需元素供应数量充足且比例协调，才能保证蔬菜正常发育。某种或某几种元素供应不足或过剩都会对蔬菜生长产生不利影响，导致产量和品质下降。

蔬菜生产尤其是保护地生产中常常出现某种营养元素缺乏或过剩的生理性病害，弄清这些生理病害的产生原因及症状，熟悉防治措施，有利于蔬菜产量和品质的提高。蔬菜缺乏某种元素时，一般都在形态上表现特有的症状，即所谓的缺素症，如失绿、现斑、畸形等。

由于元素不同、生理功能不同，症状出现的部位和形态常有它的特点和规律。例如由于元素在植物体内移动性的难易有别，失绿开始的部位不同。一些容易移动的元素如氮、磷、钾及镁等，当植物体内呈现不足时，就会从老组织移向新生组织，因此缺乏症最初总是在老组织上先出现。相反，一些不易移动的元素如铁、硼、钙、钼等其缺乏症则常常从新生组织开始表现。铁、镁、锰、锌等直接或间接与叶绿素形成或光合作用有关，缺乏时一般都会出现失绿现象；而磷、硼等和糖类的转运有关，缺乏时糖类容易在叶片中滞留，从而有利于花青素的形成，常使植物茎叶带有紫红色泽；硼和开花结实有关，缺乏时花粉发育、花粉管伸长受阻、不能正常受精，就会出现"花而不实"。而新生组织，生长点萎缩、死亡，则是由缺乏细胞膜形成有关元素钙、硼使细胞分裂过程受阻碍有关。畸形小叶、小叶病是因为缺乏锌使生长素形成不足所致等等。这种外在表现和内在原因的联系是形态诊断的依据。经验在其中起重要作用。

正因为如此，当蔬菜缺乏某种元素而不表现该元素的典型症状或者与另一种元素有着共同的特征时就容易误诊。因此形态诊断的同时还需要配合其他的检验方法。

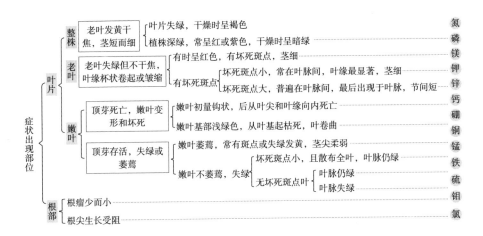

缺素症状出现部位

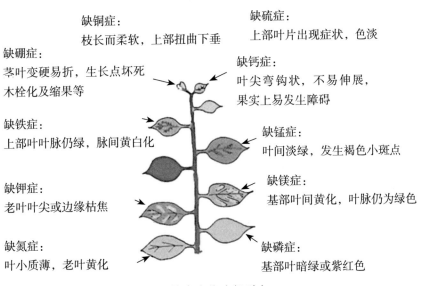

缺素症状叶部形态

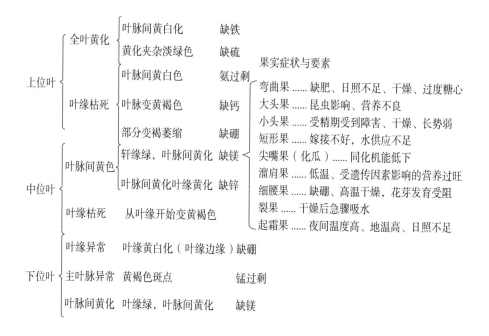

蔬菜缺少任何一种必需营养元素，都会产生相应的营养缺乏症，根据病症，可以采取一定的施肥措施，补充发病植株缺少的养分。对于有些缺素严重的蔬菜，虽然补肥未必能使蔬菜缺素病状完全缓解，但对下茬蔬菜施肥可起指导作用。

蔬菜作物根系较弱、生长快、生长期短，产量较高，所以需要养分较多，应施用速效与缓效兼备的营养元素。

蔬菜是喜钙作物，对氮、磷、钾、钙、镁、硼的需要量大，吸收比例高，对肥料的依赖性大。缺乏养分或养分失调时会引发生理性病害。各类蔬菜对氮、磷、钾的吸收趋势是钾最多、氮次之、磷最少。

不同种类的蔬菜对养分的吸收能力及需肥量有差异。试验得知，常见蔬菜养分吸收能力大小的顺序是：甜椒＞茄子＞番茄＞甘蓝＞芹菜＞黄瓜。甘蓝、白菜、根菜类对养分的吸收特点是前期少，中期大，后期少。

瓜类蔬菜是营养生长与生殖生长并进，对养分吸收持续时间较长，直至生育后期吸收量仍较大。

茄果类蔬菜吸钾量最大，其次是氮、钙、磷、镁。瓜类菜（黄瓜、西葫芦、南瓜、冬瓜、西瓜等）耐肥力弱，需肥量大。大白菜、茄子、芹菜、甘蓝等耐肥力较强；黄瓜、辣椒、洋葱等为中等耐肥力；菜豆、生菜等耐肥力较弱。叶菜类蔬菜（大白菜、甘蓝、芹菜、生菜、菠菜、白菜等）需钾、钙、硼较高。葱蒜类蔬菜（大蒜、洋葱、大葱、韭菜等）需施大量有机肥，同时以氮为主，氮、磷、钾配合，加硫、铜、锰、锌等元素。洋葱、大蒜、甘蓝、萝卜、白菜等需硫量最多。

值得注意的是，蔬菜出现某种元素的缺乏症状，除了受该种元素的供应水平影响之外，还可能受其它元素的存在状态和供应水平的影响，同时还受到病虫害和不良环境条件影响。因此，大田生产中出现的缺素症状，必须要综合分析，认真判断，确定缺乏种类，以便"对症下药"，补施所缺元素。如盲目下结论、则会造成误断，给蔬菜生产造成不必要的损失。

第九章　番茄缺素及矫正措施

一、番茄缺氮

1. 番茄缺氮症状

番茄缺氮，在苗期即可显症，缺氮幼苗较老的叶片偏黄，黄绿色区分界不明显，嫩叶生长受到抑制，植株细长，下部叶片失绿变黄。缺氮植株生长缓慢呈纺锤形，全株叶色黄绿色，早衰。轻度缺氮时叶变小，上部叶更小，颜色变为淡绿色。缺氮叶片要比正常叶片薄。此外，缺氮叶片叶绿素减少，花青素显现，因而有时会出现紫斑，严重缺氮时叶片黄化，黄化从下部叶开始，依次向上部叶扩展，整个植株呈淡绿色，嫩叶小而直立，主脉呈紫色，尤以底叶为重。整个植株较矮小，果实小。植株易感染灰霉病及疫病。

2. 番茄缺氮发生原因

前茬番茄施用有机肥或氮肥少，土壤中含氮量低；露地栽培时，降雨多，氮素淋失多；番茄在旺盛生长期需氮量较大，根系吸收的氮不够供应植株生长需要栽培后期，收获量大，从土壤中吸收氮多而追肥不及时可能缺氮。设施栽培中缺氮的可能性比较小，引发缺氮多是由于定植前大量施入没有腐熟的作物秸秆，碳素多，微生物在分解这些有机物的过程中需要大量的氮素，只能夺取土壤中的氮，导致土壤中可供应番茄的氮量减少。露地栽培，由于降雨多，氮很容易被淋洗，随雨水流走或渗入深层土壤。砂土、砂壤土容易缺氮。

3. 番茄缺氮预防及矫正措施

番茄为无限生长型茄果类蔬菜，需要不断的养分供给，施肥要做到底肥足，定植后看苗追肥，幼果期和采收期要勤施重施。一般晴天每隔十天施用一次，每亩可用尿素 10 千克。期间可根据天气和长势喷施叶面肥补充，不要在高温、高湿的情况下集中施肥，以清晨或傍晚为宜。

施用未腐熟有机肥时要防止氮不足，应随有机肥增施尿素等氮肥作基肥。低温时施用硝态氮效果好。大量施用完全腐熟的有机肥，提高地力。叶面喷施 0.2% ~ 0.5% 尿素，但要注意尿素质量，不能掺有杂质。

二、番茄缺磷

1. 番茄缺磷症状

番茄缺磷在苗较小时下部叶变为绿紫色，并逐渐向上部叶扩展，早期叶背呈紫红色，叶肉组织开始出现斑点，随后扩展到整个叶片上，先是叶面略显皱缩，叶小并逐渐失去光泽，进而变成紫红色，成株期缺磷症状由下部叶片向上发展，进而叶片正面及背面的叶脉变为紫红色，这是缺磷的典型特征。由于缺磷时影响氮素吸收，植株后期，高温下叶片卷曲。后期叶脉间的叶肉白化，出现白色枯斑，植株的生长严重受阻，顶部幼叶小且生长缓慢。顶部新生的茎细弱，较老的叶过早死亡，造成果实小，成熟晚，产量低。

2. 番茄缺磷发生原因

苗期遇低温影响磷的吸收，或土壤偏酸或紧实易发生缺磷症。即使土壤中含有可溶性磷，在低温条件下也难以吸收，低温也影响根的活力，对磷的吸收也相应降低，植株对磷的吸收主要依靠根系的发达程度，因此在幼苗期更容易引发缺磷症状。

3. 番茄缺磷预防及矫正措施

中和土壤 pH 值和施用有机物来改善土壤的物理性状，促进根系的生长发育，也会提高对磷的吸收。也可叶面喷施 0.2%～0.3%磷酸二氢钾溶液或 0.5%过磷酸钙浸出液。

三、番茄缺钾

1. 番茄缺钾症状

番茄各个生长期间缺钾的表现有所不同。番茄营养生长期缺钾：植株生长势弱，叶片皱褶变窄，叶缘、叶脉颜色变淡，易黄叶、落叶，光合效率下降，侧枝不发达，易感病。生育初期失绿由叶缘开始发生，以后向叶肉扩展，在生育的最盛期靠近中部叶的叶尖开始褐变，叶色变黑、叶片变硬，脆而易碎，最后叶片变成褐色而脱落。生殖期缺钾：花穗挂果量稀疏，花小，花器畸形多，蜜腺分泌少，易落花落果。坐果期缺钾：果实膨大速度慢，果实生长不良，形状有棱角，转色迟，着色不均匀，绿肩果多，畸形果、裂果发生率高，果肉偏硬，风味差。

缺钾造成番茄根系发育不良，较细弱，常呈现褐色，不再增粗；茎木质化提前，变脆，不再增粗；中、上部叶子的叶缘变黄，逐渐向叶肉扩展，并扩展到其他部位的叶子，老叶衰老得更快且易脱落；在果实膨大期靠近果实的叶片上容易发生，其特点是叶缘黄化。与低温障害相似，但低温障害多发生于上部叶片。果实中维生素 C、总糖含量降低，果实非正常成熟比正常果实软，后期的二穗果实成熟不均匀，果形不规整，果皮黄化，易发生日灼病，发病严重者出现"绿背病"；果实中空，缺乏应有的酸度，口味差，产量低。缺钾使番茄抗灰霉病、病毒病和晚疫病等病害的能力明显下降，易受白粉虱、病毒病的侵染。

2. 番茄缺钾发生原因

虽然氮、钾肥在施入复合肥时是等量和同步的，但是每生产2500千克番茄需要吸收5千克氮、2.5千克磷和16.5千克钾，也就是说番茄对氮、磷、钾的总体吸收比例为1：0.5：3.3，在充分施入大量氮肥做底肥的基础上，冲肥时要以补充钾肥为主，对番茄膨果较为有利。钾的吸收量是氮的1~2倍，因此，在有机肥不足补充含有氮、钾的复合肥时，连年种植的地块、钾会越来越少，生长后期缺钾现象经常发生。。土壤中含钾量低或沙性土易缺钾；在生育中期果实膨大需钾肥多，如供应不足易发生缺钾，沙质土壤施钾应考虑分批多次施用。当氮肥施用过多时也容易发生缺钾症。地温低、湿度大、日照不足，会阻碍番茄对钾的吸收。氮肥、磷肥的过量施用也会导致番茄吸收钾肥障。

3. 番茄缺钾预防及矫正措施

生长前期施足钾肥。为防止生育中后期缺钾，生育前期在多施入有机肥基础上施用足够的钾肥，番茄生长期缺钾和土壤含钾量不足是有效补充钾肥的关键。番茄不同生长期对钾肥的需求不同。苗期需钾量低，但开花坐果期，果实膨大期需钾量高，生长后期需钾量相对减少。番茄补钾应遵循"轻施苗肥，稳施花肥，重施果肥"的原则。根据钾肥的不同性质，应按以下方法施用：番茄生长期缺钾时，一般应施钾肥，60%氯化钾$25kg/667m^2$，采用撒施、穴施或沟施。壮苗或紧急施肥时，施磷酸二氢钾1000倍溶液，叶面喷施或灌溉。缓释钾应作为基肥施用，每$667m^2$施用

40kg硫酸钾，与有机肥混合后在栽培前施用。同时，应注意氮、磷、钙和生物有机肥的配合施用。特别在生育的中、后期注意不可缺钾；每株番茄对钾的吸收量平均为7克，确定施肥时要考虑这一点：施用充足的优质有机肥料：如果钾不足每亩地可一次追施速效钾肥3～5千克。施入充足的钾肥。如在番茄植株周围开沟，施用硫酸钾、草木灰等含钾的肥料，覆土后及时补水。膨果期追施钾肥。番茄膨果期所需钾肥量大，钾肥应占氮肥用量的一半以上，特别后期的二穗果因膨果前期施入钾肥往往已耗尽，更应该及时补施钾肥。可用硫酸钾或氯化钾，也可施些草木灰，在植株两侧开沟追施，覆土后及时浇水。叶面补肥。番茄生育后期，植株出现衰老，钾肥不足严重影响果实成熟。生产中常用生物钾或氨基酸钾肥快速补充土壤缺钾时造成的转色不均的缺陷。

缺钾也会影响铁的吸收。因此，补充钾肥的同时，应该适当补铁，二者可同时进行。可用0.3%～1%硫酸钾或氯化钾喷施，或施用生物钾肥，为提高果实商品性可采取叶面补施钾肥。如喷施磷酸二氢钾溶液，也可喷施草木灰浸出液或补充水溶性好的古米钾（速效钾）或喷施氨基酸生物激活素（益施帮）增加果实商品性和等级。设施环境调控，提高番茄抗性。番茄生长后期及时清理和摘除田间枯枝烂叶，通过放风和浇水及时调整棚室内的温度和湿度，提高番茄抗性。

四、番茄缺钙

1. 番茄缺钙症状

缺钙时，番茄幼叶顶端发黄，植株瘦弱、萎蔫，顶芽死亡，顶芽周围出现坏死组织，茎端变软并下垂；根系不发达，根短，分枝多，褐色。番茄果实在幼果期蒂部呈水浸状，并黑化凹陷成蒂腐果；易发生脐腐病、心腐病及空洞果。仔细观察生长点附近的黄化情况：如果叶脉不黄化，呈花叶，则病毒感染的可能性大；症状似缺钙但叶柄部分有木栓状龟裂，缺硼的可能性大。仔细观察脐腐果：如果发病部位与正常部位的交界处不清楚，变成轮纹状，这种情况可能是病害所致。根据果脐是否生霉菌来确认，如果有霉菌可能为灰霉病。

2.番茄缺钙发生原因

主要原因是施用氮肥、钾肥过量，阻碍对钙的吸收和利用；土壤干燥、土壤溶液浓度高，也会阻碍对钙的吸收；空气湿度小，蒸发快，补水不及时及缺钙的酸性土壤上都会发生缺钙。有时虽然土壤中不缺钙离子，但是连续多年种植番茄的棚室，过量施用氮、磷、钾肥会造成土壤盐分过高，会引发缺钙现象发生。干旱时，土壤液体浓缩，根系吸水减少，抑制钙离子的吸收，造成果实成熟时体内糖分分布不均衡，糖转化失调，产生不转色的四陷斑。盐渍化障碍、高温、干旱和旱涝不均的粗放管理是造成缺钙的主要原因。根群分布浅，生育中、后期地温高，易发生缺钙。

3.番茄缺钙预防及矫正措施

施用腐熟好的有机肥特别是腐殖质含量高的松软性肥料，改善土壤的透气性，改变根系的吸收环境。调节土壤的pH至中性，酸性土壤应及时补充石灰质肥料。尽量避免连年多茬种植同一种作物。肥水管理上应避免过量施用氮肥和含有氮肥的复合冲施肥。建议多用水溶性氨基酸复合肥、生物钾肥、海藻菌冲施肥，如用古米钙、镁钙镁类速效钙肥补充钙元素。适当保持土壤含水量，可以考虑使用一些具有保水功能的松土精或阿克吸等保水剂。果实膨大期可叶面喷施3.4%赤乙芸可湿性粉剂7500倍液，即每袋药（1克药）加15千克水（1喷雾器），或0.19%～1%的氯化钙，加入少量的维生素 B。可以防止高温强光下形成的过量草酸，对预防缺钙有较好的效果。可叶面喷洒北农华大钙粉。也可喷甘露糖醇有机螯合钙肥 1000 倍液，氨基酸钙肥 400 倍液，腐殖酸钙肥 500 倍液。还可喷 0.1% ~ 0.3% 的氯化钙或硝酸钙水溶液。每 7 ~ 10 天 1 次，至少喷 2 ~ 3 次。

五、番茄缺镁

1. 番茄缺镁症状

番茄缺镁时，多发生于下部老叶，叶脉中间黄化，叶脉仍保持绿色，叶片呈网目状。在失绿叶片上，出现许多不下陷的坏死斑点。缺镁严重时，老叶死亡，全株黄化。在第一个花房膨大期，植株下部老叶出现失绿，叶脉间出现模糊的黄化现象，后向上部叶扩展，形成黄花斑叶，严重的叶片略僵硬或边缘上卷，叶脉间出现坏死斑或在叶脉间形成褐色块带，致叶片干枯或整叶、全株黄化。在番茄生长发育过程中，下位叶的叶脉间叶肉渐渐失绿变黄，进一步发展，除了叶缘残留点绿色外叶脉间均黄化；当下位叶的机能下降，不能充分向上位叶输送养分时，其稍上位叶也可发生缺镁症；缺镁症状和缺钾相似，区别在于缺镁是先从叶内侧失绿，缺钾是先从叶缘失绿缺镁症品种间发生程度和症状有差异。低温寒冷条件下，植株首先表现为叶肉褪绿。

2. 番茄缺镁发生原因

镁是植株体内所必需的营养元素之一。由于施氮、钾过多造成土壤呈酸性影响镁的吸收，含钙较多的碱性土壤钙中毒造成碱性土壤也影响镁的吸收，有时植株对镁需要量大，当根系不能满足其需要时也会造成缺镁。冬春大棚或反季节栽培低温时，氮、磷肥过量，有机肥不足也是植株呈缺镁症的重要原因，生产中缺镁常常伴随着低温寒冷造成根系吸收营养低下，叶肉黄化褪绿，这也是寒害的前兆，尤其是土温低，不仅会影响植株对磷酸的正常吸收，而且还会波及根对镁的吸收，导致缺镁症发生，从而影响叶绿素的形成，造成叶肉黄化。根系损伤对养分的吸收量下降，引起最活跃叶片呈缺镁症也是不容忽视的。此外，有机肥不足或偏施氮肥，尤其是单纯施用化肥的棚室，土壤中含镁量低的沙土、沙壤土，未施用镁肥的露地栽培的地块易发生缺镁症。

3. 番茄缺镁预防及矫正措施

增施有机肥，尤其是增施生物海藻菌肥，增强根系活性。合理配施氮、磷肥及配方施肥非常重要。及时调试土壤酸碱度，改良土壤，避免低温。如缺镁，在栽培前要施足钙、镁、锌、硼肥；同时应注意土壤中钾、钙的含量，在补镁的同时应该加补钾肥、锌肥。多施含镁、钾肥料。如硫酸镁、氯化镁、硝酸镁、碳酸钙镁、钾镁肥等，这些肥料均溶于水，易被吸收利用。也可在生长期或发现植株缺镁时叶片可喷施55%氨基酸生物激活素（益施帮）400倍液，会有不错的补镁效果。也可用1%~2%的硫酸镁和螯合镁、溶液叶面喷施。

六、番茄缺硫

1. 番茄缺硫症状

番茄缺硫，初期植株体型和叶片体积均正常，茎、叶柄和小叶叶柄渐呈紫色，叶片呈黄色。老叶的小叶叶尖和叶缘坏死，脉间组织出现紫色小斑块，幼叶僵硬并向后卷曲，严重时这些叶片上出现不规则的坏死斑。

番茄对硫的需要量并不高，在硫酸铵、硫酸钾等肥料中，含硫较多，在露地栽培中普遍施用这些肥料，所以很少出现缺硫症状。在设施栽培条件下，长期连续施用没有硫酸根的肥料易发生缺硫病。

2. 番茄缺硫预防及矫正措施

增施硫酸铵、过磷酸钙等含硫肥料；也可在生长期或发现植株缺硫时，用 0.01% ~ 0.1% 硫酸钾溶液叶面喷施。

七、番茄缺铁

1. 番茄缺铁症状

番茄缺铁时顶端叶片失绿。缺铁初期在小叶的叶脉上产生黄绿相间的网纹，此症状由新叶向老叶发展。植株顶部叶片失绿后呈黄色，初末梢保持绿色，持续几天后，向侧向扩展，最后致叶片变为浅黄色，并逐步向下扩展。

2. 番茄缺铁发生原因

土壤中磷肥多、土壤偏碱影响铁的吸收和运转，致新叶显症。

根据叶脉绿色的深浅判断：若为深绿则有缺锰的可能性；如为浅色或者叶色发白、褪色则为缺铁。测定土壤 pH 值，如 pH 值高则缺铁的可能性大。由于其它原因使根功能下降时也会有类似症状出现，因受病虫危害发生类似症状的不多。

3. 番茄缺铁预防及矫正措施

当 pH 值为 6.5 ~ 6.7 时，就要禁止使用碱性肥料而改用酸性或生理酸性肥料。当土壤中磷过多时可采用深耕等方法降低含量。如果缺铁症状已经出现，可用 0.1% ~ 0.2% 的硫酸亚铁溶液或氯化铁溶液喷施。

八、番茄缺锰

1. 番茄缺锰症状

番茄缺锰时，叶片主脉间叶肉变黄，呈黄斑状，叶脉仍保持绿色，新生小叶呈坏死状。由于叶绿素合成受阻，严重影响植株的生长发育。缺锰严重时，不能开花、结实。

2. 番茄缺锰发生原因

番茄一般很少发生缺锰症。如产量高，一季消耗土壤锰较多容易引起缺锰；土壤黏重、通气不良碱性土易缺锰；钙元素对锰的拮抗作用易引起缺锰。

3. 番茄缺锰预防及矫正措施

增施腐熟有机肥。向缺锰土壤施用含锰肥料，如硫酸锰、氯化锰、碳酸锰、二氧化锰、锰矿渣等，以硫酸锰、氯化锰见效较快。每667平方米用硫酸锰或氯化锰1～2千克作基肥。加强中耕，提高土壤通气性。科学施用化肥，注意全面混合或分施，勿使肥料在土壤中形成高浓度。种子处理时，每10千克种子用5～8克硫酸锰加150克滑石粉拌种。作为应急措施，可叶面喷洒0.3%硫酸锰或0.3%氯化锰溶液。

九、番茄缺铜

1. 番茄缺铜症状

缺铜番茄植株节间变短，生有丛生枝，叶片卷曲，植株呈萎蔫状。叶片一般呈深绿色或蓝绿色，叶片小，叶缘向内向上卷曲，像萎蔫的样子，叶片先端轻微失绿，变褐坏死。症状多发生在上位叶片（幼叶）。

2. 番茄缺铜发生原因

土壤中的铜很难移动，黏土和有机质对铜有很强的吸附作用。因此，在黏重和富含有机质的土壤上，很容易发生缺铜现象。

3. 番茄缺铜预防及矫正措施

每亩施入1～2千克的硫酸铜作基肥。叶面喷施0.3%硫酸铜水溶液，兼有杀菌作用。

十、番茄缺锌

1. 番茄缺锌症状

缺锌多出现在植株中、下部叶上，植株多呈矮化状态。上部叶片细小，呈丛生状，俗称"小叶症"。从中部叶开始褪色，与健康叶比较，叶脉清晰可见，随后叶脉间叶肉逐渐褪色，有不规则形的褐色坏死斑点，叶缘也从黄化逐渐变成浅褐色至褐色。因叶缘枯死，叶片会向外侧稍微卷曲，并有硬化现象。坏死症状发生迅速，几天之内就可能导致叶片枯萎。生长点附近的节间缩短，新叶不黄化。叶片尤其是小叶叶柄向下弯曲，卷起呈圆形或螺旋形。果实色泽偏向橙色。

2. 番茄缺锌发生原因

番茄缺锌是由多种因素造成的。淋溶强烈的沙土全锌含量很低，有效锌含量更低，施用石灰时极易诱发缺锌现象。花岗岩母质发育的土壤和冲积土有时含锌量也很低。碱性土壤中锌的有效性低，一些有机质土如腐叶土、泥炭土，锌会与有机质结合成为不易被作物吸收利用的形态。光照过强，吸收磷过多，土壤 pH 值高，或低温、土壤干旱，土壤内的锌元素释放缓慢，植株会因得不到充足的锌供应而缺锌。再者，磷的施用可抑制植株对锌的吸收。光照过强，吸收磷过多，土壤 pH 值高，或低温、土壤干旱，土壤内的锌元素释放缓慢，番茄植株会因得不到充足的锌供应而缺锌。再者，磷的施用可抑制植株对锌的吸收。

3. 番茄缺锌预防及矫正措施

苗期提高栽培设施内温度，白天温度保持在 20℃以上，夜温保持在 15℃左右，同时保持土壤湿润。不要过量施用磷肥。目前，锌肥主要为硫酸锌，此外还有氧化锌、硝酸锌、碱式硫酸锌、碱式碳酸锌、尿素锌、乙二胺四乙酸螯合锌及含锌的复合叶面肥等。为预防缺锌，通常于定植前在基肥中施用硫酸锌，每亩施用 1.5 千克，或 0.1% ～ 0.2% 硫酸锌溶液喷施叶面。

十一、番茄缺硼

1. 番茄缺硼症状

番茄缺硼时，最显著的症状是小叶失绿呈黄色或橘红色，生长点变黑。严重缺硼时，生长点凋萎死亡，幼叶的小叶叶脉间失绿，有小斑纹，叶片细小，向内卷曲。茎及叶柄脆弱，易使叶片脱落。根生长不良，褐色。果实畸形，果皮有褐色侵蚀斑。

2. 番茄缺硼发生原因

土壤酸化，硼素淋失或石灰施用过量均易引起缺硼。干旱时硼在土壤中的移动和作物的吸收均受阻，更易发生缺硼。另偏施氮肥加重缺硼。

3. 番茄缺硼预防及矫正措施

预防措施为防止土壤酸化，增施有机肥料，提前底施含硼的肥料等。出现缺硼症状时，应及时叶面喷施 0.1% ～ 0.2% 硼砂溶液，7 ～ 10 天 1 次，连喷 2 ～ 3 次。也可每亩撒施或随水追施硼砂 0.5 ～ 0.8 千克。

十二、番茄缺钼

1. 番茄缺钼症状

番茄缺钼时植株生长势差，总体颜色偏黄。症状首先出现在植株幼嫩叶片上，幼叶褪绿，叶缘和叶脉间的叶肉呈现黄色斑块，部分黄斑干枯，呈褐色，不规则形，病健部分界不明显。有时叶缘向内部卷曲，叶尖萎缩。植株往往开花而不结果。

2.番茄缺钼发生原因

钼可以提高叶绿素的稳定性，并影响碳水化合物的合成和运输，所以缺钼叶片有时会表现出黄绿花斑。土壤中大多数情况下不会缺钼，土壤中钼的可供给性与土壤的酸度有密切关系，在土壤条件偏酸时，土壤中有效钼的可供给性就会下降，从而导致缺钼。此外，如果土壤中缺磷、缺硫，或者铁、锰的含量过高时也会阻碍植株对钼的吸收。

3.番茄缺钼预防及矫正措施

首先应改良土壤，防止土壤酸化。将钼酸铵、钼酸钠、三氧化钼或含钼矿渣施入基肥，其中钼酸铵、钼酸钠也可进行叶面喷施，每667平方米喷施0.05%～0.1%的钼酸铵水溶液50千克，分别在苗期与开花期各喷1～2次。在酸性土壤上施用石灰来中和土壤酸度，可提高钼肥肥效。土壤酸度下降后，土壤中的钼的可供给性提高，能够提供较多的钼来满足（或部分满足）番茄对钼的需要。因此，在酸性土壤上施用钼肥时，要与施用石灰以及土壤酸碱度调整一并考虑，才能获得最好的效果。均衡施肥。钼、磷、硫三元素间存在着复杂的关系，相互影响、相互制约。钼、磷、硫的缺乏常会同时发生。在蔬菜对磷和硫的需要未满足以前，可能不表现出缺钼现象，施用钼效果也较差。在施用磷肥以后，植物吸收钼的能力增高，钼肥效果提高。所以施用磷肥以后，要及时向土壤中补充钼肥。磷肥与钼肥配合施用，常会表现出好的肥效。硫会加重钼的缺乏，在施用含硫肥料以后，容易出现缺钼现象，但是情况与磷不同，一方面硫酸根与钼酸根离子争夺植物根上的吸附位置，互相影响吸收；另一方面含硫肥料使土壤酸度上升，降低了土壤中钼的可给性。

附表　番茄缺素症状与矫正措施

营养元素	缺素症状	矫正措施
氮	植株生长缓慢，初期老叶呈黄绿色，后期全株呈浅绿色，叶片细小、直立；叶脉由黄绿色变为深紫色；茎秆变硬，果实变小	可将碳酸氢铵或尿素等混入10～15倍的腐熟有机肥料中，施于植株两侧后覆土浇水；也可叶面喷施0.2%尿素溶液2～3次
磷	早期叶背呈紫红色，叶片上出现褐色斑点，叶片僵硬，叶尖呈黑褐色、枯死；叶脉逐渐变为紫红色；茎细长且富含纤维；结果延迟	叶面喷施0.2%～0.3%磷酸二氢钾溶液2～3次
钾	初期叶缘出现针尖大小的黑褐色斑点，之后茎部也出现黑褐色斑点，叶缘卷曲；根系发育不良；幼果易脱落，或畸形果多	叶面喷施0.2%～0.3%磷酸二氢钾溶液或1%草木灰浸出液2～3次
钙	植株瘦弱、萎蔫，心叶边缘发黄皱缩，严重时心叶枯死，植株中部叶片出现黑褐色斑点，之后全株叶片上卷，根系不发达；果实易发生脐腐病及出现空洞果	叶面喷施0.3%～0.5%氯化钙溶液，每隔3～4天喷1次，连喷2～3次
镁	植株下部老叶失绿，后向上部叶扩展，形成黄花斑叶；严重时叶缘上卷，叶脉间出现坏死斑，叶片干枯，最后全株变黄	叶面喷施1%～3%硫酸镁溶液2～3次
硫	叶色浅绿，叶片向上卷曲；植株呈浅绿色或黄绿色；心叶枯死或结果少	结合镁、锌、铜等缺素症防治喷施含硫肥料

（续表）

营养元素	缺素症状	矫正措施
锌	植株从中部叶开始失绿，与健康叶相比，叶脉清晰可见，叶脉间逐渐失绿，叶缘黄化，变成褐色，叶片呈螺旋状卷曲并变小，甚至丛生；新叶不黄化	叶面喷施0.1%～0.2%硫酸锌溶液1～2次
硼	缺硼最显著的症状是叶片失绿或变为橘红色，生长点颜色发暗，严重时生长点凋萎死亡；茎及叶柄脆弱，叶片易脱落，根系发育不良变为褐色；易产生畸形果，果皮上有褐色斑点	叶面喷施0.1%～0.2%硼砂溶液，每隔5～7天喷1次，共喷2～3次
锰	叶片的脉间组织失绿，距主脉较远的地方先发黄，叶脉保持绿色，以后叶片上出现花斑，最后叶片变黄。很多情况下，在黄斑出现前先出现褐色小斑点。严重时，植株生长受到抑制，不开花，不结果	叶面喷施1%硫酸锰溶液2～3次
铁	新叶除叶脉外均呈黄色，腋芽上长出脉间组织黄化的叶片	叶面喷施0.1%～0.5%硫酸亚铁溶液或100毫克/千克柠檬铁溶液，每隔3～4天喷1次，共喷3～5次
铜	植株节间变短，全株呈丛生枝，初期幼叶变小，老叶的脉间组织失绿；严重时，叶片呈褐色、枯萎，幼叶失绿	叶面喷施0.02%～0.03%硫酸铜溶液2～3次
钼	植株长势差，幼叶失绿，叶缘和叶脉间的叶肉呈黄色斑状，叶缘向内部卷曲，叶尖萎缩，常造成植株开花不结果	分别在苗期与开花期每亩喷施0.05%～0.1%钼酸铵溶液50千克，共喷1～2次

第十章　辣椒缺素症状及矫正措施

一、辣椒缺氮

1. 辣椒缺氮症状

辣椒缺氮时，植株发育不良，叶片黄化，黄化从叶脉间扩展到全叶，从下部叶向上部叶扩展，整个植株较矮小。开花节位上升，出现靠近顶端开花现象严重时落花落果。

2. 辣椒缺氮发生原因

主要因为前茬作物施的有机肥和氮肥过少导到缺氮。有时土壤中大量施用的未经腐熟的稻壳、糠、锯末等，需继续发酵，大量占有土壤中的速效氮也会导致缺氮。

3. 辣椒缺氮预防及矫正措施

辣椒苗期生长要注意氮肥施用，硝态氮与铵态氮的比例以 1∶1 为好。田间发现缺氮时，可埋施发酵好的人粪尿，也可将碳酸氢铵或尿素等混入 10～15 倍的腐熟有机肥中，施于植株两侧后覆土、浇水。还可以少量多次的补施氮肥，叶面喷用 300～500 倍的尿素，外加 100 倍的白糖和食醋，可以缓解缺氮的症状。

二、辣椒缺磷

1.辣椒缺磷症状

辣椒苗期缺磷时，植株表现矮小，叶色深绿，由下向上开始落叶，叶尖变黑枯死，生长停滞。成株缺磷时，植株矮小，叶背多带紫红色，茎细，直立，分枝少，延迟结果和成熟，产量低。有时绿色果面上出现紫色斑块，斑块没有固定的形状，大小不一。一个果实上的紫斑少则一块，多则几块。严重时，甚至半个果实表面布满紫斑。

2.辣椒缺磷发生原因

酸性土壤中磷容易被铁和镁固定而失去活性，从而发生缺磷。另外，地势低洼、排水不良、地温低、偏施氮肥，都可能引发缺磷。

3.辣椒缺磷预防及矫正措施

土壤缺磷时，除了施用磷肥外，预先要培肥土壤；苗期特别需要磷，注意增施磷肥；可施用足够的堆肥等有机质肥料；也可叶面喷施磷酸二氢钾300倍液，或过磷酸钙100倍的浸提液，可以迅速解除症状。

三、辣椒缺钾

1.辣椒缺钾症状

花期缺钾时，植株生长缓慢，叶缘变黄，叶片易脱落。成株期缺钾时，下部叶片叶尖开始发黄，后沿叶缘或叶脉间形成黄色麻点，叶缘逐渐干枯，向内扩至全叶呈灼烧状或坏死状；叶片从老叶向心叶或从叶尖端向叶柄发展，植株易失水，造成枯萎，果实小易落，减产明显。甜椒缺钾症状与病毒病引起的花叶病及螨危害症状相似，且症状仅发生于叶片，田间要注意区分。

2. 辣椒缺钾发生原因

忽略施用钾肥是缺钾的主要原因;地温低、日照不足、土壤过湿等,也会阻碍植株对钾的吸收;氮肥施用过多,由于离子的拮抗作用,也会影响对钾的吸收,辣椒在生育中后期更容易引起缺钾。

3. 辣椒缺钾预防及矫正措施

在多施有机肥基础上,施入足够钾肥,可从两侧开沟施入硫酸钾、草木灰,施后覆土;沙质土壤施钾应考虑分批多次施入。也可叶面喷洒 0.2% ~ 0.3% 磷酸二氢钾溶液或 1% 草木灰浸出液。

四、辣椒缺钙

1. 辣椒缺钙症状

辣椒花期缺钙,株矮小,顶叶黄化,下部还保持绿色,生长点及其附近枯死或停止生长;后期缺钙,叶片上现黄白色圆形小斑,边缘褐色,叶片从上向下脱落,后全株呈光秆;果实小且黄,或产生脐腐果。

2. 辣椒缺钙发生原因

土壤中一般不容易缺钙,但是在连续多年种菜的地块,过量施用氮、钾肥时,若土壤严重缺水,土壤溶液浓度急剧增高,由于离子的拮抗,就会导致辣椒缺钙。在老菜田施用石灰调节土壤酸碱度,同时起到补钙的作用。栽培过程中,不要使土壤过度干旱缺水。

3. 辣椒缺钙预防及矫正措施

辣椒露地栽培中覆膜防止土壤过分干燥,对钙的吸收及疫病的防治均有较好的效果。根据土壤诊断,施用适量石灰;也可叶面喷洒 0.3% ~ 0.5% 氯化钙水溶液,每 3 ~ 4 天 1 次,共 2 ~ 3 次。

五、辣椒缺镁

1. 辣椒缺镁症状

辣椒缺缺镁常始于果期，下部叶片沿主脉两侧黄化，逐渐扩展到全叶，唯主脉、侧脉仍保持清晰的绿色，辣椒缺镁常始于叶尖，渐向叶脉两侧叶片扩展。坐果越多缺镁越严重，一旦缺镁，光合作用下降，果实小，产量低。

2. 辣椒缺镁发生原因

多雨导致镁的流失；干旱、强光诱发缺镁是一种小区域影响，例如处于田边充分暴露于阳光下的蔬菜，比处于互相荫蔽的有多发、重发倾向。干旱减少了蔬菜对镁的吸收。夏季强光会加重缺镁症，可能是强光破坏了叶绿素，加速叶片褪绿。当过量施用钾肥和铵态氮肥时会诱发缺镁，因为过量的钾、铵离子破坏了养分平衡，抑制了植株对镁的吸收。普遍偏施氮肥，也是目前蔬菜缺镁的原因之一。

3. 辣椒缺镁预防及矫正措施

"镁"是辣椒生长必不可少的微量元素，辣椒植株缺镁会严重降低光合作用，辣椒的产量和品质都会受到严重影响。一般可用1%～2%硫酸镁溶液，在症状激化之前喷洒，每隔5～7天喷1次，连喷3～5次。也可喷施硝酸镁。控制氮、钾肥的用量，对供镁能力差的土壤，要防止过量的氮肥和钾肥对镁吸收的影响。尤其是施肥过多的大棚，又无雨水的淋洗作用，导致根层养分积累，抑制了镁的吸收。因此，大棚内施氮、钾肥，最好的采用少量多次的施用方式。

六、辣椒缺铁

1. 辣椒缺铁症状

新叶黄化是缺铁症的主要症状。辣椒的新叶除叶脉外都变成淡绿色，在腋芽上也长出叶脉间淡绿色的叶。下部叶发生的少，缺铁症状往往发生在新叶上。严重缺铁时，新梢顶端枯死，全叶变为黄白色，并出现茶褐色坏死斑呈枯梢现象，影响辣椒正常生长发育，引起早衰，致辣椒抵抗不良环境能力减弱，易遭受冻害或引起其它病害发生。

2. 辣椒缺铁发生原因

土壤含磷多、pH 值很高时易发生缺铁。由于磷肥用量太多，影响了铁的吸收，也容易发生缺铁。当土壤过干、过湿、低温时，根的活力受到影响也会发生缺铁。铜、锰太多时容易与铁产生拮抗作用，易出现缺铁症状。当 pH 值达 6.5 ~ 6.7 时，就要禁止使用碱性肥料而改用生理酸性肥料。当土壤中磷过多时可采用深耕等方法降低含量。缺铁症常见于大田及果树等作物，蔬菜上一般难于发生缺铁，但在水培蔬菜上较常见。

辣椒缺铁预防及矫正措施：

如果缺铁症状已经出现，可用浓度为 0.1% ~ 0.5% 硫酸亚铁水溶液对辣椒喷施，或用 100 毫克 / 千克柠檬酸铁溶液每周喷 2 ~ 3 次。

七、辣椒缺锰

1. 辣椒缺锰症状

从新叶开始出现症状，逐渐向较大叶片扩张。新叶的叶脉间变黄绿色，叶脉仍为绿色，叶面常有杂色斑点，叶缘仍保持绿色，变黄部分不久变为褐色。

2. 辣椒缺锰发生原因

连续多年的种植地块，过量施用氮、钾肥时，若土壤严重缺水，土壤溶液浓度急剧增高，由于离子的拮抗，容易引起缺锰。土壤黏重、保水性差、通气不良的碱性土也易缺锰。

3. 辣椒缺锰预防及矫正措施

在生长期或发现植株缺锰，用 0.1% 硫酸锰溶液叶面喷施，或用氯化锰 500 ～ 1000 倍液，间隔 10 天 1 次；也可随水冲施酸性肥料硫酸锰 10 ～ 20 千克 / 亩。

八、辣椒缺铜

1. 辣椒缺铜症状

辣椒缺铜时生长矮小，幼叶扭曲变形，失掉韧性而发脆、发白，顶生分生组织坏死，叶呈罩盖状上卷。

2. 辣椒缺铜发生原因

土壤中的铜很难移动，黏土和有机质对铜有很强的吸附作用。因此，在黏重和富含有机质的土壤上，很容易发生缺铜现象。

3. 辣椒缺铜预防及矫正措施

对缺铜植株，叶面喷施 0.02% ～ 0.04% 的硫酸铜溶液（可加 0.15% ～ 0.25% 的熟石灰，以防止药害），缺铜症状减轻，甚至消失。

九、辣椒缺锌

1. 辣椒缺锌的症状

缺锌辣椒顶端生长迟缓，发生顶枯；植株矮；顶部小叶丛生，叶畸形细小，叶片卷曲或皱缩，有褐变条斑，几天之内叶片枯黄或脱落。

2.辣椒缺锌发生原因

光照过强易发生缺锌，若吸收磷过多，植株即使吸收了锌，也表现缺锌症状，土壤 pH 值高，即使土壤中有足够的锌，但其不溶解，也不能被作物所吸收利用。

3.辣椒缺锌预防及矫正措施

适量施用磷肥，缺锌时可以施用硫酸锌，每亩用 1.5–2 千克：也可用 0.1%–0.3%硫酸锌溶液喷洒叶面

十、辣椒缺硫

1.辣椒缺硫症状

辣椒缺硫主要表现在辣椒植株矮小，叶片细小向上蜷曲，叶片变硬，但用手一握易碎，提前脱落，开花迟，结果少或不结果。缺硫时，幼嫩叶片褪绿和变黄失绿黄化色泽均匀，不易枯干，老叶叶脉发黄，而缺氮元素时先表现在老叶上，这一点在生产中要加以仔细区别。

2.辣椒块硫发生原因

质地粗糙的砂质土壤中硫元素含量低：土壤在雨水的冲刷下，大量的养分流失，有效硫含量低，容易缺乏硫元素。冬季在保护地种植由于地温较低、土壤干旱时，辣椒根系对硫元素的吸收力减弱，从而使植株出现缺硫。

3.辣椒缺硫预防及矫正措施

缺硫时施用硫酸铵等含硫的肥料根部施用硫酸铵等化肥。一般采用开穴施肥的方式。施肥后及时间土覆盖，以防发生肥害。

十一、辣椒缺硼

1. 辣椒缺硼症状

硼元素是植物生殖生长最为关键的微量元素，促进开花结果各种酶促反应的正常进行，一旦缺失，在开花、结果的数量和质量上表现最为直接。

症状首先表现在植株上部的生长点嫩叶。辣椒缺硼表现在植株的上部，植株生长发育畸形，叶片发生扭曲、皱缩，叶柄和叶脉硬化，容易折断；花蕾和幼果脱落，植株生长发育停止，对辣椒开花结果影响很大。（田间诊断时此病区别于病毒病的典型特征是扭曲皱缩的叶片没有花叶、黄化的现象）。

2. 辣椒缺硼发生原因

老菜田由于不注意施用硼肥，一般容易缺硼。在酸性沙性土壤中，一次施用石灰过量，也会导致缺硼。土壤干旱会影响植株对硼的吸收。在碱性土壤上，有机肥施用量少，也会出现缺硼的现象。一次性使用钾肥过多时，也会出现缺硼的问题。

3. 辣椒缺硼预防及矫正措施

辣椒对缺硼敏感，硼参与碳水化合物的运转和代谢，刺激花粉的萌发和花粉管的伸长，对促进受精过程有特殊作用，底肥中施用硼酸或硼砂1千克/亩；植株发生缺硼时，应及时向叶面喷施 0.1%～0.2% 硼砂溶液，每隔 7～10 天一次，连续喷 2-～3 次；也可以每亩施硼砂 0.5～0.8 千克兑水浇施。

十二、辣椒缺钼

1. 辣椒缺钼症状

辣椒缺钼多发生在开花以后，果实膨大时开始出现症状。首先出现在老叶上，新叶出现症状较迟。缺钼叶片叶脉间失绿、变黄，易出现斑点，叶缘向上卷曲呈杯状。叶肉脱落残缺或发育不全。缺钼症状与缺氮很像，但缺钼出现斑点。

2. 辣椒缺钼发生原因

硝态氮多时容易发生，酸性土壤容易发生，中性和碱性土壤不易发生。

3. 辣椒缺钼预防及矫正措施

发生缺钼时，可叶面喷 0.05% ~ 0.1% 的钼酸铵溶液 1 ~ 2 次，每次间隔 7 ~ 10 天。

附表　辣椒缺素症状与矫正措施

营养元素	缺素症状	矫正措施
氮	幼苗缺氮时，植株生长不良，叶呈浅黄色，植株矮小，停止生长。成株期缺氮时，全株叶片呈浅黄色（严重时病株叶片 2 ~ 3 次呈金黄色）	叶面喷施 0.2% ~ 0.3% 尿素溶液
磷	苗期缺磷时，植株矮小，叶色深绿，由下而上落叶，叶尖变黑、枯死，生长停滞，早期缺磷一般很少表现症状。成株期缺磷时，植株矮小，叶背多呈紫红色，茎细、直立、分枝少，结果和成熟延迟，并引起落蕾、落花	叶面喷施 0.2% ~ 0.3% 磷酸二氢钾溶液或 0.5% 过磷酸钙浸出液 2 ~ 3 次
钾	症状多表现在开花以后。发病初期，下部叶尖开始发黄，然后沿叶缘在叶脉间形成黄色斑点，叶缘逐渐干枯，并向内扩展至全叶，叶呈灼伤状或坏死状，果实变小；叶片症状是从老叶到新叶、从叶尖向叶柄发展。如果土壤钾不足，在结果期叶片会表现缺钾症状，坐果率低，产量不高	叶面喷施 0.2% ~ 0.3% 磷酸二氢钾溶液或 1% 草木灰浸出液 2 ~ 3 次

（续表）

营养元素	缺素症状	矫正措施
钙	植株生长缓慢，生长点畸形，幼叶的叶缘失绿，叶片的网状叶脉变为褐色，呈铁锈状，易诱发果实脐腐病	叶面喷施0.5%氯化钙溶液2～3次
镁	叶片变成灰绿色，接着叶脉间黄化，基部叶片脱落，植株矮小，果实稀疏，发育不良	叶面喷施1%～3%硫酸镁或1%硝酸镁溶液2～3次
硫	植株生长缓慢，分枝多，茎坚硬、木质化，叶呈黄绿色、僵硬，结果少或不结果	结合镁、锌、铜等缺素症防治喷施含硫肥料
锌	植株矮小，发生顶枯，顶部小叶丛生，叶畸形细小，叶片上有褐色条斑，叶片易枯黄或脱落	叶面喷施0.1%硫酸锌溶液1～2次
硼	茎叶变脆、易折，上部叶片扭曲畸形	叶面喷施0.05%～0.1%硼砂溶液2～3次
锰	中上部叶片的叶脉间变成浅绿色	叶面喷施1%硫酸锰溶液2～3次
铁	上部叶的叶脉仍呈绿色，叶脉间变成浅绿色	叶面喷施0.5%～1%硫酸亚铁溶液3～5次
铜	上部叶的叶脉仍呈绿色，叶脉间变成浅绿色	叶面喷施0.02%～0.03%硫酸铜溶液2～3次
钼	叶脉间出现黄斑，叶缘向内侧卷曲	叶面喷施0.05%～0.1%钼酸铵溶液1～2次

第十一章　茄子缺素症状及矫正措施

一、茄子缺氮

1. 茄子缺氮症状

缺氮的茄子生长缓慢，全株叶色浅淡，早衰，初期老叶的叶色失绿变黄，茎色常有改变，叶细小，最后全部叶片变黄，植株矮小，茎杆细。开花期虽然也形成少量花蕾，但于没有足够的养分供给其发育，植株处在受抑制状态，大部分花蕾枯死脱落，能结果的结出的果实也较小。

2. 茄子缺氮发生原因

主要原因是土壤氮素含量少；土壤含水量大，影响了氮肥的转化；氮肥施用不均等。

3. 茄子缺氮预防及矫正措施

整地时，施足基肥，尤其要多施优质农家肥；茄子生长期避免田间积水；发现缺氮，及时追施尿素、碳酸氢铵等速效氮肥或人粪尿，或者用0.3% ~ 0.5%尿素溶液叶面喷施。

二、茄子缺磷

1. 茄子缺磷症状

磷可以促进根系生长和花芽分化。茄子缺磷时，植株矮小，茎杆细弱，叶色较深，叶片上出现褐点，叶片僵硬，果实发育停滞。进入生长发育中后期，叶片从下部开始逐渐脱落：花芽的形成显著推迟，着生节位明显上升，花芽数目减少，结果受到明显抑制。

2. 茄子缺磷发生原因

土壤中含磷量低，或土壤偏酸，或土壤结构紧实。易发生茄子缺磷症，苗期遇低温影响磷的吸收，也易发生茄子缺磷症。

3. 茄子缺磷预防及矫正措施

种植前，施足过磷酸钙或磷酸二铵作基肥：生长期发现缺磷用0.2%磷酸二氢钾溶液或0.5%过磷酸钙浸出液叶面喷施，苗期施磷多，可促进发根和定植后的成活，有利于植株生长和提高产量：开花结果后，茄子对氮、钾的需求总量增多，对磷的吸收开始减少.过多的磷会引起果皮变硬，影响果实品质。

三、茄子缺钾

1. 茄子缺钾症状

茄子在盛果期和生育中后期对钾的需求明显增多，茄子缺钾一般发生在生长中后期。缺钾是从植株下部老叶叶尖、叶缘开始黄化，并向内延伸，严重缺钾的叶脉间出现淡绿至黄色斑点。

2. 茄子缺钾发生原因

土壤含钾少，钾肥施用量不足，地温低，光照不足，土壤湿度大等都会阻碍对钾的吸收。在果实肥大期，大量的钾会转移到果实中，因此果房周围的叶子会出现缺乏症。

3. 缺钾预防及矫正措施

中后期注意增施钾肥和有机肥，一般每亩可用硫酸钾或氯化钾

10～15千克，在植株两侧开沟追施；也可用0.2%～0.3%磷酸二氢钾溶液或10%草木灰浸出液叶面喷施。

四、茄子缺钙

1. 茄子缺钙症状

茄子缺钙，先是叶脉间局部发黄，后整个植株发黄，形成圆形或椭圆形黄褐色坏死斑，叶片黄萎枯死，植株瘦弱下垂，降低植株抗病性，加速老化，最后落叶、落花成光秆。

2. 茄子缺钙发生原因

施用氮肥、钾肥过量会阻碍茄子对钙的吸收和利用；土壤干燥、土壤溶液浓度高，也会阻碍茄子对钙的吸收；空气湿度小，蒸发快，补水不及时，及缺钙的酸性土壤都会发生茄子缺钙。

3. 茄子缺钙预防及矫正措施

按时浇水、施肥；发现缺钙，及时补施钙肥，可用0.3%氯化钙溶液叶面喷施，每隔5天喷1次，连喷2～3次。

五、茄子缺镁

1. 茄子缺镁症状

缺镁时，先是老叶的叶脉附近产生浅灰色或黄褐色斑点，初期叶片褪绿，叶片中脉附近的叶肉出现黄化，跟缺铁的症状相似，茄子缺镁从门茄坐住就开始发生，进入盛果期发生最多，尤其是果实附近叶片上的症状最明显。生产上，严重缺镁时斑点扩大到叶边缘，叶脉间出现褐色坏死斑。只有少数的嫩叶长于枝顶，叶脉变黄，叶片容易脱落。没有脱落的老叶就像一张灰色的纸，茄子不能够正常膨大，果实变小。茄子有长茄和圆茄两种，缺镁时叶脉间均出现褪绿黄化，长茄缺镁先沿叶脉附近黄化，再向叶肉发展；圆茄缺镁时叶周围均匀褪绿黄化，叶脉仍为绿色，呈明显的网状花叶。

2.茄子缺镁发生原因

在沙土上栽培的茄子缺镁时是土壤供镁不足；生产上施用钾肥过多，地温低或缺磷都可能造成茄子缺镁。低温引起的根系活动力降低，茄子的根系在适温在 18 ~ 20℃左右，当土壤温度低于 12 度时根毛的生长受阻，当土壤温度低于 10℃时，根系不能正常伸长，根系群不能正常从土壤中吸收养分，而镁元素是一种中量元素，植株需要一定量才能正常生长发育。没有注意均衡施肥，在茄子的结果期需要大量的钾肥，因此种植户在施肥的过程中施入过量的含钾元素较多的肥料，影响钙的吸收，同时也抑制了镁元素的吸收。土壤中水分不足，农家肥施用量不足，单施氮肥，土壤酸化或含钠元素较高的盐碱地都有可能造成镁元素的缺失。

3.茄子缺镁预防及矫正措施

茄子对各种养分的吸收特点是从定植到收获结束逐步增加，特别是开始收获至收获盛期需求剧增，施肥应根据茄子的需求规律而施用。增施含镁肥料，如硫酸镁、氯化镁、硝酸镁、氧化镁、钾镁肥等，这些肥料均溶于水，易被吸收利用；也可在茄子生长期或发现植株缺镁时，用1% ~ 3%硫酸镁溶液或 1%硝酸镁溶液叶面喷施。合理控制大棚内温度，白天的最适温度为 25 ~ 30℃，夜间温度控制在 18 ~ 20℃，总的来说地温以不高于 25℃为宜。增施有机肥，改善土壤的理化性质，改善土壤通透性，培育健壮的根系群，同时可以改善镁元素在土壤中以游离状态，便于根系吸收利用。沙质酸性土壤或含盐量高的红黄土壤，要多施有机肥，改良土壤，调节为中性土壤，或在酸性土壤中施入镁石灰或碳酸镁，中和酸度。在开花结果期叶面喷施硫酸镁溶液，浓度为 0.1%，可以取得较好的效果，为了防止出现意外，最好先进行小范围测试后，再进行大面积推广使用。

六、茄子缺铁

1. 茄子缺铁症状

茄子缺铁时，将会影响叶绿素的形成，只剩下胡萝卜素，所以叶片呈黄色或网状黄化状。因为铁在茄子各器官之间不易移动，缺铁时幼叶叶肉先失绿黄化，叶脉仍为绿色，严重时整个新叶变为黄白色。因铁在植株体内移动性小，新叶失绿，而老叶仍保持绿色。

2. 茄子缺铁发生原因

土壤呈酸性、多肥多湿条件下，常会发生缺铁症；当土壤中锰素过剩，铁的吸收常受到抑制，也会引起缺铁。

3. 茄子缺铁预防及矫正措施

茄子喜肥又耐肥，翻地前要重施基肥，微量元素肥每亩硫酸锌 1 千克，硫酸锰 2 千克，硫酸亚铁 3 千克来补充所需微量元素。在茄子生长期或发现植株缺铁时，用 0.5% ～ 1% 硫酸亚铁溶液叶面喷施。在大棚茄子生产中，缺铁症状往往与缺锌同时表现，所以说在补铁的同时要注意合理配用锌肥。

七、茄子缺锰

1. 茄子缺锰症状

茄子缺锰时，植株幼叶脉间失绿呈浅黄色斑纹，严重时叶片均呈黄白色，同时植株蔓变短，细弱，花芽常呈黄色。

2. 茄子缺锰发生原因

碳酸盐类土壤或石灰性土壤及可溶性锰淋严重的酸性土壤易缺锰，富含有机质且地下水位比较高的中性土壤也会缺锰。生产中土壤通气不良，含水量高，过量施用未腐熟有机肥，也会出现缺锰症状。

3. 茄子缺锰预防及矫正措施

在茄子生长期或发现植株缺锰，用0.1％硫酸锰溶液叶面喷施。

八、茄子缺硫

1. 茄子缺硫症状

茄子生长缓慢、心叶小，且形成黄绿相间的花叶，上生褐色斑点，顶叶卷曲，果小且少，最后从上而下落叶。缺硫的植株发僵，叶片失绿，花芽分化，茎细弱根系长也不分枝。开花结果也不旺推迟钝，果少果空。供氮充足时缺硫症状主要发生在茄子植株的新叶上，供氮不足时缺硫症状多数发生在茄子老叶上。

2. 茄子缺硫发生原因

蔬菜连年重茬种植，所需硫被植株吸收后，土壤中硫得不到有效及时补充，导致土壤中硫逐年降低。另外，丘陵地区的冷浸田，因低温和长期淹水，影响土壤中硫的释放而导致有效硫含量低。

3. 茄子缺硫预防及矫正措施

对于缺硫土壤，可增施硫酸铵、过磷酸钙等含硫肥料；也可在生长期或发现植株缺硫时，用0.01％ ~ 0.1％硫酸钾溶液叶面喷施。

九、茄子缺锌

1. 茄子缺锌症状

茄子缺锌时，叶小呈丛生状，幼叶脉间叶肉失绿黄化，随后叶脉间叶肉逐渐褪色，有不规则形的褐色坏死斑点，叶缘也从黄化逐渐变成浅褐色至褐色。因叶缘枯死，叶片会向外侧稍微卷曲，并有硬化现象。坏死症状发生迅速，几天之内就可能导致叶片枯萎。生长点附近的节间缩短，新叶不黄化。叶片尤其是小叶叶柄向下弯曲，卷起呈圆形或螺旋形。

2. 茄子缺锌发生原因

缺锌是由于多种因素造成的。淋溶强烈的沙土全锌含量很低，有效锌含量更低，施用石灰时极易诱发缺锌现象。花岗岩母质发育的土壤和冲积土有时含锌量也很低。碱性土壤中锌的有效性低，一些有机质土如腐叶土、泥炭土，锌会与有机质结合成为不易被作物吸收利用的形态。光照过强，吸收磷过多，土壤 pH 值高，或低温、土壤干旱，土壤中的锌元素释放缓慢，植株会因得不到充足的锌供应而缺锌。再者，磷的施用可抑制植株对锌的吸收。

3. 茄子缺锌预防及矫正措施

在茄子生长期或发现植株缺锌时，用 0.1% ~ 0.2% 硫酸锌溶液喷洒叶面；为预防缺锌通常于定直前在基肥中施用硫酸锌，每亩施用 1.5 千克。

十、茄子缺硼

1. 茄子缺硼症状

茄子缺硼症表现在茎叶变硬，上部叶扭曲畸形，茎内侧有褐色木栓状龟裂。新叶停止生长，植株呈萎缩状态。子房不膨大，花蕾紧缩不开放。果实表面有木栓状龟裂，果实内部变褐，易落果。

2. 茄子缺硼发生原因

土壤酸化，硼素淋失，或施用过量石灰都易引起硼的缺乏；土壤干燥，有机肥施用少，或施用钾肥过量时都容易发生缺硼。

3. 茄子缺硼预防及矫正措施

定植前基施含硼的肥料。及时用 0.1% ~ 0.25% 硼砂溶液进行叶面喷施。

十一、茄子缺铜

1. 茄子缺铜的症状

缺铜表现症状是，铜也与叶绿素的形成和稳定有关。缺铜时新生叶片失绿发黄，呈凋萎干枯状，叶尖发白卷曲，叶缘黄白色，叶片上出现坏死斑点，繁殖器官的发育受阻。茄子缺铜，先从下部老叶开始失绿，幼叶卷曲，叶片瘦长，并整个叶片失绿，但不很均匀。

2. 茄子缺铜发生原因

在碱性土壤上容易缺铜；沙性土壤上有效铜含量低，又容易淋失；过量地施用磷肥和锌、铁、锰等肥料时，会影响茄子对铜的吸收，发生缺铜。

3. 茄子缺铜预防及矫正措施

叶面喷施 0.02% ~ 0.03%硫酸铜溶液 2 ~ 3 次。

十二、茄子缺钼

1. 茄子缺钼的症状

茎和叶片上出现紫红色，叶片出现畸形并向上卷曲，从果实膨大时开始，叶脉间发生黄斑，叶缘向内侧卷曲。

2. 茄子缺钼发生原因

硝态氮多了容易发生缺钼。酸性土壤中钼含量低不能满足茄子的需要。

3. 茄子缺硼预防及矫正措施

酸性土壤要追施钼酸钠。在茄子生长期或发现植株缺钼时叶面喷施 0.05% ~ 0.1%钼酸铵溶液 1 ~ 2 次。

附表　茄子缺素症状与矫正措施

营养元素	缺素症状	矫正措施
氮	叶色变浅，老叶黄化；严重时叶片干枯脱落，花蕾停止发育并变黄，心叶变小	叶面喷施0.3%～0.5%尿素溶液2～3次
磷	茎秆细长，纤维发达，花芽分化和结果期延长，叶片变小，颜色变深，叶脉发红	叶面喷施0.2%～0.3%磷酸二氢钾溶液或0.5%过磷酸钙浸出液2～3次
钾	初期心叶变小，生长慢，叶色变浅；后期叶脉间失绿，出现黄白色斑块，叶尖、叶缘逐渐干枯。生产上茄子的缺钾症较为少见	叶面喷施0.2%～0.3%磷酸二氢钾溶液或10%草木灰浸出液2～3次
钙	植株生长缓慢，生长点畸形，幼叶的叶缘失绿，叶片的网状叶脉变为褐色，呈铁锈状	叶面喷施2%氯化钙溶液2～3次
镁	叶脉附近，特别是主叶脉附近变黄，叶片失绿，果实变小，发育不良	叶面喷施1%～3%硫酸镁溶液2～3次
硫	叶呈浅绿色、向上卷曲，植株呈浅绿色或黄绿色，心叶枯死，或结果少	结合镁、锌、铜等缺素症防治喷施含硫肥料
锌	叶小、呈丛生状，新叶上出现黄斑，逐渐向叶缘发展，致全叶黄化	叶面喷施0.1%硫酸锌溶液1～2次
硼	茄子自顶叶开始黄化、凋萎，顶端茎及叶柄折断，内部变黑，茎上有木栓状龟裂	叶面喷施0.05%～0.2%硼砂溶液2～3次
锰	新叶的脉间组织呈黄绿色，不久变为褐色，叶脉仍为绿色	叶面喷施1%硫酸锰溶液2～3次
铁	幼叶和新叶呈黄白色，叶脉残留绿色。在土壤呈酸性及多肥、多湿的条件下常会发生缺铁症	叶面喷施0.5%～1%硫酸亚铁溶液3～5次

（续表）

营养元素	缺素症状	矫正措施
铜	叶色浅，上部叶稍有下垂，出现沿主脉的脉间组织呈小斑点状失绿的叶	叶面喷施0.02%～0.03%硫酸铜溶液2～3次
钼	从果实膨大期开始，叶脉间出现黄斑，叶缘向内侧卷曲	叶面喷施0.05%～0.1%钼酸铵溶液1～2次

第十二章 黄瓜缺素症状及矫正措施

一、黄瓜缺氮

1. 黄瓜缺氮症状

黄瓜缺氮时植株矮化，叶呈黄绿色，叶片小，上位叶更小，从下位叶到上位叶逐渐变黄，开始叶脉间黄化，叶脉凸出可见，最后全叶变黄，从下位叶向上位叶黄化，全株矮小，长势弱，坐果数少，果实多数为小头果瓜果。生长发育不良偶尔主脉周围的叶肉仍呈绿色，缺氮植株的果实表面刺瘤增多，呈亮黄色或灰绿色，果蒂呈浅黄色。缺氮严重时，全株呈黄白色，茎细而且干脆。

2. 黄瓜缺氮发生原因

主要是前期施入有机肥少，土壤含氮量低或降雨多氮淋失导致缺氮；生产上沙土、砂壤土、阴离子交换少的土壤易缺氮。此外，收获量大的，从土壤中吸收氮肥多，而追肥不及时，易出现氮素缺乏症。

3. 黄瓜缺氮预防及补救措施

氮肥宜分期施用，苗期轻，结瓜后逐渐加大，后期再相应减少，增施有机肥，提高土壤的缓冲能力和保肥供肥能力，提高植株抗逆性、抗病性。防止缺氮首先要根据黄瓜对氮、磷、钾三要素和对微肥需要，施用酵素菌沤制的堆肥或充分腐熟的新鲜有机肥，采用配方施肥技术，防止氮素缺乏。低温条件下可施用硝态氮；田间出现缺氮症状时，应当机立断埋施充分腐熟发酵好的人粪肥，也可把碳酸氢铵、尿素混入 10 ~ 15 倍有机肥料中，施在植株两旁后覆土、浇水，叶面喷施 0.2% ~ 0.5% 尿素，也可喷洒碳酸氢铵溶液。

二、黄瓜缺磷

1. 黄瓜缺磷症状

缺磷黄瓜植株生长受阻，矮化，叶片小，颜色浓绿，叶片平展并微向上挺，老叶颜色更加暗淡，逐渐变褐干枯，下位叶片易脱落。雌花数量减少；果实畸形，呈暗铜绿色，成熟慢。

2. 黄瓜缺磷发生原因

在磷吸收系数高的土壤，如火山灰土，蔬菜种植后不久就会出现缺磷；堆肥施量小，磷肥用量少易发生缺磷症；地温常常影响对磷的吸收。温度低，对磷的吸收就少；利用山土育苗，没有施用足够的磷肥，出现缺磷症。连年种植的温室，土壤已经酸化，会使磷被铁、钼所固定，失去活性。地势低洼，地下水位浅，排水不良也会使磷的活性大大降低，导致速效磷不足。

3. 黄瓜缺磷预防及矫正措施

黄瓜苗期对磷需求敏感，苗期特别需要磷；定植时要施足磷肥，每亩施用磷酸二铵 20 ~ 30 千克。防止土壤发生酸化和碱化，对发生酸化的土壤，每亩施用 30 ~ 40 千克石灰，并结合整地均匀地把石灰施入耕层。定植后要保持地温不低于 15℃。发现缺磷症状时，应及时追施磷肥。同时，用磷酸二氢钾溶液等叶面肥进行叶面喷施。

4. 黄瓜磷元素过剩

大量施磷会使茎叶转为紫色，早衰、老叶黄化。磷素过多其黄化与氮、钾、镁的缺乏所引起的黄化不同，只是一些小型的斑点状黄化，叶脉间出现白斑。

三、黄瓜缺钾

1. 黄瓜缺钾症状

黄瓜缺钾时植株矮化，节间变短，叶片较小，叶呈青铜色。在黄瓜生长早期，叶缘出现轻微的黄化，在次序上先是叶缘，然后是叶脉间黄化，顺序很明显，叶缘渐变黄绿色，主脉下陷，脉间失绿严重，并向叶片中部扩展，随后叶片坏死，叶缘叶缘枯死，随着叶片不断生长，叶向外侧卷曲。果顶变小而呈铜色，瓜条稍短，膨大不良，有时会产生"大肚瓜"。黄瓜缺钾症状的表现是从植株基部向顶部发展，老叶受害最重。

2. 黄瓜缺钾发生原因

主要原因是沙性土或含钾量低的土壤，施用有机肥料中钾肥少或含钾量供不应求；地温低、日照不足、湿度过大妨碍钾的吸收；施用氮肥过多，对吸收钾产生拮抗作用；叶片含氧化钾在3.5%以下等都易发生缺钾症。

3. 黄瓜缺钾预防及补救措施

黄瓜对钾的吸收量是吸收氮量的50%，确定施肥量要考虑这一点。宜采用配方施肥技术，施用充足的堆肥等有机质肥料，施用足够的钾肥，特别是在生育的中、后期，注意不可缺钾。如果钾不足，可用硫酸钾平均每亩3～4.5公斤，一次追施。黄瓜对钾的需求增大主要在结瓜期，土壤中缺钾时可用硫酸钾，每亩平均施入3～4.5千克，一次施入。也可叶面喷洒0.2%～0.3%磷酸二氢钾溶液或10%草木灰浸出液。

四、黄瓜缺钙

1. 黄瓜缺钙症状

黄瓜缺钙时顶端生长点坏死、腐烂。距生长点近的上位叶片小，叶缘枯死，叶形呈蘑菇状或降落伞状，叶脉间黄化、叶片变小。在叶片出现症状的同时，根部枯死。

2. 黄瓜缺钙发生原因

主要原因是施用氮肥、钾肥过量会阻碍植株对钙的吸收和利用；土壤干燥、土壤溶液浓度高，也会阻碍植株对钙的吸收；空气湿度小，蒸发快，补水不及时及缺钙的酸性土壤上都会发生缺钙。

3. 黄瓜缺钙预防及矫正措施

防止缺钙首先通过土壤化验了解钙的含量，如钙不足可深施石灰肥料，使其分布在根系层内，以利吸收；避免钾肥、氮肥施用过量，要适时灌溉，保证水分充足。缺钙的应急措施是用0.3%氯化钙水溶液，每3～4天1次，连续喷3～4次。

五、黄瓜缺镁

1. 黄瓜缺镁症状

在黄瓜生育的中后期易发生缺镁。先是上部叶片发病，后向附近叶片及新叶扩展，黄瓜的生育期提早，果实开始膨大，且进入盛期时，发现仅在叶脉间产生褐色小斑点，下位叶叶脉间的绿色渐渐黄化，进一步发展时，发生严重的叶枯病或叶脉间黄化；生育后期除叶缘残存点绿色外，其它部位全部呈黄白色，叶缘上卷，致叶片枯死，造成大幅度减产。

2. 黄瓜缺镁发生原因

随黄瓜坐瓜增多，植株需镁量增加，但在黄瓜植株体内，镁和钙的再运输能力较差，常常出现供不应求的情况，引致缺镁而发生叶枯病。研究表明叶枯症的发生与植株内镁的浓度密切相关。开花后采摘上位第16～18叶中的一张叶片进行镁浓度测定，当叶片中镁含量约在0.2%时，就会出现叶枯症，当叶片中镁浓度小于0.4%时应及时防治。生产上连年种植黄瓜的大棚，结瓜多，易发病，干旱条件下发病重。

3. 黄瓜缺镁预防及矫正措施

土壤诊断出缺镁时，应施用足够的有机肥料。注意土壤中钾、钙的含量，保持土壤的盐基平衡，避免钾、钙施用过量，阻碍对镁的吸收和利用；实行2年以上的轮作。经检测当黄瓜叶片中镁的浓度低于0.4%时，于叶背喷洒1%～2%硫酸镁溶液，隔7～10天1次，连续喷施2～3次。

六、黄瓜缺硫

1. 黄瓜缺硫症状

黄瓜缺硫时，整株植物生长无异常，但中上位叶的叶色淡，生长受抑制，叶片细小，而且叶片呈浅绿至淡黄色。与缺氮相比较，老叶的淡黄色明显，幼叶叶缘有明显的锯齿状，但发生症状的部位不同，上位叶黄化与缺铁相似，缺铁叶脉有明显的绿色，叶脉间逐渐黄化，缺硫叶脉失绿，叶片不出现卷缩、叶缘枯死、矮小等现象。下位叶黄化为缺氮。

2. 黄瓜缺硫发生原因

硫酸铵、硫酸钾等肥料中含硫较多，栽培中普遍使用这些肥料的，很少出现缺硫症状，若长期施用无硫酸根的肥料，则有缺硫的可能。一般田间少见缺硫的植株，但在温暖湿润地区，淋溶强烈，有机质少，质地疏松的沙质土壤地，才会偶尔出现缺硫症状。

3.黄瓜缺硫预防及矫正措施

在施用硫铵、硫酸钾、过磷酸钙等肥料中，含硫较多，在露地栽培中普遍施用这些肥料，所以很少出现缺硫症状。在保护地栽培中，由于长期施用无硫酸根的肥料，有缺硫的可能性，可施用含硫的肥料，如硫铵、过磷酸钙、硫酸钾等。可在生长期或发现植株缺硫时，用0.01%～0.1%硫酸钾溶液叶面喷施。

七、黄瓜缺铁

1.黄瓜缺铁症状

缺铁的植株新叶、腋芽开始变黄白，尤其是上位叶及生长点附近的叶片和新叶叶脉先黄化，逐渐失绿，但叶脉间不出现坏死斑，顶端的叶片黄化，叶片小叶化，不易伸长。严重缺铁时，叶脉为绿色但叶肉呈黄色，逐渐叶肉呈柠檬黄色至白色，芽的生长停止，叶缘坏死并完全失绿。

2.黄瓜缺铁发生原因

在碱性土壤中，磷肥施用过量易导致缺铁；土温低、土壤过干或过湿，不利根系活力，易产生缺铁症。此外，土壤中铜、锰过多，会妨碍对铁的吸收和利用而出现缺铁症。

3.黄瓜缺铁预防及补救措施

防止缺铁保持土壤pH值为6～6.5，施用石灰不要过量，防止土壤变为碱性；土壤水分应稳定，不宜过干、过湿；在黄瓜整个生长发育时期为有效防止黄瓜生长发育过程中营养元素缺乏，应保证亩施腐熟有机肥4000～5000千克，过磷酸钙20～30千克做底肥，从定植到采收需8次左右追肥，一般以氮、磷、钾肥为主。在黄瓜结瓜盛期，在进行叶面追肥的同时，可用1%尿素加0.3%磷酸二氢钾做叶面喷施，也可结合其它微量元素同时喷施 2～3 次。也可用 0.1%～0.5% 硫酸亚铁水溶液或柠檬酸铁 100 毫克/升水溶液叶面喷施。

八、黄瓜缺锰

1. 黄瓜缺锰症状

黄瓜缺锰株顶部及幼叶脉间失绿呈浅黄色斑纹，后期除主脉外，叶片其它部分均呈黄白色，在脉间出现坏死斑；芽的生长严重受到抑制，蔓短而细弱，新叶细小，花芽呈黄色。

2. 黄瓜缺锰发生原因

缺锰常发生在碱性或石灰性土壤及沙质土壤上沙性土壤、雨水多加快了锰的淋失，也会造成缺锰；生产上施用石灰质碱性肥料，使土壤有效锰含量急剧降，也会诱发缺锰。

3. 黄瓜缺锰预防及补救措施

防止缺锰可以施用硫黄中和土壤碱性，降低土壤 pH 值，提高土壤中锰的有效性，轻质土每亩用硫黄 1.5 千克，黏质土每亩用硫黄 2 千克。还可施用锰肥，每亩用硫酸锰 1～2 千克；也可用 0.2% 的硫酸锰水溶液进行叶面喷施。

九、黄瓜缺铜

1. 黄瓜缺铜症状

缺铜时植株节间短，全株呈丛生状；植株顶部叶片不能充分展开，边缘上卷呈匙状，重时匙状叶边缘枯死。幼叶小，老叶脉间出现失绿；后期叶片呈粗绿色到褐色，并出现坏死，叶片枯黄。失绿是从老叶向幼叶发展的。生长缓慢至停滞，产量降低。

2. 黄瓜缺铜发生原因

黄瓜对铜元素较敏感，一般土壤含铜较丰富，有效铜含量也较高，不易发生缺铜症。但因土壤中的铜很难移动，黏土和有机质对铜又有较强的吸附作用。因此，在黏土和有机质含量高的土壤上可能发生缺铜症。保护地黄瓜由于连年大量施用有机肥，在 pH 值大于 6.5 的腐殖质土中易出现缺铜症状，这是因为腐殖酸钙对铜的螯合作用降低了铜的有效性。酸性土壤上因为高浓度的可溶性钼对铜的沉淀作用，使铜吸收困难。中性土壤利于根系吸收铜。

3. 黄瓜缺铜预防及补救措施

适量施用腐熟有机肥，注意氮、磷、钾肥合理配合使用。每公顷施 15 ~ 30 千克的硫酸铜做底肥；也可用 0.3% 的硫酸铜水溶液进行叶面喷施。

十、黄瓜缺锌

1. 黄瓜缺锌症状

黄瓜缺锌时，嫩叶生长不正常，芽呈丛生状，生长受抑制。从中位叶开始褪色，叶脉明显，后脉间逐渐褪色，叶缘黄化至变褐，叶缘枯死，叶片稍外翻或卷曲，生长点附近的节间缩短，新叶不黄化。

2. 黄瓜缺锌发生原因

光照过强或吸收磷过多易出现缺锌症。土壤 pH 值高时，即使土壤中有足够的锌，也不易溶解或被吸收。

3. 黄瓜缺锌预防及矫正措施

缺锌土壤中不要过量施用磷肥，田间缺锌时可施用硫酸锌 1.3 千克 / 亩；也可用 0.1% ~ 0.2% 硫酸锌溶液进行叶面喷施。

十一、黄瓜缺硼

1.黄瓜缺硼症状

黄瓜缺硼时，生长点附近的节间明显短缩，上位叶外卷，叶缘呈褐色，上位叶脉有萎缩现，果实表皮出现木质化或有污点。植株生长点附近的叶片萎缩、枯死，其症状与缺钙相类似。但缺钙叶脉间黄化，而缺硼叶脉间不黄化。

2.黄瓜缺硼发生原因

在酸性砂壤土中，一次性施用过量石灰肥料易发生缺硼；土壤干燥时影响植株对硼的吸收，当土壤中施用有机肥数量少、土壤 pH 值高、钾肥施用过多等均影响对硼的吸收和利用，出现硼素缺乏症。

3.黄瓜缺硼预防及补救措施

在酸性的砂壤土上，一次施用过量的石灰肥料，易发生缺硼症状；土壤干燥影响对硼的吸收，易发生缺硼症；土壤有机肥施用量少，在土壤 pH 高的田块也易发生缺硼；施用过多的钾肥，影响了对硼的吸收，易发生缺硼症。土壤缺硼，在施用有机肥中事先加入硼肥或采用配方施肥技术；适时灌水防止土壤干燥；不要过多施用石灰肥料，使土壤 pH 值保持中性；缺硼时可用 0.12% ~ 0.25%硼砂溶液或硼酸溶液叶面喷施。

十二、黄瓜缺钼

1. 黄瓜缺钼症状

缺钼黄瓜植株生长长势差，叶缘和叶脉间呈黄色斑状，叶缘焦枯向内卷曲，叶尖萎缩，常造成植株开花不结瓜。一般老叶先出现症状，新叶在相当长时间内仍表现正常。定形的叶片有的尖端有灰色，褐色或坏死斑点，叶柄和叶脉干枯。

2. 黄瓜缺钼发生原因

土壤中钼的可供给性与土壤的酸度有密切关系，土壤酸性强，钼的可供给性降低，特别是游离铁、钼含量高的红壤土、砖红壤土。淋溶作用强的酸性岩成土、灰化土及有机土易缺钼；北方土母质及黄河冲积物发育的土壤也易缺钼。在硫酸根及铵、锰含量高的土壤，相互拮抗也对钼的吸收产生影响。

3. 黄瓜缺钼预防及矫正措施

将钼酸铵、钼酸钠、三氧化钼、含钼玻璃肥料或含钼矿渣施入基肥，其中钼酸铵、钼酸钠也可用于叶面喷施。在酸性土壤上施用石灰来中和土壤酸度，可提高铜肥肥效。土壤酸度下降后，土壤中钼的可供给性提高，能够提供较多的钼来满足黄瓜的需要。因此，在酸性土壤上施用钼肥时，要与施用石灰以及土壤 pH 值一起考虑，才能获得最好的效果。

附表　黄瓜缺素症状与矫正措施

营养元素	缺素症状	矫正措施
氮	叶片小，从下位叶到上位叶逐渐变黄，叶脉凸出可见。最后全叶变黄，坐果数少，瓜果生长发育不良	叶面喷施 0.5% 尿素溶液 2~3 次
磷	苗期叶色深绿，叶片发硬，植株矮化；定植到露地后，植株停止生长，叶色深绿；果实成熟晚	叶面喷施 0.2%~0.3% 磷酸二氢钾溶液或 0.5% 过磷酸钙浸出液 2~3 次
钾	早期叶缘出现轻微的黄化，叶脉间黄化；生育中、后期，叶缘枯死，随着叶片不断生长，叶向外侧卷曲，瓜条稍短，膨大不良	叶面喷施 0.2%~0.3% 磷酸二氢钾溶液或 10% 草木灰浸出液 2~3 次

（续表）

营养元素	缺素症状	矫正措施
钙	距生长点近的上位叶叶片小，叶缘枯死，叶形呈蘑菇状或降落伞状，叶脉间黄化、叶片变小	叶面喷施0.3%氯化钙溶液2～3次
镁	先是上部叶片发病，随后向附近叶片及新叶扩展，黄瓜的生育期提早，果实开始膨大，且在进入盛期时仅在叶脉间出现褐色小斑点，下位叶的叶脉间渐渐黄化，进一步发展会发生严重的叶枯病或叶脉间黄化；生育后期除叶缘残存绿色外，其他部位全部呈黄白色，叶缘上卷，叶片枯死	叶面喷施0.8%～1%硫酸镁溶液2～3次
硫	整个植株生长几乎没有异常，但中上位叶的叶色变浅	结合镁、锌、铜等缺素症防治喷施含硫肥料
锌	植株从中位叶开始失绿，叶脉间逐渐失绿，叶缘黄化至变为褐色，叶缘枯死，叶片稍外翻或卷曲	叶面喷施0.1%～0.2%硫酸锌溶液1～2次
硼	生长点附近的节间明显缩短，上位叶外卷，叶脉呈褐色，叶脉有萎缩现象，果实表皮出现木质化或有污点，叶脉间不黄化	叶面喷施0.15%～0.25%硼砂溶液2～3次
锰	植株顶部及幼叶的叶脉间失绿，呈浅黄色斑纹状。初期末梢仍保持绿色，随后呈现明显的网纹状。后期除主脉外，全部叶片均呈黄白色，并在叶脉间出现下陷的坏死斑。叶白化最重，并最先死亡。芽的生长严重受阻，常呈黄色。新叶细小，蔓较短	叶面喷施1%硫酸锰溶液2～3次
铁	植株新叶、腋芽开始变为黄白色，尤其是上位叶及生长点附近的叶片和新叶叶脉先黄化，逐渐失绿，但叶脉间不出现坏死斑	叶面喷施0.1%～0.5%硫酸亚铁溶液3～5次

（续表）

营养元素	缺素症状	矫正措施
铜	植株节间短，全株呈丛生状；幼叶小，老叶叶脉间失绿；后期叶片呈浅黄绿色到褐色，并出现坏死，叶片枯黄。失绿是从老叶向幼叶发展的	叶面喷施 0.02% ～ 0.05% 硫酸铜溶液 2 ～ 3 次
钼	叶片小，叶脉间出现不明显的黄斑，叶白化或黄化，但叶脉仍为绿色，叶缘焦枯	叶面喷施 0.05% ～ 0.1% 钼酸铵溶液 1 ～ 2 次

第三部分

科学施肥技术

第十三章　施肥数量的推荐

　　科学的施肥方法是提高作物产量和肥料利用效率的重要措施，施肥用量的确定是科学施肥的核心。在农作物推荐施肥实践和研究中，推荐施肥方法主要分为两类：一是基于土壤养分的推荐施肥方法，二是基于作物的推荐施肥方法。

一、基于土壤养分的推荐施肥

　　基于土壤养分的推荐施肥方法是根据土壤中不同养分含量以及作物生长的养分需求量进行施肥推荐，主要包括：养分指标法或称养分丰缺指标法、平衡法或目标产量法。

1. 养分指标法

　　养分指标法的原理是基于土壤营养元素的化学原理，把土壤测定值按照一定的级差分等，制成养分丰缺及相应施肥数据检索表；通过田间试验及土壤测试后，可根据上述的检索表按照等级确定施肥用量。另外，还可通过土壤测试结果和田间肥效试验结果，建立不同作物、不同区域的土壤养分丰缺指标，提供肥料配方。

1.1 氮素养分的推荐

　　在土壤养分状况系统研究法（ASI）中，作物氮素的推荐主要是依据三方面：一是作物种类，二是土壤有机质含量，三是土壤速效氮的含量。在氮素推荐时，以土壤有机质含量水平作为氮素推荐基础，以土壤速效氮含量作为调整因子。在具体实施过程中，先根据土壤有机质含量水平，做出氮素推荐基础值，然后再根据土壤速效氮水平，对基础推荐值进行调整，得出最终推荐值。

基于土壤碱溶液有机质水平的作物施氮推荐量（kg/ 亩）

（ 引自白由路等，2007 ）

作物	土壤有机质水平（ g/kg ）			
	< 10	10 ~ 20	20 ~ 30	> 30
油菜	14	12	10	8
胡萝卜	12	10	9	7
白菜	18	16	15	13
花椰菜	20	18	16	14
韭菜	15	14	13	12
芹菜	15	14	13	12
甜瓜	13	11	9	7
黄瓜	25	22	19	16
大蒜	15	14	13	12
莴苣	22	20	18	16
洋葱	14	13	12	10
菠菜	15	13	11	10
番茄	20	18	16	14
萝卜	10	8	6	4
辣椒和甜椒	18	16	14	12

基于土壤速效氮含量的氮素推荐调整系数

速效氮含量（ mg/L ）	> 100	50—100	35—50	20—35	< 20
调整系数（ % ）	−20	−10	0	+10	+20

1.2 磷素养分的推荐

土壤速效磷含量是不同作物所需磷肥推荐的主要指标。在施肥推荐分级中，将土壤速效磷分为 6 个等级：> 60mg/L 为极高磷含量，40 ~ 60mg/L 为高磷含量，24 ~ 40mg/L 为较高磷含量，12 ~ 24mg/L 为中等磷含量，7 ~ 12mg/L 为缺磷，< 7mg/L 为严重缺磷见下表。当土壤磷含量为极高时，仅个别需磷作物或超高产情况下需施磷肥外，一般作物可不施磷，且此时应特别注意引起磷素面源污染。

基于土壤速效磷分级的作物施磷推荐量（kg/ 亩）

作物	土壤速效磷含量水平（mg/L）					
	< 7	7 ~ 12	12 ~ 24	24 ~ 40	40 ~ 60	> 60
油菜	9	8	6	4	2	0
胡萝卜	12	10	8	6	4	0
白菜	13	11	9	7	5	3
花椰菜	12	10	8	6	4	2
韭菜	14	12	10	7	4	2
芹菜	12	10	8	6	4	3
甜瓜	15	13	11	9	7	4
黄瓜	12	10	8	6	4	3
大蒜	12	10	8	6	4	0
莴苣	12	10	8	6	3	0
洋葱	14	12	10	8	6	4
菠菜	10	8	6	4	2	0
番茄	14	12	10	8	6	3
萝卜	10	8	6	4	2	0
辣椒和甜椒	14	12	10	8	6	3

1.3 钾素养分的推荐

土壤速效钾含量是不同作物所需钾肥推荐的主要指标。在施肥推荐分级中，将土壤速效钾分为 6 个等级：> 140mg/L 为极高钾含量，100 ~ 140mg/L 为高钾含量，80 ~ 100mg/L 为较高钾含量，60 ~ 80mg/L 为中等钾含量，40 ~ 60mg/L 为缺钾，< 40mg/L 为严重缺钾（见下表）。

基于土壤速效钾分级的作物施磷推荐量（kg/ 亩）

作物	土壤速效钾含量水平（mg/L）					
	< 40	40 ~ 60	60 ~ 80	80 ~ 100	100 ~ 140	> 140
油菜	10	9	7	5	3	2
胡萝卜	14	12	0	7	4	2
白菜	14	12	10	8	6	4
花椰菜	15	13	11	9	7	3
韭菜	13	11	9	7	4	2
芹菜	16	14	12	10	7	4
甜瓜	15	13	11	9	7	3
黄瓜	14	12	10	8	6	4
大蒜	13	11	9	7	4	0
莴苣	12	10	8	6	3	0
洋葱	15	13	11	9	7	5
菠菜	12	10	8	6	4	0
番茄	18	16	14	12	10	7
萝卜	13	11	9	6	4	2
辣椒和甜椒	16	14	12	10	7	4

1.4 中微量元素养分的推荐

我国中低产田占总耕地面积的 70% 左右，其中大部分存在中、微量元素缺乏的问题，缺少微量元素铁、铜、钼、硼、锰、锌的耕地分别占 5.0%、6.9%、21.0%、46.8%、34.5% 和 51.5%，土壤中微量元素供给不足时，农作物出现缺乏症，严重时导致减产，产品质量降低。针对性的施用中微量元素肥料，不仅可以发挥中微量元素肥料的经济效益，而且可作为提高中、低产田的有效技术措施。农业部办公厅关于印发《＜到 2020 年化肥使用量零增长行动方案＞推进落实方案》的通知在化肥使用结构上，重点是"两优化"：优化氮磷钾配比，促进大元素与中微量元素的配合。

中微量元素施肥原则应为"因缺补施"，可以通过经验、土壤测试或田间缺素试验确定目标区域土壤中微量元素缺乏程度并制定补施计划，一般微量元素最高不得超过 30kg/hm^2。

土壤中钙镁肥的施用主要有 2 方面的作用：一是补充土壤中的有效钙镁含量，二是通过施用钙镁肥改善土壤酸碱性。决定钙镁肥施用的条件有四个方面：一是土壤的 pH，二是土壤有效钙镁含量，三是土壤中钙/镁比值，四是土壤交换性酸的数量。当土壤 pH 大于 5.9 时，基本没有有效交换性酸的存在，钙镁肥的施用主要考虑土壤中的有效钙镁含量，具体推荐量见下表：

土壤 pH ＞ 5.9 时的钙镁肥料施用量

土壤有效钙含量（mg/L）	土壤有效镁含量（mg/L）	硫酸钙施用量（kg/亩）	硫酸镁施用量（kg/亩）
＜ 180	＜ 70	70	20
180 ~ 300	70 ~ 100	60	15
300 ~ 400	100 ~ 130	50	15
400 ~ 500	130 ~ 160	45	12
500 ~ 600	160 ~ 190	35	10
600 ~ 700	190 ~ 220	25	7
700 ~ 800	220 ~ 250	17	5
800 ~ 900	250 ~ 280	8	2
＞ 900	＞ 280	0	0

当土壤 pH 小于 5.9 时，钙镁肥的施用决定于土壤有效钙含量和交换性酸的数量，当土壤有效钙含量小于 2000mg/L、钙／镁比大于 1.65 时，以白云石（含镁）为主，其施用量与土壤交换性酸的关系见表。当土壤有效钙含量小于 2000mg/L、钙／镁比小于 1.65 时，以施用石灰石为主，具体施用量见下表：

土壤 pH ＜ 5.9 时施用白云石或石灰石施用量

交换性酸含量（cmol/L）	白云石施用量（kg/ 亩）	石灰石施用量（kg/ 亩）
＜ 0.1	130	130
0.1 ～ 0.4	170	170
0.4 ～ 0.9	200	200
0.9 ～ 1.4	230	230
1.4 ～ 1.9	270	270
1.9 ～ 2.4	330	330
2.4 ～ 2.9	400	400
2.9 ～ 3.4	470	470
3.4 ～ 3.9	530	530
3.9 ～ 4.4	600	600
＞ 4.4	670	600

土壤有效硫临界值为 12mg/L，一般土壤有效硫 ＜ 10 ～ 16mg/L 作物可能缺硫。我国缺硫土壤分布于南部和东部地区。近年来，由于土地复种指数和作物产量的不断提高，作物从土壤中吸收的硫素营养增多。有些地方由于使用化肥品种的改变，大量施用尿素等高浓度无硫化肥，而过磷酸钙、硫铵等含硫化肥用量减少。一些有机质含量低、质地粗的土壤，硫含量低，在雨水多的地区，从雨水和渗漏水中流失的硫较多。环境污染治理日益加强，大气和水体中硫浓度降低，作物从大气和灌溉水中得到的硫减

少。同时近年来有机肥和农家肥用量减少，以有机硫补给土壤的硫素越来越少。因此，容易造成某些地区土壤缺硫。硫肥可单独施用，也可和氮磷钾混合施用，结合耕地翻入土壤。硫磺类肥料应早施，可拌细土或化肥撒施，耕翻入土作基肥，也可拌种及施入种沟（穴）旁作种肥，还可拌土杂肥作涂秧根肥料。

土壤中微量元素如硼、铜、铁、锰、锌的临界值分别为 0.2、1、10、5、2mg/L，若土壤测定值低于其临界值，应考虑施用该微量元素肥料。

1.5 来自有机肥和环境养分数量分析

《到 2020 年化肥使用量零增长行动方案》推进落实方案中明确指出，合理利用有机养分资源，用有机肥替代部分化肥。突出抓好果菜的优势产区、秸秆资源富集区、畜禽规模化养殖区、大中型沼气项目区有机肥资源的利用。一是推进秸秆养分还田。推广秸秆粉碎还田、快速腐熟还田、过腹还田等技术，使秸秆来源于田、回归于田。二是推进畜禽粪便资源化利用。支持规模化养殖企业利用畜禽粪便生产有机肥，鼓励引导农民积造农家肥，推广应用商品有机肥。同时，大力推广"规模养殖＋沼气＋社会化出渣运肥"模式，推进沼渣沼液有效利用。三是因地制宜种植绿肥。充分利用南方冬闲田、北方秋闲田光热和土地资源，推广种植冬绿肥、秋绿肥，发展果园绿肥。在有条件地区，引导农民施用根瘤菌，促进豆科作物固氮肥田。

有机肥优点是含养分种类多、具有各种大量和微量营养元素的完全肥料，并含有维生素等活性物质。合格的有机肥含有大量的有机物，常年施用有机肥能使土壤有机质得到更新或提高，改善理化性状，起到明显的改土作用。有机肥最突出的特点是可以增加、补充土壤有机质。土壤中的有机质能显着改善土壤的理化性状，使土壤耕性变好，渗水能力增强，提高土壤蓄水、保肥、供肥和抗旱防涝能力，增产明显，这是化肥不能替代的。

当前我国有机肥料基础资源每年约 57 亿吨实物量，其中畜禽粪尿约 38 亿吨（鲜），人粪尿约 8 亿吨（鲜），秸秆约 10 亿吨（风干），绿肥约 1 亿吨（鲜），饼肥约 0.2 亿吨（风干）。折合 N 约 3000 万吨、P_2O_5 约 1300 万吨和 K_2O 约 3000 万吨，$N+P_2O_5+K_2O$ 养分总量约 7300 万吨。这些有机肥养分可替代或补充部分化肥以满足作物对养分的需求，力争 2020 年畜禽粪便养分还田率达到 60%，农作物秸秆养分还田率达到 60%，助力化肥使用零增长的实现。

1.6 目标产量法

目标产量法又称"计划产量法"，它是根据土壤养分平衡原理，将一季作物达到目标产量所吸收的养分量减去土壤供应的养分量，就得到了要施用的养分量。在计算公式中，除了养分测定值外，还包含目标产量、肥料利用率、土壤养分供应量等参数。

（1）目标产量

目标产量可采用平均单产法来确定。平均单产法是利用施肥区前三年平均单产和年递增率为基础确定目标产量，其计算公式是：

目标产量（kg/ 亩）＝（1+ 递增率）× 前 3 年平均单产（kg/ 亩）

一般露地蔬菜的递增率为 20%，设施蔬菜为 30%。

（2）作物需肥量

通过对正常成熟的农作物全株养分的测定，分析各种作物百 kg 经济产量所需养分量，乘以目标常量即可获得作物需肥量。

$$作物目标产量所需养分量（公斤）= \frac{目标产量（公斤）}{100} × 百公斤产$$

量所需养分量

（3）土壤供肥量

土壤供肥量可以通过测定作物基础产量、土壤有效养分校正系数两种

方法估算：

基础产量：不施养分区农作物产量所吸收的养分量作为土壤供肥量。

$$土壤供肥量（公斤）= \frac{不施养分区农作物产量（公斤）}{100} × 百公斤$$

产量所需养分量

土壤养分校正系数：将土壤有效养分测定值乘一个系数，以表达土壤

"真实"供肥量。该系数称为土壤养分的校正系数。

$$校正系数（\%）= \frac{缺素区作物地上部分吸收该元素量（公斤／亩）}{该元素土壤测定值（mg/kg）×0.15}$$

$$或：校正系数（\%）= \frac{缺素区亩产量（公斤／亩）× 该元素单位养分吸收量}{该元素土壤测定值（mg/kg）×0.15}$$

（4）肥料利用率

一般通过差减法来计算：利用施肥区作物吸收的养分量减去不施肥区

作物吸收的养分量，其差值视为肥料供应的养分量，再除以所用肥料中养

分含量就是肥料利用率。

肥料利用率（%）

$$= \frac{施肥区农作物吸收养分量（公斤／亩）-缺素区农作物吸收养分量（公斤／亩）}{肥料施用量（公斤／亩）× 肥料中养分含量（\%）} ×100\%$$

以氮肥为例：

肥料施用量（kg/亩）：施用的氮肥肥料用量；

肥料中养分含量（%）：施用的氮肥肥料所标明的含氮量。

如果同时使用了不同品种的氮肥，应计算所用的不同氮肥品种的总氮量。

一般肥料利用率 N 按 30% ～ 40% 计算，P 按 10% ～ 25% 计算、K 按 4% ～ 60% 计算。

（5）肥料养分含量

供施肥料包括无机肥料与有机肥料。无机肥料、商品有机肥料含量按其标明量，不明养分含量的有机肥养分按照全国农业技术推广服务中心1999 年主编的《中国有机肥料养分志》提供的标准值计算。如下表所示。

肥料养分折纯量

肥料种类	名称	N（%）	P_2O_5（%）	K_2O（%）
氮肥	尿素	46	0	0
	碳酸氢铵	17.7	0	0
	硫酸铵	20.5	0	0
	液体氨	82	0	0
	氯化铵	23	0	0
	硝酸钠	15	0	0
磷肥	过磷酸钙	0	12	0
	重过磷酸钙	0	40	0
	钙镁磷肥	0	16	0
钾肥	氯化钾	0	0	60
	硫酸钾	0	0	50
	硝酸钾	0	0	34
	磷酸一铵	11 ～ 13	51 ～ 53	0

（续表）

肥料种类	名称	N（%）	P₂O₅（%）	K₂O（%）
复合肥	磷酸氢二铵	14	43	0
	磷酸二氢钾	0	52	35
	硫酸铵	14 ~ 18	46 ~ 50	0
	氮钾复合肥	14	0	16
	磷钾复合肥	0	11	3
	硝磷钾肥	10	10	10
有机肥	干鸡粪	6.39	6.04	3.33
	猪圈粪	0.60	0.40	0.44
	湿鸡粪	1.63	1.54	0.85
	干鸡粪	6.39	6.04	3.33
	牛粪	0.34	0.16	0.40
	羊圈粪	0.83	0.23	0.67
	堆肥	0.45	0.22	0.57
	草木灰	0	2.30	8.09

我国幅员辽阔，各地施肥的具体条件差异很大，其参数也不尽相同，因此对施肥量的估算要因地制宜。在计算某种肥料施用量时，一般按下式计算：

某种肥料施用量 = （一季作物需肥量 – 土壤供肥量）/ 肥料中该要素含量 × 肥料当季利用率

这个公式对于确定施肥量是完全正确的，它基本体现了李比希养分归还学说的主要内容，只是将应该归还于土壤养分放在了作物吸收之前，这对于作物高产十分有利。

二、基于作物的推荐施肥

土壤养分供应能力以及作物对养分的吸收能力决定着作物整体的营养

状况.可以通过对作物的营养状况诊断，确定植株体内养分含量的丰缺动态，并以此作为作物追肥决策的依据，实现精准变量施肥。基于作物的推荐施肥方法通常将作物地上部的产量及营养状况作为诊断作物生长正常与否的依据，主要从作物的生长表现与产量建成等方面进行考虑，如作物籽粒产量的高低、作物地上部的长势与颜色外观表现等。

基于作物产量的推荐施肥方法目前主要有肥料效应函数法、叶绿素仪、叶色卡、硝酸盐反射仪、冠层反射仪、植株症状诊断等。传统的地上部营养诊断方法通常是采集植株样品进行实验室分析，该方法是进行破坏性取样，操作复杂、测试分析周期长，难以在较短时间内实现对作物生长期间的实时监测。随着速测技术的推广，基于作物地上部长势与颜色外观的无损诊断技术，如叶绿素仪、叶色卡以及基于光谱反射进行诊断的技术逐渐发展起来，可以在较短时间内实现作物养分的实时科学管理。

2.1 肥料效应函数法

肥料效应函数法认为作物地上部的产量是肥料综合作用的效果。通过建立作物产量与肥料施用量之间的统计关系，可以进行施肥推荐。具体步骤是通过不同的试验设计，包括简单的对比、回归和正交设计等方法布置多点田间试验，将来自不同处理的地上部作物产量与施肥量进行数理统计。得到肥料效应函数，由此可计算出代表性地块的最高施肥量、最佳施肥量以及获得最大经济效益时的施肥量，并将其作为推荐施肥的依据。

2.2 叶绿素仪法

叶绿素仪法是一种迅速而准确地监测田间作物氮素营养状况的有效手段，是一种无损速测技术，根据测定的叶绿素（SPAD）值与植株含氮量的相关关系，可以为氮素的追肥施用提供实时指导。研究已表明，叶片

SPAD 值与作物的氮素含量具有显著正相关关系。在此基础上确定氮素营养诊断的叶色值。其原理主要是基于叶绿素对红光的强吸收与对远红外光的低吸收。近年来，手持叶绿素仪由于其操作简单、及时、对作物无损伤而被广泛应用于氮肥推荐。

2.3 叶色卡法

叶色卡法是依据作物叶色深浅与叶片全氮含量之间具有良好的线性关系原理研制出标准叶色卡。根据实际作物叶色深浅诊断养分的丰缺，进而指导施肥。然而，该方法对叶色的判读存在一定的人为因素，并且品种或基因型的不同，也会不可避免地存在一些误差。另外，叶色卡片法还不能辨别作物失绿是由缺氮引起还是由其他因素所致。但是与其他推荐施肥方法相比，该种方法较为简单、方便、并使营养诊断呈现半定量化、易于看到实效等特点，逐渐得到农民的广泛认可。

2.4 硝酸盐反射仪法

硝酸盐反射仪方法是利用 NO_3^- 具有偶氮反应，能够生成红色染料的原理，可以通过比色法直接读出 NO_3^- 浓度，然后找到氮素营养诊断值指导氮肥施用的方法。目前，在植株营养诊断中，小麦一般以茎基部作为诊断部位，玉米一般采用新成熟叶的叶脉作为诊断部位。随着硝酸盐反射仪等便捷仪器的出现，加快了硝态氮测试技术在推荐施肥中的应用。

2.5 基于产量反应和农学效率的推荐施肥方法

基于产量反应和农学效率的推荐施肥方法是国际植物营养研究所新近提出来的平衡施肥方法。并将其开发集合形成以电脑软件形式面向科研人员和农业科技推广人员的养分专家系统（nutrientexpert，NE）。其中，产量反应是指施用肥料的处理与不施某种养分的缺素处理之间的产量差，即为该养分的产量反应。农学效率是指施入一千克 N、P_2O_5 或 K_2O 养分所能增加的籽粒产量。基于产量反应和农学效率的施肥方法认为，作物施肥后所达到的产量主要由两部分组成：一部分是由土壤基础养分供应所能生产的产量，可用不施某种养分的缺素处理的作物产量来表征；另一部分是由施肥作用所能增加的产量。基于产量反应和农学效率的推荐施肥方法能够充分利用来自土壤本身、秸秆还田、灌溉水、大气沉降、生物固氮、种子带入等多种途径来源的土壤基础养分。由于作物主要通过地上部产量的高低来表征土壤基础养分供应能力以及作物生产能力。因此依据施肥后作物地上部的生长反应。如产量反应，来表征作物营养状况是更为直接评价施肥效应的有效手段。从而避免过量养分在土壤的累积，并且考虑了氮、磷和钾养分之间的相互作用。

在养分专家系统中，预估产量反应的方法主要有两种：一种是在附近区域具有相似养分管理措施的土壤上做过减素试验。产量反应直接由具体的养分供应充足的产量与缺素产量之间的产量差获得；如果在附近区域没有做过减素试验，养分专家系统可以根据作物的生长环境特征（灌溉情况、旱涝情况）、土壤肥力指标、有机肥施用情况、上季作物秸秆处理和施肥情况以及当前作物实际产量等信息调用背后数据库对产量反应进行估算。一旦产量反应数值确定，根据产量反应和农学效率之间的关系。可以确定在该产量反应时对应的农学效率，进而计算得出氮、磷和钾肥的推荐施肥量。由于氮素比较活跃。且容易损失到水体或大气环境中进而带来环境风险，因此，氮肥推荐仅考虑了产量反应和农学效率两个参数。而磷钾肥的推荐量则还考虑了土壤磷钾素的养分平衡以及土壤可持续性，以保证充足供应和维持地力，即磷钾肥的推荐用量为产量反应所需要的养分加上果实或（和）秸秆带走的养分。具体如下公式所示：

氮肥推荐量 =N 产量反应 /N 肥农学效率

磷（钾）肥推荐量 = 磷（钾）产量反应部分所需养分 + 当季作物收获带走的养分

下表是国际植物营养研究所（IPNI）基于前期多年试验数据和参考文献而得农作物推荐施肥量，可以做施肥量的相关参考。

各种作物的养分推荐施肥用量（引自李书田，2017）

作物	平均推荐量（kg/hm^2）		
	N	P$_2$O$_5$	K$_2$O
油菜	130	74	92
甜菜	198	154	153
蔬菜	290	175	237
甜瓜	229	143	200
草莓	294	182	329

蔬菜的营养施肥是非常复杂的问题，一般按营养特性可归纳为以下几点：

1. 对土壤肥力水平要求高

蔬菜的根系分布较浅，根系发育较差，吸收养分的能力相对较弱，要求土壤中有丰富的养分供根系吸收。因此对土壤肥力水平要求高，尤其对土壤中有机质含量要求更高。

2. 需要养分数多

蔬菜具有生长周期短、生长速度快、产量高（包括生物学产量和经济产量）以及菜田的复种指数高的特点，因此，蔬菜需要从土壤中带走比一般大田作物更多的养分。

3. 蔬菜对硝态氮肥有明显的偏爱

与大田作物相比，蔬菜作物的营养特点还表现在氮肥形态的选择上。硝态氮肥对于提高果菜类蔬菜的产品品质具有不可替代的作用。

针对蔬菜作物的这些特点，在施肥上应采取相应的措施。

首先，应重视苗床土壤施肥。在蔬菜栽培中，70％的品种要先育苗，然后定植到露地。苗床土壤的肥沃程度关系到幼苗的质量，因此，在苗床施肥上既要注意幼苗密度，又要注意苗床上的养分浓度。蔬菜对苗床土的各种营养元素的需求量要比大田作物高，但同时，苗床土的养分浓度也不能太高，浓度过高不利于各种蔬菜种子的出苗和根系发育。苗期施肥的关键是用充足的有机肥料和适量的复合肥料与苗床土全层拌匀，这样才能满足蔬菜苗期生长的营养要求。

其次，在露地栽培时期要加强营养。营养供应不仅要保证均衡供给，而且要满足蔬菜作物基肥和追肥对养分的需求。蔬菜需要养分数量大，但又不能一次投入，以免造成肥害，必须以基肥和追肥的方式分次施入。基肥以腐熟的有机肥为主，配合适量的三元复混肥为宜。复混肥中氮、磷、钾的比例要按照不同蔬菜种类加以区分。叶菜类的基肥应选高钾型，果菜类应选高磷型，根菜类选高磷、钾型。追肥时施肥量的确定，应当按照产量与品质统一的观点进行定量化调控，以达到最佳效果。

第十四章　番茄

番茄，别名西红柿、洋柿子等。番茄属茄科番茄属，为一年或多年生草本植物。番茄果实营养丰富，具特殊风味。每 100 克鲜果含水分 94 克左右、碳水化合物 2.5 ～ 3.8 克、蛋白质 0.6 ～ 1.2 克、维生素 C20 ～ 30 毫克以及肉萝卜素、矿物盐、有机酸等。可以生食、煮食、加工制成番茄酱、番茄汁或整果罐藏。番茄是全世界栽培最多的果菜之一。

（1）植物学特征

①根。番茄的根系发达，分布广而深。大部分根群分布在 30 ～ 50cm 的土层中，根系再生能力很强，不仅易生侧根，在茎上很容易发生不定根，所以番茄移植和扦插繁殖比较容易成活。

②茎。番茄茎为半直立或半蔓性，茎基部木质化。番茄茎的分枝形式为合轴分枝（假轴分枝），茎端形成花芽。无限生长型的番茄在茎端分化第一个花穗后，其下的一个侧芽生长成强盛的侧枝，与主茎连续而成为合轴（假轴），第二穗及以后各穗下的一个侧芽也都如此，故假轴无限生长。有限生长型的番茄，植株则在发生 3 ～ 5 个花穗后，花穗下的侧芽变为花芽，不再长成侧枝，故假轴不再伸长。番茄茎的丰产形态为节间较短，茎上下部粗度相似。徒长株（营养生长过旺）节间过长，往往从下至上逐渐

变粗；老化株相反，节间过短，从下至上逐渐变细。

③叶。番茄的叶片呈羽状深裂或全裂，每片叶有小裂片 5 ~ 9 对，小裂片的大小、形状、对数，因叶的着生部位不同而有很大差别。

④花。番茄花为总状花序或聚伞花序。花序着生节间，花黄色。每个花序上着生的花数，品种间差异很大，一般 5 ~ 10 余朵不等，少数品种可达 20 ~ 30 朵。有限生长型品种一般主茎生长至 6 ~ 7 片真叶时开始着生第一花序，以后每隔 1 ~ 2 叶形成一个花序，通常主茎上发生 2 ~ 4 层花序后，花序下位的侧芽不再抽枝，而发育为一个花序，使植株封顶。无限生长型品种在主茎生长至 8 ~ 10 片叶出现第一花序，以后每隔 2 ~ 3 片叶着生 1 个花序，条件适宜可不断着生花序开花结果。

⑤果实和种子。番茄的果实为多汁浆果，果实的形状有圆球形、倒卵圆形、长圆形、扁圆形等。果肉由果皮（中果皮）及胎座组织构成，栽培品种一般为多室。番茄种子扁平，表面有灰色绒毛，千粒重 2.7 ~ 3.3g。

一、番茄的生长发育过程

番茄的生长发育过程有一定的阶段性和周期性，大致可分为发芽期、幼苗期、开花期和结果期。

1. 发芽期

从种子萌动到第 1 片真叶破心为发芽期。在适宜条件下，这一时期大致需 10 ~ 14 天。种子从开始发芽到子叶展开属于异养生长过程，其生长所需的养分由种子本身来供应。

2. 幼苗期

子叶出土后经 2 ~ 3 天即可展开变绿，幼真叶破心到现蕾为幼苗期。一般需 45 ~ 55 天。幼苗期经历两个阶段：从真叶破心到 2 ~ 3 片真叶营养阶段。这一阶段子叶和真叶生长得好坏直接影响番茄进一步的生长发育。因此在生产中使子叶和真叶健壮肥大,防止子叶过早脱落非常重要。2～3片真叶展开后,进入花芽分化阶段。这一阶段番茄花芽的分化及发育与幼苗的营养生长同步进行。这一时期的管理非常重要,既要保证一定的营养生长,还要为番茄的花芽分化创造适宜的条件。花芽分化的好坏主要受环境条件的影响,特别是温度和光照条件的影响较大。在正常情况下,早熟品种6～7片叶,中晚熟品种8～9片真叶展开时,第1花序开始现蕾,前3穗果的花芽分化也基本完成。

3. 开花期

从现蕾到第1花序座住果为开花期。一般需15～30天,是番茄以根、茎、叶营养生长为主,逐步过渡到生殖生长与营养生长并行的转折时期。一方面根、茎,叶生长旺盛;另一方面陆续进入开花坐果阶段。开花坐果期是番茄生产管理最重要的时期。这一时期管理的重点就是通过肥、水的合理调控,使营养生长与生殖生长达到一个比较协调的平衡状态。使秧果均衡生长,达到早熟、丰产的目的。

4. 结果期

第一穗花座果到拉秧为止。结果期的长短以栽培的环境条件和植株留果穗数多少而定。番茄是陆续开花,连续结果,营养生长与生殖生长并行的作物。第一花序果实膨大时,第二、第三穗花相继开花、坐果,同时,上部的茎叶也在持续生长。茎叶与花果之间,各花序之间养分竞争十分激烈。因此,这一时期要保证肥水充足,要及时打掉侧枝,适时摘心,适当蔬果,保证养分的合理流向。

二、番茄对环境条件的要求

由于受原产地条件的影响，番茄形成了喜温、喜光、怕热的习性，因此在春秋气候温暖、光照较强的条件下生长良好，产量高。在夏季高温多雨或冬季低温、日照不足的条件下生长弱、病害重、产量低。

1. 温度

番茄生长发育最适温度白天为 20 ~ 28℃，夜间为 15 ~ 18℃。当气温高达 33℃时生长受到影响，达到 40℃时停止生长，达到 45℃时会发生高温危害。温度降到 10℃以下生长缓慢，在 5℃时停止生长。零下 1 ~ 2℃番茄会被冻死，但经耐寒性锻炼的苗，可耐短时间的零下 2℃。番茄生长最适地温为 20 ~ 23℃，30℃以上或 13℃以下生长发育缓慢。最高界线为 33℃，最低界线为 8℃，当地温降到 6℃时，根系停止生长。

番茄不同发育阶段对温度的要求有一定差别。种子发芽最适温度为 25 ~ 30℃，温度低于 12℃或超过 40℃时发芽困难。幼苗期最适温度白天为 20 ~ 25℃，夜间为 10 ~ 15℃。生长中经过良好抗寒性锻炼的幼苗，可以短时间忍受 0℃甚至零下 3℃的低温。幼苗期温度应尽力控制在适宜范围内，温度过高或过低容易造成秧苗长势弱、花芽分化、发育不良、花的质量下降，在开花结果期易产生落花落果。番茄开花期对温度反应敏感，充分发育的花蕾当白天温度达到 15℃以上时会开放，最适气温白天为 20 ~ 30℃，夜间 15 ~ 20℃。开花期遇到低温、花粉管伸长缓慢或停止，但变为适温以后又会恢复伸长。开花期遇到 30℃以上高温时，营养生长状态恶化，花粉粒萌发及花粉管伸长不良，受精不良，易发生落花落果。番茄在结果期适温为白天 24 ~ 26℃，夜间 12 ~ 17℃。在果实着色期最适温度为 20 ~ 25℃，30℃以上着色番茄不良。

长发育需有一定昼夜温差，尤其在结果期。番茄植株白天进行光合作用制造养分，夜间适当降低温度，有种子养分的运输和积累，促进根、茎、叶及果实生长，从而提高产量和品质。所以，冬季温室的番茄生产，常由于夜间加温过高而出现徒长等现象。

2. 光照

番茄生长要求较强的光照。适宜的光照强度为3万～4万勒克斯，光补偿点为7千勒克斯，饱和点为7万勒克斯。冬季栽培番茄。由于光照不足，植株徒长，营养不良，开花数量少，落花落果严重，常发生各种生理性障碍和病害。番茄生产上可根据光照条件综合管理。若白天光照充足、温度适宜，光合作用强、制造养分多，夜间可以适当提高温度。若白天光照不足、温度偏低、光合作用弱、制造养分少，夜间要适当降低温度。若白天光照不足、温度偏低、光合作用弱、制造养分少，夜间要适当降低温度，以减少养分消耗，增加养分积累。有光对种子发芽不利，番茄种子发芽期不需光照。番茄对光照时数要求并不严格，光照时间过短或过长，均会影响番茄的正常生长。一般每天8～16小时的光照时间，即可满足番茄正常生长和发育的需求。

3. 水分

番茄枝繁叶茂、蒸腾量较大，需水量也大，通常要求土壤相对湿度65%～85%，空气相对湿度45%～65%。番茄不同生长发育时期对水分的要求不同。发芽期要求土壤相对湿度为80%左右，幼苗期和开花期要求65%左右，结果期要求75%～80%左右，结果期供给充足水分是获得高产的关键。番茄要求比较干燥的气候，如果阴雨连绵、空气湿度过高，一般生长衰弱、病害严重，且易落花落果。

4. 土壤及营养

番茄对土壤的适应力较强。但以排水良好、土层深厚、富含有机质的壤土或砂壤土最适宜番茄生长。番茄要求土壤通气良好，当土壤含氧量达10%左右时，植株生长发育良好，土壤含氧量低于2%时植株枯死。因此，低洼易涝地及黏土不利于番茄的生长。番茄要求土壤中性偏酸，pH以6～7为宜。番茄栽培在盐碱地上长缓慢、易矮化枯死，但过酸的土壤又易发生缺素症，特别是缺钙症，引发脐腐病。酸性土壤施用石灰增产果显著。

番茄生育期长，必须有足够的养分才能获得高产，在有机底肥充足的基础上，要注重合理施用化肥。番茄是喜钾作物在氮、磷、钾三要素中以钾的需要量最多，其次是氮、磷。在结果期，氮、磷、钾在三种元素的需求例是氮：磷：钾为1：0.3：1.8。氮素对茎叶生长和果实发育起重要作用，且与产量高低关系最为密切。磷对根系长及开花结果有着特殊作用，钾对果实膨大、糖的合成及运输以及增高细胞液浓度、加大细胞吸水量都有要作用。此外还需要硫、钙、镁、锰、锌、硼等元素。植物的光合作用需要二氧化碳，在自然条件下，空气中二氧化碳浓度为300微升/升。在温室、大棚等地内的小气候条件下，因通气不良使二氧化碳浓度降低，甚至低于100微升/升，使番茄处于饥饿状态。保应增施二氧化碳气肥，当浓度达1000～1500微升/升时，番茄生长旺盛着花数增加，开花提前，产量高。

三、番茄的需肥规律

番茄的生长期中，不仅需要氮磷、钾等大量元素，也需要钙、镁、硫等中量元素和硼、锌、铁等微量元素。番茄不同生长发育时期需肥量也不同。育花早结果率高。定植期至开花期需肥量较低，进入结果期，吸肥量急剧惠果形成时，标志着番茄进入了盛果期，达到需肥的高峰期。此期不仅要进行根际追肥，还要进行叶面追肥。分的吸收比例及数量不同。以氮素为例，幼苗期约占其需氮总量的 10%，结果盛期约占 50%。在生育前期对氮、磷的吸收量虽不及后期，但因前期根系吸收能力较弱，所以对肥力水平要求很高，氮、磷不足不仅抑制前期生长发育，而且它对后期的影响也难以靠再施肥来弥补。当第一穗果坐果时，对氮、钾需要量迅速增加，到果实膨大期，需钾量更大。番茄对磷的需要量比氮、钾少，磷可促进根系发育，提早花器分化，加速果实生长与成熟，提高果实含糖量，在第一穗果长至核桃大小时，对磷的吸收量较多，其中 90% 以上存在于果实中。在番茄一生所需的养分中，钾的数量居第一位，钾对植株发育、水分吸收、体内物质的合成、运转及果实形成、着色和品质的提高具有重要作用，缺钾则植株抗病力弱，果实品质下降，钾肥过多，会导致根系老化，妨碍茎叶的发育。

四、不同茬口设施番茄的物候期

我国不同地区设施番茄的栽培模式不同。以北方寿光为例，典型设施番茄种植模式可分为一年两茬（冬春茬和秋冬茬）和一年一茬（越冬长茬）两种形式。

我国北方地区设施番茄的茬口安排

	茬口	播种	定植	采收期
塑料拱棚	早春	1 月上旬～2 月上旬	3 月下旬～4 月下旬	5 月中旬～8 月
塑料大棚	早春	12 月中旬～1 月上旬	3 月上旬～4 月中旬	5 月中旬～7 月下旬
	秋延迟	6 月下旬～7 月中旬	7 月下旬～8 月上旬	9 月下旬～11 月

（续表）

茬口		播种	定植	采收期
日光温室	秋冬	6月～7月中下旬	7月底～8月上旬	10月下～次年1月下旬
	冬春	11月下～12月上旬	2月上旬	4月上旬～6月下旬
	越冬长茬	7月底～8月上旬	8月底～9月上旬	11月～次年6月上旬

五、番茄科学施肥技术

1.设施栽培番茄科学施肥

番茄的主要设施栽培方式有4种：一是春早熟栽培，主要采用塑料大棚、日光温室等设施；二是秋延迟栽培，主要采用塑料大棚、塑料小拱棚等设施；三是越冬长季栽培，主要采用日光温室等设施；四是越夏避雨栽培，主要采用冬暖大棚在夏季休闲期进行避雨栽培。

（1）施肥原则：华北等北方地区多用日光温室，华中、西南地区多用中小拱棚，针对生产中存在的氮、磷、钾肥用量偏高，养分投入比例不合理，土壤中氮、磷、钾养分积累明显，过量灌溉导致养分损失严重，土壤酸化现象普遍，钙、镁、硼等养分供应出现障碍，连作障碍等导致土壤质量退化严重和蔬菜品质下降等问题，提出以下施肥原则：合理施用有机肥料（建议用植物源有机堆肥），调整氮、磷、钾肥的用量，非石灰性土壤及酸性土壤需补充钙、镁、硼等中、微量元素；根据作物产量、茬口及土壤肥力条件合理分配化学肥料，大部分磷肥用于基施，氮、钾肥用于追施；生长前期不宜频繁追肥，重视花后和中后期追肥；施肥与滴灌施肥技术结合，采用"少量多次"的原则；土壤退化的老棚需进行秸秆还田或施用高碳氮比的有机肥料，少施禽粪肥，增加轮作次数，达到消除土壤盐渍化和减轻连作障碍的目的；土壤酸化严重时应适量施用石灰等酸性土壤调理剂。

（2）施肥建议：育苗肥应增施腐熟的有机肥料，补施磷肥。每10平方米苗床施腐熟的禽粪60～100千克、钙镁磷肥0.5～1千克、硫酸钾0.5千克，根据苗情喷施0.05％～0.1％尿素溶液1～2次；基肥施用优质有机肥料2000千克/亩。

产量水平为8000～10000千克/亩时，推荐施用氮肥（N）25～30千克/亩、磷肥（P_2O_5）8～18千克/亩、钾肥（K_2O）20～35千克/亩；产量水平为6000～8000千克/亩时，推荐施用氮肥（N）20～25千克/亩、磷肥（P_2O_5）6～8千克/亩、钾肥（K_2O）18～25千克/亩；产量水平为4000～6000千克/亩时，推荐施用氮肥（N）15～20千克/亩、磷肥（P_2O_5）5～7千克/亩、钾肥（K_2O）15～20千克/亩。

菜田土壤pH小于6时易出现钙、镁、硼缺乏，可基施石灰（钙肥）50～75千克/亩、硫酸镁（镁肥）4～6千克/亩，根外补施2～3次0.1％硼肥溶液。70％以上的磷肥作为基肥条（穴）施，其余随复合肥追施，20％～30％氮钾肥基施，70％～80％在花后至果穗膨大期间分4～8次随水追施，每次追施氮肥（N）不超过5千克/亩。若采用滴灌施肥技术，在开花坐果期、结果期和盛果期每间隔7～10天追肥1次，每次施氮（N）量可降至3千克/亩。

2.露地栽培番茄科学施肥

（1）育苗肥。培育壮苗不仅需要肥沃疏松的床土，而且还需要土壤中有丰富的速效氮、速效磷、速效钾和其他养分，pH为6～7。

配制番茄育苗床土可以根据具体情况选择使用不同的肥料。例如，没有种过番茄的菜园土1/3+腐熟马粪2/3（按体积计算），在每100千克营养土中加过磷酸钙 3 千克、硫酸钾 0.2 千克；或没有种过番茄的菜园土 40%+ 河泥 20%+ 腐熟厩肥 30%+ 草木灰 10%（按体积计算），在每 100 千克营养土中加过磷酸钙 2 千克。

苗期追肥一般结合浇水进行，常用充分腐熟的稀粪。追肥后，随即喷洒清水，淋去叶面上的粪肥，并开棚通气，除去叶面上的水分。另外，也可以用 0.1% ~ 0.2% 尿素溶液进行叶面喷施。

（2）大田底肥。要想每亩获得 5000 千克的产量，应施用优质的腐熟有机肥料 4000 ~ 6000 千克、过磷酸钙 35 ~ 50 千克、硫酸钾 10 千克，或施用番茄专用配方肥 80 ~ 120 千克。磷肥要事先掺入有机肥料中堆区，然后再在翻地时均匀地施入耕作层。

（3）生育期追肥。在番茄定植后 10 ~ 15 天冲施番茄专用冲施肥 5 ~ 10 千克或尿素 10 千克。在第一穗果开始膨大到乒乓球大小时，每亩施尿素 9 ~ 12 千克或硫酸铵 20 ~ 26 千克、硫酸钾 12 ~ 15 千克；或冲施番茄专用冲施肥 15 ~ 20 千克。当第一穗果即将采收，第二穗果膨大至乒乓球大小时，每亩施尿素 9 ~ 12 千克或硫酸铵 20 ~ 26 千克、硫酸钾 12 ~ 15 千克；或冲施番茄专用冲施肥 15 ~ 20 千克。在第二穗果即将采收，第三穗果膨大到乒乓球大小时，每亩施 8 ~ 10 千克尿素或 18 ~ 24 千克硫酸铵；或冲施番茄专用冲施肥 10 ~ 15 千克。

（4）叶面追肥。在番茄盛果后期，可结合打药，于晴天傍晚进行叶面施肥。用 0.3% ~ 0.5% 尿素或 0.5% ~ 1.0% 磷酸二氢钾溶液，喷洒 2 ~ 3 次。从番茄第一次开花后 15 天开始，每隔 10 天左右用 0.5% 氯化钙溶液于下午 5：00 ~ 6：00 喷施于番茄叶的反面；4 ~ 5 天后，再喷施 0.1% ~ 0.25% 硼砂溶液、0.05% ~ 0.1% 硫酸锌溶液。

六、设施番茄干物质积累与养分吸收特征

1. 番茄干物质积累

随着生育期的进行，不同季节保护地番茄干物质的累积呈"S"型曲线。温度影响番茄地上部果实干物质分配率，番茄果实的干物质分配主要由植株上的果实数和坐果率决定。在整个生长发育阶段，番茄整株果实积累干物质与植株积累干物质的变化吻合。

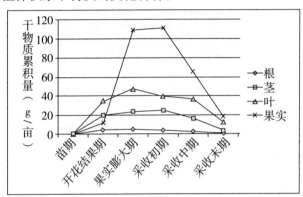

注：冬春茬番茄密度 2500 株/亩。

日光温室冬春茬番茄植株各部位干物质积累规律

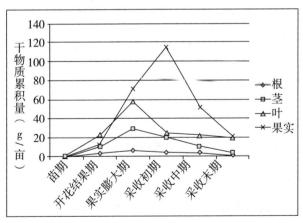

注：秋冬茬番茄密度 2500 株/亩。

日光温室秋冬茬番茄植株各部位干物质积累规律

图中表明，各器官的干物质累积量以果实最多，其次为叶、茎、根。在各个生育期番茄干物质的累积量，冬春茬均高于秋冬茬，番茄相同生育期干物质向各部位的分配比例存在差异。以向果实中分配的干物质量为例，冬春茬番茄在果实膨大期、采收初期、采收中期和采收末期形成产量的干物质分别占同期干物质总量的比例依次为59.08%，62.22%。54.26%和50.84%；秋冬茬对应时期形成产量的干物质占同期干物质总量的比例依次为43.56%，71.16%，60.31%和46.46%。总干物质积累量在果实膨大期达到最大，后随着果实成熟及采摘，干物质积累量逐渐下降。

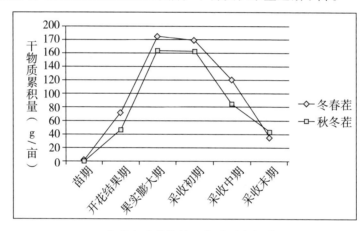

日光温室番茄植株干物质累积规律

2. 番茄养分吸收特征

2.1 目标产量与养分需求总量

番茄具有多次结实、多次采收的特性，养分随之脱离植株被果实带走，所以在生产上需

要不断补充营养元素，进行多次追肥。研究显示，每生产1000kg番茄果实需要吸收N2.20 ~ 2.80kg、P0.22 ~ 0.34kg、K3.50 ~ 4.00kg、Ca1.14 ~ 1.50kg，Mg0.18 ~ 0.36kg。番茄整个生育期对钾的需求量最大，

其次为氮和钙，对磷和镁的需求量相对较小。以北方地区典型设施土壤栽培为例，其不同种植方式及茬口的设施番茄目标产量与养分吸收情况如下表所示。

不同设施栽培条件下番茄的目标产量及氮、磷、钾养分带走量

种植模式	茬口	生育期（天）	目标产量（kg/亩）	养分带走量（kg/亩）		
				N	P	K
日光温室	冬春茬	120～130	6000～8000	15～21	2.6～3.5	20～27
	秋冬茬	150～160	5000～6000	13～15	2.2～2.6	17～20
	越冬茬	270～280	10000～15000	25～40	4.4～6.6	33～50
塑料大棚	春茬	130～140	8000～10000	21～26	3.5～4.4	27～33
	秋茬	90～100	3000～4000	8～10	1.3～1.7	10～13
	长茬	240～250	8000～12000	20～20	3.5～5.3	27～39

2.2 关键剩余期养分吸收规律

了解作物不同生育时期 NPK 养分吸收配比对合理多次灌溉施肥具有重要作用。番茄整个生育期养分需求符合"S"型曲线特征，在定植前的幼苗期，番茄对养分吸收量较小，定植后随着生育期延长而逐渐增加，从第一穗果膨大起，养分吸收逐渐增加。不同茬口各生育期养分需求不同，塑料大棚定植后不同时期养分吸收情况见下表。

塑料大棚不同茬口番茄生育期氮磷钾吸收比例

生育期	养分吸收比例（%）					
	氮（N）		磷（P）		钾（K）	
	春茬	秋茬	春茬	秋茬	春茬	秋茬
定植后 1～20 天	3.9	13.5	2.6	11.3	3.2	9.6
定植后 20～40 天	31.7	43.7	24.5	67.4	24.3	64.6
定植后 40～80 天	41.8	22.0	36.5	36.8	58.9	13.9
生育末期 80～105 天	21.9	19.4	36.8	11.0	13.9	8.9

日光温室番茄不同生育期及茬口的养分需求数量和比例也有所不同。总体上来看，番茄整个生育期对 N、P_2O_5、K_2O 的吸收动态大致符合"S"型曲线，而不同生育阶段氮磷钾吸收量占全生育期吸收总量的比例也呈现出"两头小、中间大"的趋势。在定植前的幼苗期，西红柿对养分的吸收量较小，苗期和结果末期的氮磷钾养分吸收量不到养分吸收总量的 7%；定植后随着发育期的延长而逐渐增加，从第 1 穗果膨大起，养分的吸收逐渐增加（见下图）。对于日光温室的秋冬茬和冬春茬番茄，果实膨大期和采收初期的氮磷钾吸收总量达整个生育期的 70% 以上（见下表）。

日光温室不同茬口番茄生育期氮磷钾吸收比例

生育期	养分吸收比例（%）					
	氮（N）		磷（P）		钾（K）	
	秋冬	冬春	秋冬	冬春	秋冬	冬春
苗期（7～10）	0.1	0.4	0.1	0.3	0.1	0.5
开花坐果期（20～25）	13.1	16.2	12.4	13.6	13.7	12.1
结果初期（25～30）	35.5	33.5	35.2	35.6	36.4	33.3
结果盛期（40～55）	45.3	45.0	46.9	46.8	44.6	49.96
结果末期（20～25）	6.1	4.9	5.5	3.6	5.3	4.2

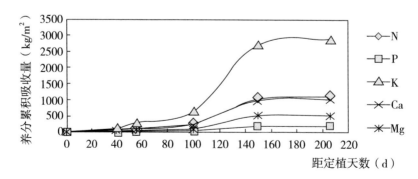

日光温室越冬长茬养分吸收规律

2.3 中微量元素管理

番茄对钙、镁、硼元素较为敏感。但设施栽培条件下，由于粪肥施用数量比较充足，而施肥带来表层土壤酸化的趋势，因此一般不会出现铁、锰、铜、锌的缺乏。番茄对铁元素的吸收在整个生育期呈现平稳趋势，而对硼锌吸收量则成单峰曲线，在果实膨大期和结果初期吸收量达最高，冬春茬果实膨大期和采收初期所吸收的硼占全生育期吸收总量的比例为64.01%，秋冬茬约为71.81%。因此，果实膨大期和采收初期是番茄对硼营养需求的旺盛期，必须保证供应充足。

在整个生育期中对钙的吸收随着植株的生长逐渐升高，吸收量相对镁、铁较高。镁的吸收趋势较平稳，镁与铁的吸收比例在5:1左右。铁的吸收最少，随着植株的生长也有上升趋势，但差距不大。

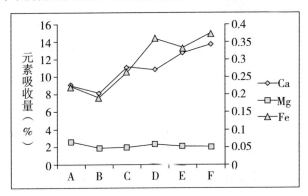

注：A：苗期 B：开花结果期 C：果实膨大期

D：结果初期 E：结果盛期 F：结果末期

主坐标轴为 Ca、Mg 吸收量，次坐标轴表示 Fe 的吸收量

番茄不同生育期对钙、镁、铁的吸收

番茄对硼的吸收在果实膨大期和结果初期达到最大，分别占到全生育期吸收总量的38%和22.96%。不论秋冬茬还是冬春茬番茄对硼的吸收速

率和吸收量均呈单峰曲线，生育期和后期吸收量所占的比例小，果实膨大期和结果初期所占比例大，冬春茬为64.01%，秋冬茬约为71.81%。但由于受栽培季节温光环境影响，秋冬茬番茄对硼的吸收量仅为冬春茬的76%左右（下图），因此果实膨大期和结果初期番茄对硼的需求旺盛，必须保证充足的供应补给。

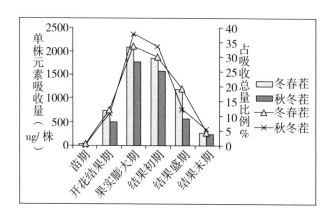

图5-8 番茄两种茬口不同生育期对硼的吸收

七、设施番茄施肥管理

1. 施肥原则

1.1 改良土壤

在进行施肥时要根据土壤具体情况进行施肥。对于酸化土壤，可选择碱性肥料，如酸性土壤调理剂、百倍邦，也可以选择一些含钙的碱性贝壳类源肥料；对于石灰性土壤，选用液体磷肥追施可显著提高番茄叶片含磷量和经济产量，减少对磷的固定，显著增加0～20cm土层Ca2-P和Ca8-P含量，提高土壤磷的有效性和磷肥利用率，特别在滴灌条件下更明显。对于土壤板结，结构破坏的设施大棚，可选用海藻酸类肥料，进行土壤改良。

1.2 依据施肥方式

常见的施肥方法有沟施、冲施、喷施、滴管施肥及叶面施肥等。选用的施肥方式不同，施肥量及次数也会不同。对于大水漫灌、小沟漫流等方式，施肥量要相应增加，次数需减少，氮肥可用铵态氮代替硝态氮肥。而若采用滴灌、微喷等方式施肥，施肥量需要减少，次数相应增加。同时滴灌施肥还需要注意以下几点：1.控制肥料浓度，为了避免肥料浓度过高损伤作物根系，灌溉水中的肥料浓度不应超过 5%，一般来说，灌溉水中的肥料浓度应当维持在 1% ~ 2%。2.肥料溶解性。用于滴灌的水溶性肥料有固体和液体两种，固体的肥料必须先溶解在水中，溶解度要高，不能有杂质。

1.3 根据作物养分需求合理分配

作物生长发育同时需要氮磷钾等多种营养元素，而不同的生长期对氮磷钾养分需求不同。因此，各种元素肥料必须合理搭配施用。作物营养特性和土壤养分供应状况是决定施肥配比的两大主导因素。在确定作物的施肥比，可将作物的养分吸收比例作为依据，再根据土壤养分供应状况进行调整。研究表明，各种蔬菜养分吸收的共同特点是氮钾的吸收量高，磷的吸收量低，氮磷钾吸收比例为 1 ：（0.11–0.31）：（0.73–1.38），不同蔬菜的养分需求不同。根据作物氮磷钾养分吸收规律确定其氮磷钾养分基础配比后，还应根据其对中微量元素的需求补充中微量元素肥料。如番茄对钙、镁的需求较大，生长期应注意补充。

2. 施肥时期及方法

2.1 不同时期的施肥及方法

（一）底肥基施

通常情况下，基肥的选择与施用应结合设施大棚的种植年限和地力来判断。一般地，新菜田（小于 5 年）土壤地力不足，土壤障碍现象较少发生，应以补充有机碳培肥地力为主，可以施用有机质含量较高的有机肥；老菜田（大于 5 年）有机质含量相对较丰富，但土壤障碍相对较严重，应以改土促生为主，可以施用相应的酸碱改良剂、生物有机肥、腐植酸类有机肥。此外，无论是新菜田还是老菜田，均可施用腐植酸类肥料来改良土壤。在底肥中有机肥发挥重要的作物，一方面可以培肥地力，改良土壤及改善土壤结构，另一方面可以为微生物的生存及扩繁提供物质基础。一般设施蔬菜有机肥用量在 8–15 方 / 亩，底肥中除用大量有机肥外，还需要根据地力养分情况补充少量平衡性复合肥、中微量元素肥、微生物菌肥等，营养全面均衡，预防各种生理性病害。

（二）灌溉追肥

由于设施番茄生长周期较长，需肥量较大，因此后期追肥至关重要，主要的追肥方式有冲施和叶面喷施。番茄生长期灌溉冲施肥料占主导地位，灌溉追肥又分为渠道灌溉和水肥一体化（如微喷灌和滴灌）。

目前，设施蔬菜生产中的追肥多采用水溶性较好的肥料品种，如硝基肥、水溶肥等。通常设施果类蔬菜的追肥选择应首先根据作物不同生育期养分需求特征选择营养型肥料产品，然后结合作物生产中的障碍因素选择功能性肥料产品，最后根据作物的产值与施肥方式选择合适价位肥料种类，肥料用量和次数因茬口、气温、长势等具体确定。一般来说，茄果类蔬菜的养分吸收规律基本类似，均符合"S"型吸收曲线。追肥的肥料类型可参考下表。

设施茄果类蔬菜追肥选择方案

施肥时期	肥料类型	功效
定植－开花前期	高磷高氮型、平衡型、海藻酸型	促进根系发育
开花坐果期	平衡型	促花保果
结果初期	高钾型、平衡型	平衡生长
结果盛期	高氮高钾型、海藻酸型、中微量元素型	促果防缺素
结果末期	高氮高钾型	持续供应

在选择所用追肥时，也应结合实际生产情况给予适当调整。如当土壤肥力较差时，可在苗期选择高磷的水溶肥；而当土壤速效钾含量很高时，可考虑低钾配方水溶肥，以防因钾素供应过高引起钙镁养分离子的生理性缺乏；对于土壤酸化、板结严重的大棚或处于温度较低的生产季节时，可以选择腐植酸类水溶性肥料，进行土壤改良，促进植株根系发育，提高抗逆性；对于连作障碍的设施菜田，可以选择有机液体生物肥，来调节土壤根区微生态环境，进而改良土壤。

番茄追肥通常是在第 1 穗果长至"乒乓球"大小（直径为 4cm），开始给第 3 穗花授粉时开始追肥，追肥的次数一般视留的果穗数和养分状况而定，基本上为"N 穗果 +1-3"次，如当留 4 穗果时，通常整个生育期追施 5 ~ 7 次。每次的用量也需要根据番茄的养分吸收规律而适当调整，通常苗期施肥量少，而盛果期高，结果末期适当降低。设施番茄不同生育期灌溉施肥分施次数及比例见下图。

	苗期—开花期 （15～30天）	开花结期 （10～15天）	结果盛期 （40～55天）	结果末期 （20～25天）
养分投入 比例	5%	15%	70%	10%
推荐养分 配比	1：1.25：0.93	1：0.18：1.09	1：0.25：1.25	1：0.25：1.25
施肥次数	1	2	7	2

设施番茄秋冬茬追肥时期及养分配

（三）叶面追肥

叶面施肥时土壤施肥的重要补充，选择上按照"因缺补缺"的原则，以补充中微量元素为主兼顾抗逆提质。不同时期叶面肥的选择可参考下表。

设施茄果类蔬菜叶面肥的选择方案

生育期		叶面肥类型	作用
苗期		营养型叶面肥	促进番茄生长发育
		功能型叶面肥（海藻酸类）	刺激作物生长，促进根系发达，增强作物的抗逆性
开 花 坐 果 期	结果初期	功能型叶面肥（中微量元素）	保花促果
	结果盛期	中微量元素叶面肥	补充中微量元素为主，防治缺素症状发生
		功能性叶面肥（氨基酸、海藻酸、糖醇、腐植酸类）	增强抗逆性，改善品质
	结果末期	大量元素叶面肥	补充营养元素

2.2 不同时期水分管理

番茄不同生育期对土壤水分的要求不同，根据不同生育期的特点、季节气候、土壤等因素进行灌水。水分管理在温室栽培中至关重要，灌水量过大，会产生呕根、空气湿度大，导致病害的发生。灌水量过少，作物生长缓慢，高温季节还容易感染病毒病。以秋冬茬番茄为例，生长期水分管理如下表。

秋冬茬番茄水分管理

时期	特点	灌水情况
苗期	根系浅、蒸腾量小，需水不多	苗期分为缓苗期、缓苗后。缓苗前需要水分充足。利于根系成活，一般需要浇2～3水。缓苗后即可适当控水，防止徒长。
开花坐果期	对水分要求严格，适当控制灌水	开花期不宜过多浇水，土壤湿度保持在55%～60%。
结果初期	需水量逐渐增大，但气温降低，浇水次数不宜过多	结果初期，适当增加浇水次数，土壤湿度保持在70%～80%
结果盛期	需水量急剧增加，并达到最大，但气温较低，控制浇水量	增加浇水次数，小水勤浇，大水易伤根。土壤湿度保持在60%～80%。
结果末期	需水量逐渐减少，气温回升后可以增加浇水量	减少浇水次数，适当增加灌水量。土壤湿度55%～60%。

2.3 番茄科学施肥管理技术

（1）设施番茄科学施肥方案（以北方日光温室秋冬茬为例，目标产量5～6吨/亩）。

生育期	时间	科学施肥方案	功能
育苗期	6月～7月上旬	苗床土育苗，基本不需要外界养分供应。苗龄30～35天。	

（续表）

生育期	时间	科学施肥方案	功能
定植－开花前期	7月底~8月上旬（定植）	底肥施用（亩）： 1.3~5方充分腐熟的粪肥； 2.百倍邦50~75kg或土壤调理剂50~100kg 3.洋丰至尊硫基复合肥（15-15-15）或海藻酸复合肥50kg； 4.菌肥40~80kg或生物有机肥50~100kg	改善土壤，增加有机质含量，为植株生长提供养分，为后期开花和坐果贮藏养分
		定植水：随水冲施水白金5/L亩	修复根系受伤
		缓苗水：3~5天后冲施养根性肥料（含海藻酸液体肥）	缓苗快，利于根系生长
开花结果期	9月	喷施含海藻酸水溶肥料叶面肥2次（间隔7~10天）	保花保果，提高坐果率
结果初期	10月（定植45~55天）	1.冲施1~2次水溶肥（20-20-20）5~10kg/亩或1次海藻酸大量元素型液体肥5L/亩； 2.喷施中微量元素水溶肥料叶面肥2次（间隔7~10天）	促进根系生长和果实发育
结果盛期	11月~1月	1.冲施5~6次水白金（16-8-34）10~15kg/亩； 2.冲施1~2次促花膨果型液体肥5L/亩或冲施2~3次海藻酸型液体肥5L/亩； 3.喷施中微量元素水溶肥料叶面肥（间隔7~10天）	迅速补充果实生长所需的养分，防止畸形果产生；补充钙镁，防治番茄脐腐病发生

（续表）

生育期	时间	科学施肥方案	功能
结果末期	2月	1. 冲施1～2次硝硫基复合肥（15−5−25）10～15kg/亩； 2. 喷施中量元素水溶肥料叶面肥（间隔7～10天）。	提供果实生长后续所需的养分

注：液体肥可以和固体水溶肥交替使用。

（2）设施番茄科学施肥方案（以北方日光温室冬春茬为例，目标产量6～8吨/亩）。

生育期	时间	科学施肥方案	功能
育苗期	12月上旬	苗床土育苗，基本不需要外界养分供应。苗龄50～60天。	
定植－开花前期	2月上旬（定植）	底肥施用（亩）： 1.3～5方充分腐熟的粪肥；2.百倍邦50～75kg或土壤调理剂50～100kg； 3. 洋丰至尊硫基复合肥（15−15−15）或海藻酸复合肥50kg； 4. 菌肥40～80kg或洋丰豆生物有机肥50～100kg	改善土壤，增加有机质含量，为植株生长提供养分，为后期开花和坐果贮藏养分
		定植水：随水冲施水白金5/L亩	修复根系受伤
		缓苗水：3～5天后冲施养根性肥料（含海藻酸液体肥），小水	缓苗快
开花结果期	2月下～3月上旬	喷施含海藻酸水溶肥料叶面肥2次（间隔7～10天）	保花保果，提高坐果率

（续表）

生育期	时间	科学施肥方案	功能
结果初期	3月（定植35～45天）	1.冲施1～2次水溶肥（20-20-20）5～10kg/亩； 2.冲施1～2次海藻酸型液体肥5L/亩； 3.喷施中微量元素水溶肥料叶面肥2次（间隔7～10天）	促进根系生长和果实发育
结果盛期	4月～6月	1.冲施4～6次（16-8-34）10～15kg/亩或2次硝硫基复合肥（15-5-25)20～25kg/亩； 2.冲施1～2次促花膨果型液体肥5L/亩； 3.喷施中微量元素水溶肥料叶面肥（间隔7～10天）	迅速补充果实生长所需的养分，防止畸形果产生；补充钙镁，防治番茄脐腐病发生
结果末期	6月下旬～7月初	1.冲施1～2次洋丰至尊硝硫基复合肥（15-5-25）15～20kg/亩； 2.喷施中量元素水溶肥料叶面肥（间隔7～10天）。	提供果实生长后续所需的养分

注：液体肥可以和固体水溶肥交替使用。

第十五章　辣椒

辣椒属茄科辣椒属植物，甜椒为茄科辣椒属中能结甜味浆果的一个亚种，又称青椒、灯笼椒或柿子椒，是夏秋季市场供应量很大的果菜类之一。我国甜（辣）椒既可露地栽培，又可保护地栽培，其产品远销国内外市场。

（一）植物学性状

①根。辣椒的根系不发达，根量少，入土浅，根群一般分布于15～30cm 的土层中。根系的再生能力相对较弱，不易发生不定根，不耐旱也不耐涝。

②茎。辣椒的茎为半直立或半蔓性，茎基部木质化，能直立生长，一般不需设立支架。其分枝结果习性与茄相似。花芽形成后，花芽直下的侧芽萌发生长最旺，再向下逐渐减弱，第 1 侧枝与主茎同时生长，形成双杈或三杈分枝，开花往上又分叉，如此反复向上生长，枝杈逐渐增多。果实最下面的叫门椒，再向上分别叫对椒、四母斗、八面风、满天星，基本和茄子相同。

③叶。辣椒的叶片为单叶，互生，卵圆形、长卵圆形或披针形，通常甜椒较辣椒叶片稍宽。叶先端渐尖、全缘，叶面光滑，稍有光泽，也有少

数品种叶面密生绒毛。氮素充足，叶形长，而钾素充足，叶幅较宽；氮素过多或夜温过高时叶柄长，先端嫩叶凹凸不平，低夜温时叶柄较短；土壤干燥时叶柄稍弯曲，叶身下垂，而土壤湿度过大则整个叶片下垂。

④花。辣椒的花为完全花，即雌雄同花，自花授粉，但自然杂交率为7%～10%，也称常异交植物，采种时应自然隔离300～500m。辣椒花为顶生，且多为单生，即每一枝条分叉处，着生一朵花，将来结一个果，果梗多下垂。但也有些品种在分叉处着生花3～4朵甚至10余朵不等，呈丛生状，果实多朝上生长，常称"朝天椒"。

⑤果实。辣椒的果实也是浆果，但其果实结构与番茄、茄子有所不同，其果皮与胎座组织发生分离，形成较大空腔，果皮发达，约占整个果实质量的80%～85%，是食用的主要部分。果型有方灯笼、长灯笼、牛角、羊角、圆锥、圆球等形状。辣椒的青熟果（嫩果、商品成熟果）浅绿色至深绿色，少数为白色、黄色或绛紫色，生理成熟果转为红色、橙黄色或紫红色。红色果实果皮中含有茄红素、叶黄素及胡萝卜素，黄果中主要含有胡萝卜素。绝大多数栽培品种在成熟过程中由绿直接转红，也有少数品种由绿变黄，再由黄变红。一株上的果实由于成熟度不同而表现出绿、黄、红等各种颜色，如五色椒属此类型。辣椒果实根据其辣味强弱有极辣（如云南的涮椒）、微辣和不辣三种类型，与其果实内辣椒素含量有关。辣椒果实内辣椒素含量一般为0.3%～0.4%，因品种及栽培条件不同差异较大，一般小果品种及土壤水分少、气候干燥、氮肥适当控制的条件下辣椒素含量会显著提高。

⑥种子。辣椒种子扁而平，肾脏形，千粒重平均6g左右，新种子有光泽呈淡黄褐色，种子使用寿命为3年。

一、辣椒的生长发育过程

在辣椒的生长发育过程中，营养生长与生殖生长之间有着密切的相互促进但相互制约的关系。辣椒生长推迟开花时期，并降低坐果率；而生长过弱，不能提供辣椒开花结果所必需的养分，也会严重制约开花而降低制种产量。只有调节好辣椒生长与发育的关系，才能达到高产的目的。

1. 营养生长期

苗期种子发芽后到定植大田前为苗期。种子发芽后，先长出新根，从土壤中吸收水分和矿物质；破土后，长出两片子叶，进行光合作用。辣椒子叶不仅对幼苗的生长影响很大，而且对辣椒苗后期的生长状况也有一定的影响。幼苗期生长量很大，新陈代谢非常旺盛，光合作用所产生的营养物质，除植株本身的呼吸外，几乎全部用于新生根、茎、叶的生长需要。

生长期从定植后至开花前的这一段时期。辣椒根、茎、叶进入生长旺盛阶段，光合作用的产物除满足本身的生长外，还有一个养分的积累过程，为以后的开花结果打下物质基础。

2. 生殖生长期

（1）花芽分化期。花芽分化是辣椒从营养生长过渡到生殖生长的形态标志。辣椒经过一定时间的生长后，在生长点会引起花芽分化，然后现蕾开花。这一阶段实际在开花前就已经发生。

（2）开花期。一般是指从第一朵花开放开始，至开花结束。这一阶段是辣椒制种的关键时期，它对外界环境的抗性较弱，对温度、湿度、光照的反应敏感。温度过高或过低、光照不足，或过于干燥，都会影响辣椒的授粉、受精，并引起落花落果，进而影响制种产量。

（3）结果期。辣椒开花受精后至果实充分红熟、种子成熟的时期。这一阶段是种子产量形成的重要时期。结果期，果实的膨大生长和种子的胚胎发育，都有赖于光合作用的产物从叶子不断运输到果实及种子中。

辣椒进入生殖生长期，营养生长并未停止，也就是说本阶段是生殖生长与营养生长并存期，是辣椒生长发育过程中生命最旺盛时期。

二、辣椒对环境条件的要求

辣椒生长发育既决定于其本身的遗传特性，如辣椒品种对低温、高温和干旱的抗性，又决定于外界环境条件，故辣椒在长江流域及华北各地都是一年生植物，每年冬季枯死。而在热带或亚热带地区，如海南省、广东省、广西壮族自治区及云南省的南部，辣椒都可以露地越冬。辣椒原产热带，但在长期的自然选择和人工选择条件下，形成了独特的对外界环境条件的适应性，它喜温、耐旱、怕涝、喜光而又较耐弱光。在生产实践中，必须综合考虑各种因素对辣椒生长发育的影响，趋利避害，使各种条件能够协调发展，尽量为辣椒生长发育创造一个良好的环境条件，从而为制种高产奠定基础。

1. 温度

辣椒属于喜温作物，种子发芽的适宜温度为 25～30℃，温度超过35℃或低于10℃发芽不好或不能发芽。25℃时发芽需 4～5 天，15℃时需10～15 天，12℃时需 20 天以上，10℃以下则难于发芽或停止发芽。辣椒生长发的适宜温度为 20～30℃。温度低于15℃时，生长发育受阻，持续低于12℃时可能受害，低于5℃则植株易遭害而死亡。种子出芽后，具 3 片真叶时抵抗低温的能力最强，较短时间在 0℃时不受冷害，这就是冷床育苗小苗能过冬的原因。辣椒生长发育期适宜的昼夜温差为 6～10℃，以白天 26～27℃，夜间 16～20℃比较合适，生长发育阶段不同，对温度的要求不同。苗期白天温度 30℃，可加速出苗和幼苗生长；夜间保持较低的温度 15 ~ 20℃，以防秧苗徒长。15℃以下的温度，花芽分化受到抑制；20℃时开始花芽分化，约需要 10 ~ 15 天。授粉结实以 20 ~ 25℃的温度较适宜。低于 10℃，难于授粉，易引起落花落果；高于 35℃，由于花器发育不全或柱头干枯不能受精。

2. 光照

辣椒是好光作物，除了种子发芽阶段不需阳光外，其它生育阶段都要求充足的光照。幼苗生长期，良好的光照是培育壮苗的必要条件。光照充足，幼苗节间短，茎粗壮，叶片肥厚，颜色浓绿，根系发达，抗逆性强，不易感病。我国冬春辣椒育苗雨雪天气多，光照强度达不到辣椒的光补偿点 15000 勒克斯，因此要经常通风见光，增加光照。成株期光照充足，是促进辣椒枝繁叶茂、茎秆粗壮、叶面积大、叶片厚、开花结果多、果实发育良好、产量高的重要条件。光照不足，往往造成植株徒长，茎秆瘦长、叶片薄、花蕾果实发育不良，容易出现落花、落果、落叶现象。因此，在安排杂交辣椒制种时，周围不要有高秆作物，防止遮光造成减产；另外还应注意栽培管理，不宜栽植过密，防止枝叶相互拥挤；要经常性地中耕除草，防止杂草与辣椒争夺空间。光照过强对辣椒生长也不利，在夏日炎炎的强光下，当光照强度超过辣椒光饱和点 30000 勒克斯时，易引起叶片干旱，生长发育受阻，气孔关闭，光合作用反而下降，甚至造成叶片灼伤。理论上辣椒为短光性植物，但只要温度适宜，营养条件良好，光照时间的长短不会影响花芽分化和开花。但在较短的日照条件下，开花提早。当植株具 1 ~ 4 片真叶时，即可通过光周期的反应。

3. 水分

辣椒是茄果类蔬菜中最耐旱的一种作物，在生长发育过程中所需水分相对较少，且各生长发育阶段的需水量也不相同，一般小果型品种较大果型品种耐旱。种子只有吸水充足后才能正常发芽，一般催芽前种子需浸水 6～8 小时，过长或过短都不利于种子发芽。幼苗需水较少，此时土壤过湿，通气性差，根系发育不良，植株生长纤弱，抗逆性差，易感病。定植后，辣椒的生长量加大，需水量增多，要适当浇水以满足植株生长发育的需要，但仍然要控制水分，以利于地下根系生长，控制植株徒长。初花期，需水量增加，要增大供水量，满足开花、分枝的需要。果实膨大期，需要的水分更多，若供水不足，果实膨大速度缓慢，果表皱缩、弯曲，色泽暗淡，形成畸形果，降低种子的千粒重而影响产量和种子质量。但水分过多，又易导致落花、落果、烂果、死苗。空气湿度对辣椒生长发育亦有影响，一般空气湿度在 60%～80% 时生长良好，坐果率高，湿度过高有碍授粉。土壤水分多，空气湿度高，易发生沤根，叶片、花蕾、果实黄化脱落；若遭水淹没数小时，将导致成片死亡。

4. 养分

辣椒对氮、磷、钾肥料均有较高的要求，此外还需要吸收钙、镁、铁、硼、钼、锰等多种微量元素。在整个生育阶段，辣椒对氮的需求最多，占 60%；钾次之，占 25%；磷占 15%。足够的氮肥是辣椒生长结果所必需的，氮肥不足则植株矮，叶片小，分枝少，果实小。但偏施氮肥，缺乏磷肥和钾肥则植株易徒长，并易感染病害。施用磷肥能促进辣椒根系发育，钾肥能促进辣椒茎秆健壮和果实的膨大。在不同的生长时期辣椒对各种营养物质的需要量不同。幼苗期需肥量较少，但养分要全面，否则会妨碍花芽分化，推迟开花和减少花数；初花期多施氮素肥料，会引起徒长而导致落花落果，枝叶嫩弱，诱发病害；结果以后则需供给充足的氮、磷、钾养分，增加种子的千粒重。

5. 土壤

辣椒对土壤的要求并不严格，各类土壤都可以种植。辣椒对土壤的酸碱性反应敏感，在中性或微酸性（pH 在 6.2 ~ 7.2 之间）的土壤上生长良好。制种辣椒授粉结实后，对肥水要求较高，最好选择保水保肥、肥力水平较高的壤土。

三、辣椒的需肥规律

辣椒属无限生长型作物，边现蕾，边开花，边结果。辣椒属于喜温蔬菜，生长适宜温度为 25 ~ 30℃，果实膨大期需高于 25℃，成长植株对温度的适应范围广，既耐高温也较耐低温。辣椒生长期长，但根系不发达，根量少，入土浅。辣椒是需肥量较多的蔬菜，每生产 1000 千克约需氮（N）3.5 ~ 5.4 千克、五氧化二磷（P_2O_5）0.8 千克、氧化钾（K_2O）5.5 ~ 7.2 千克。

育初期到果实采收期，辣椒在各个不同生育期，所吸收的氮、磷、钾等营养物质的数量也有所不同：则现蕾，植株根少、叶小，需要的养分也少，约占吸收总量的 5%；从现蕾到初花植株生长加快，植株迅对养分的吸收量增多，约占吸收总量的 11%；从初花至盛花结果是辣椒营养生长和生殖生长旺盛时分的吸收量约占吸收总量的 34%，是吸收氮素最多的时期；盛花至成熟期，植株的营养生长较弱，养量约占吸收总量的 50%，这时对磷、钾的需要量最多；在成熟果采收后为了及时促进枝叶生长发育，又需要大量的氮肥。

四、辣椒科学施肥技术

1. 设施栽培辣椒科学施肥

（1）施肥原则。针对生产中普遍存在的重施氮肥，轻施磷钾肥；重施化肥，轻施或不施有机肥料，忽视中、微量元素肥料等突出问题，提出以下施肥原则：因地制宜增施优质有机肥料；开花期控制施肥，从始花到分枝坐果期，除植株严重缺肥可略施速效肥外，都应控制施肥，以防止落花、落叶、落果；幼果期和采收期要及时施用速效肥，以促进幼果迅速膨大；辣椒移栽后到开花期前，促控结合，薄肥勤浇；忌用高浓度肥料，忌湿土追肥，忌在中午高温时追肥，忌过于集中追肥。

（2）施肥建议将优质农家肥 2000～4000 千克/亩作为基肥一次性施用。产量水平为 2000 千克/亩以下时，施氮肥（N）10～12 千克/亩、磷肥（P_2O_5）3～4 千克/亩、钾肥（K_2O）8～10 千克/亩；产量水平为 2000～4000 千克/亩时，施氮肥（N）15～18 千克/亩、磷肥（P_2O_5）4～5 千克/亩、钾肥（K_2O）10～12 千克/亩；产量水平为 4000 千克/亩以上时，施氮肥（N）18～22 千克/亩、磷肥（P_2O_5）5～6 千克/亩、钾肥（K_2O）13～15 千克/亩。将氮肥总量的 20%～30% 用作基肥，70%～80% 用作追肥；磷肥全部用作基肥；钾肥总量的 50%～60% 用作基肥，40%～50% 用作追肥。在辣椒生长中期注意分别喷施适宜的叶面硼肥和叶面钙肥产品，防治辣椒脐腐病。

2. 露地栽培辣椒科学施肥

（1）育苗施肥。以宽 1.2 米、长 10 米的畦为标准，每畦内施入充分腐熟的牛粪 175 千克、研碎的辣椒专用配方肥 1 千克、过磷酸钙 0.25 千克，能平衡发芽后所需要的多种元素和养分。施肥后和播种前要灌足水，使地表下 20 厘米的土层土壤保持湿润。定植前 15～20 天冲施辣椒专用冲施肥 1 千克。

（2）大田基肥。辣椒宜用迟效性肥料，每亩用厩肥 5000～6000 千克，辣椒专用配方肥 50 千克，将上述肥料混匀后，结合整地沟施或穴施，覆土后移苗定植、浇水。

（3）大田追肥。第一次追肥在植株成活后，每亩冲施辣椒专用冲施肥 10～15 千克或硫酸铵 20～25 千克。第二次追肥在植株现蕾时，用人粪尿约 600 千克稀释 3 倍或硫酸铵 15 千克兑水配成 4% 溶液灌根，或冲施辣椒专用冲施肥 10 千克。第三次追肥于 5 月下旬，第一簇果实开始长大时，这时需要大量的营养物质来促进枝叶生长，否则不但影响结果而且植株生长也受到抑制，此时宜用速效性肥料，每亩用人粪尿约 800 千克稀释 2 倍灌根；或硫酸铵约 20 千克、过磷酸钙约 15 千克，将上述肥料混匀后条施或穴施后浇水；或冲施辣椒专用冲施肥 20～25 千克。第四次追肥在 6 月下旬，此时天气转热，正是辣椒结果旺期，结合浇水追肥，用肥量和施肥方法参照第三次追肥。第五次追肥在 8 月上旬，此时气温高，辣椒生长缓慢，叶色浅绿，果实小而结果少，每亩用人粪尿约 800 千克稀释 5 倍或 2% 硫酸铵溶液，以促进秋后辣椒枝叶的生长和结果。第六次追肥在 9 月中旬，施用量和施肥方法参照第五次，保证生长后期的收获。

五、养分需求特征

5.1 目标产量与养分需求总量

不同区域辣椒的种植模式不同、茬口不同以及目标产量不同，对氮、磷、钾养分的带走量也不同。辣椒单位产量从土壤中吸收的营养元素数量因品种、栽培条件、土壤供肥性能等因素的不同而有所差异。根据文献调研及试验研究总结发现，每生产 1000 千克辣椒（鲜重）需从土壤中吸收 N4.04 ~ 4.46 千克，P0.45 ~ 0.61 千克，K4.42 ~ 5.16 千克。以北方地区典型设施土壤栽培为例，不同种植方式及茬口辣椒的目标产量及养分吸收量如下表所示。

不同栽培方式下设施辣椒目标产量及养分吸收量

种植模式	茬口	生育期（天）	目标产量（千克/亩）	养分吸收（千克/亩）		
				N	P	K
日光温室	冬春茬	120 ~ 130	4000 ~ 5000	16 ~ 20	1.7 ~ 2.2	17 ~ 22
	秋冬茬	150 ~ 160	3000 ~ 4000	12 ~ 16	1.3 ~ 1.7	13 ~ 17
	越冬长茬	270 ~ 280	6000 ~ 7000	24 ~ 28	2.6 ~ 3.1	26 ~ 31
塑料大棚	春茬	120 ~ 130	5000 ~ 6000	20 ~ 25	2.2 ~ 2.6	22 ~ 26
	长茬	240 ~ 250	6000 ~ 7000	24 ~ 28	2.6 ~ 31.	26 ~ 31

5.2 关键生育期的养分吸收配比

设施辣椒在不同时期对养分的吸收不同，整个生育期的养分需求基本符合 S 形曲线特征，在开花期前，辣椒对养分的吸收量较小，从结果期开始，养分的吸收逐渐增加，进入采收初期后养分需求急剧增加，到采收后期又逐渐降低. 不同茬口辣椒各生育期养分需求不同，对于塑料大棚，定植后不同时期养分吸收情况如下表所示.

塑料大棚不同茬口辣椒生育期氮、磷、钾吸收比例

生育期	各生育期养分吸收比例（%）					
	氮（N）		磷（P）		钾（K）	
	春茬	长茬	春茬	长茬	春茬	长茬
苗期（7 ~ 10 天）	9.0	10.5	12.0	12.3	8.8	12.6
开花坐果期（20 ~ 25 天）	17.3	20.3	10.2	16.4	16.9	20.1

（续表）

生育期	各生育期养分吸收比例（%）					
	氮（N）		磷（P）		钾（K）	
	春茬	长茬	春茬	长茬	春茬	长茬
结果初期（25～35天）	20.0	29.5	25.5	27.5	29.0	21.5
结果盛期（40～45天）	40.5	35.7	34.5	33.3	35.1	36.5
结果末期（20～25天）	13.2	4.0	7.8	10.5	10.2	9.3

对于日光温室的秋冬茬、冬春茬和越冬长茬辣椒，结果初期和结果盛期的氮、磷、钾吸收总量达整个生育期的60%以上。对于氮、磷、钾养分吸收比例见下表。

日光温室不同茬口辣椒生育期氮、磷、钾吸收比例

生育期	养分吸收比例（%）								
	氮（N）			磷（P）			钾（K）		
	冬春茬	秋冬茬	越冬长茬	冬春茬	秋冬茬	越冬长茬	冬春茬	秋冬茬	越冬长茬
苗期（7～10天）	5.7	5.1	9.8	15.1	11.1	12.3	5.9	5.3	10.1
开花坐果期（20～25天）	16.2	21.9	20.1	20.4	20.4	21.7	16.6	12.1	14.9
结果初期（30～35天）	30.5	23.1	27.5	30.5	33.6	23.1	32.3	33.6	26.1
结果盛期（80～85天）	41.6	39.7	31.2	21.5	24.3	27.8	34.4	39.1	36.6
结果末期（20～25天）	6.0	10.2	11.4	12.5	10.6	15.1	10.8	9.9	12.3

5.3 中微量元素管理

设施辣椒对钙镁吸收数量较大，每生产 1000 千克辣椒（鲜重）需从土壤中吸收 Ca2.0 ～ 3.0 千克，Mg0.7 ～ 1.3 千克，不同生育期辣椒对钙的吸收，开花期前仅占全生育期的 5.3%，开花期—采收初期开始迅速增加，占全生育期 78.9%，采收初期—拉秧期，占全生育期的 15.8%。不同生育期辣椒对镁的吸收，结果期前仅占全生育期的 16.7%，结果期—采收盛期占全生育期的 83.3%。设施辣椒对不同微量元素的反应程度不同，对硼的反应程度中度明显，而对铁、锰、铜、锌和钼的反应程度为一般。

六、辣椒科学施肥方案

辣椒科学施肥方案

施肥时期		施肥品类	施肥量	功效
基肥		硝硫基 15-15-15	40 ～ 60kg/ 亩	壮根养苗，调节土壤，活化养分
追肥	坐果期	水白金水溶肥	3 ～ 5kg/ 亩	补充中微量元素，提高坐果率
		叶面肥	0.25% 喷施 2 次	
	膨果期	液体肥	3 ～ 5kg/ 亩	促进果实膨大，提高品质，提高产量
		水溶肥（16-8-34），液体肥（膨果型）	稀释 300 ～ 500 倍，3 ～ 5kg/ 亩，液体肥，水溶肥交替施用	

辣椒水肥一体化科学施肥方案

施肥时期	灌水次数	灌水定额（立方/亩/次）	施肥目的	施用肥料	施用方法	注意点
苗期	2	3	营养生长关键期。对氮和磷的需求高于钾。1.辣椒第一阶段营养肥，可满足植株对氮磷钾的需求；2.海藻酸液体肥富含有机活性物质，促进根系生长，提高植株的抗逆能力；3.生物能叶面肥富含聚天冬氨酸、氨基酸、硼锌等微量元素，可快速被植物吸收，起到增强免疫力的作用。	辣椒第一阶段营养肥	5kg/亩/次，600-1000倍稀释	滴灌1次
				海藻酸液体肥	5L/亩/次，600-1000倍稀释	滴灌1次
				海藻酸叶面肥	50ml/亩/次，800-1000倍稀释	喷施2次，随农药喷施
始花坐果期	1	5	营养生长与生殖生长并存。生物能叶面肥富含海藻酸、氨基酸、硼锌等微量元素，可快速被植物吸收，起到增强免疫力的作用。	海藻酸叶面肥	100ml/亩/次，800-1000倍稀释	喷施2次，随农药喷施

（续表）

施肥时期	灌水次数	灌水定额（立方/亩/次）	施肥目的	施用肥料	施用方法	注意点
结果初期	3	5	1. 辣椒第二阶段营养肥植株提供必需营养物质；2. 海藻酸液体肥富含有机活性物质，可提高植株的抗逆能力；3. 辣椒第四阶段营养肥（高钾）营养全面，满足番茄对钾的需求，提高植株抗逆性和果实品质。4. 海藻酸叶面肥富含钙镁，满足果实对钙镁的需求，预防缺钙引起的脐腐病。	辣椒第二阶段营养肥	5kg/亩/次，600～1000倍稀释	滴灌1次
				海藻酸液体肥	5L/亩/次，600～1000倍稀释	滴灌1次
				辣椒第四阶段营养肥	5kg/亩/次，600～1000倍稀释	滴灌1次
				叶面肥（中量元素型）	100g/亩/次，800～1000倍稀释	喷施3次，随农药喷施
结果盛期	4	5	对钾的需求急剧升高。1. 辣椒第四阶段营养肥为果实膨大和果实品质的提升提供充足的钾；2. 洋丰美溶中量元素水溶肥富含钙镁，满足对钙的需求；两种叶面肥配合喷施，既能补充微量元素，又能补充磷钾。	辣椒第三阶段营养肥	10kg/亩/次，600～1000倍稀释	滴灌2次，7～10天/次，与高钾肥交替
				辣椒第四阶段营养肥	10kg/亩/次，600～1000倍稀释	滴灌2次，7～10天/次
				洋丰美溶中量元素水溶肥	10L/亩/次，600～1000倍稀释	滴灌2次
				磷酸二氢钾	150g/亩/次，800～1000倍稀释	喷施3次，每次3包，随农药喷施

（续表）

施肥时期	灌水次数	灌水定额（立方/亩/次）	施肥目的	施用肥料	施用方法	注意点
结果末期	1	3	植株逐渐衰弱，对养分的需求减小。1.辣椒第四阶段营养肥钾含量高，可满足生殖生长对钾的需求，又富含硝态氮和微量元素，提高肥料利用率，增强抗逆能力，可提高产量和品质；2.叶面肥富含钙镁，可补充果实对钙的需求，防治出现脐腐病。	辣椒第四阶段营养肥	5kg/亩/次，600～1000倍稀释	滴灌1次
				叶面肥（中量元素型）	50g/桶/次，800～1000倍稀释	喷施2次，随农药喷施

第十六章　茄子

　　茄子属茄科双子叶浆果类蔬菜，起源于亚洲东南部热带地区，早在4～5世纪就传入我国南方，至今已有1000多年的栽培历史。茄子在世界各地均有栽培，以亚洲最多。茄子果形有长形、圆形和卵圆形。东北、华南、华东地区以长形茄栽培为主；华北、西北地区以圆茄栽培为主。

　　茄子喜温不耐寒，传统栽培多为露地种植，供应时间短，产量低。北方一般只能在夏季上市。随着保护地及其栽培技术的不断发展，茄子生产也由原来单一的露地生产、夏季供应、发展为露地与多种保护地栽培方式相结合，实现了周年生产、周年供应，极大地促进了茄子的生产发展。

（一）生物学特征

　　①根。茄子的根系发达，吸收能力强。其主根在不受损害的情况下，能深入土壤达1.2～1.5m，横向伸展直径2.0～2.5m，但分苗或移栽后主根往往受伤折断，因而发生大量横向伸展的侧根，使它的主要根群都分布在30cm以内的土层中。茄子根木质化较早，再生能力差，不定根的发生能力也弱，在育苗移栽的时候，应尽量避免伤根，并在栽培技术措施上为其根系发育创造适宜的条件，以促使根系生长健壮。②茎。茄子的茎粗壮直立，木质化程度高，一般不需支架，国外引进的温室栽培无限生长型单

轴分枝品种仍需吊蔓或支架。其茎秆粗壮程度因品种而异，一般叶片大而圆，圆形果实品种直立性强，小叶果实条形品种茎秆较细弱，分枝也较多。茎的颜色有黑紫、紫、紫绿和绿色，与果实、叶色有连锁遗传关系。一般果实为紫色的品种，其嫩茎及叶柄都带紫色；果实为白色或青色的，其嫩茎及叶柄多带绿色。茄子的主茎分枝能力很强，几乎每个叶腋都能萌芽发生新枝。但是，由于茄子的分枝习性为"双杈假轴分枝"，即植株主茎在结了门茄之后，发生叉状分枝，分成两个粗壮相同的杈枝；这两个分枝结果之后，其上又成倍发生分杈；如此往上，一而二、二而四、四而八地延续分枝。实际生产中，也有一部分腋芽不能萌发，或者即使萌发长势也很弱，在水肥不足的条件下尤其明显。

③叶。茄子为互生单叶，叶片较大，叶形有圆形、长椭圆形和倒卵圆形，叶缘有波浪状钝缺刻，叶面粗糙而有绒毛，叶色一般深绿或紫绿色，叶的中肋与叶柄的颜色与茎相同。

④花。茄子的花为两性花，自花授粉，紫色或淡紫色，也有白色的，一般为单生，茄子花较大而下垂。茄子一般在幼苗有真叶 3 ~ 4 片时，幼茎粗达 0.2cm，花芽开始分化。影响分化的因素包括温度、光照及营养。所以这个时期应加强管理。

茄子的开花结果是相当有规律的。茄子第 1 朵花着生节位依品种而异，一般早熟品种从 5 ~ 7 片真叶后着生第 1 朵花（实际上 5 片叶开花的品种很少，如北京五叶茄，大多为 6 ~ 7 片叶，甚至 8 片叶），中晚熟品种着生节位为 9 ~ 12 片叶。茄子为"双杈假轴分枝"，其主茎在结第 1 个果实后，果实下面的第一侧枝生长最旺，与主茎并驾齐驱，待主茎第 2 个果实和这个侧枝第 1 个果实着生后，其直下叶腋又各长成一强壮侧枝，如此向上，一而二、二而四、四而八地不断双杈分枝生长，果实也相应一次增加。习惯上把主枝上的第 1 个果实叫"门茄（根茄）"，形成的双杈即主茎第 2 果实和侧枝第 1 果叫"对茄（二梁子）"，对茄上再形成四杈又结 4 果叫"四母斗（四母茄）"，再向上成 8 果叫"八面风"，以后形成 16 果则叫"满天星"。这样茄子不断呈几何级数增加。下部茄子不断长大成熟、收获，而上部则不断开花生长，所以采收不绝。当然这只是开花规律，在实际栽培过程中的结果不会这么理想，成熟期也不会那么一致，有时因养分竞争、光照或密度的影响，会发生落花落果现象。结果多少与整枝方式、肥水管理等都有关，所以应创造其适宜生长的环境条件，才能获得高产稳产。

⑤果实和种子。果实为浆果，心室几乎无空腔，它的胎座特别发达，形成果实的肥嫩海绵组织，用以贮藏养分，这是供人们食用的主要部分。幼嫩茄子常常有一种涩味（生物碱），必须经过煮熟才能消除，所以一般茄子不能生食（也有可以生食的品种）。茄子果实的发育，比其他果菜类特殊而有趣，茄子花经过授粉之后，花冠脱落，萼片宿存，幼果开始膨大，当发育很快的幼果突露出萼片时，其形状颇似愤怒的人眼睛，故称为"瞪眼睛"，这是茄子果实生长发育过程中的一个临界指标，从此果实进入迅速膨大期，这个时期，应加强肥水管理满足果实生长发育需要。在茄子果实发育过程中，果肉先发育，种子后发育，果实将近成熟时，种子才迅速生长和成熟。采收将近成熟的果实，其中尚未成熟的种子，在采收以后，仍然会增大，果肉的有机营养会转运到种子中去。所以，果实在采下后放置几天，使其种子充分成熟，能提高种子品质。一个优良的茄子品种，它的果肉应该初期生长得较快，而成熟慢，种子的发育也慢，以延长

幼嫩果实的适宜采收期。

一、茄子的生长发育过程

茄子的生长发育通常可分为发芽期、幼苗期、开花着果期和结果期四个时期。

1. 发芽期

发芽期是指从种子发芽到第一片真叶显露，一般需要6-7天。发芽的好坏取决于种子的好坏、温度、水分、通气等条件。当子叶完全从种皮内脱出展开时，主根可伸长至5～6厘米，主根上长出2～3条3毫米左右的侧根。子叶展开，标志着种子已发育成可以进行光合作用，独立进行营养生长的幼苗。

2. 幼苗期

茄子从第一片真叶显露到现蕾为幼苗期。苗期营养器官和生殖器官的分化、生长是同时进行的，4片真叶期为两者的临界形态交点。4片真叶期前，营养生长阶段的生长量很小，但相对生长速率很大，表现为茎的伸长和叶的生长、展开。同时根部吸收养分的功能也逐渐加强，物质生产加速。4片真叶期后，由于积累了一定的营养和成花物质，生长点细胞分裂旺盛，生长量猛增，苗期生长量的95%在此期完成。根据这一特点，4片真叶期前应以控为主，进行分苗，并给以适当的温度、水分，保证幼苗生长，为生殖生长打下基础。4片真叶期后要加强肥水管理，培育壮苗。

3. 开花着果期

茄子在开花前2～3天，花瓣会迅速伸长，把茎片向外撑开，达到完全开花。开花时间与环境温度和天气状况有很大关系。用药时间与开花时间基本一致。柱头的授粉能力与天气，温度有关。

4. 结果期

由于是连续开花、连续结果，所以这里的结果期是指第一花序着果至拉秧。茄子的果实是由子房发育而成的真果。在果实发育过程中，经历显营、露瓣、开花、调瓣、瞪眼、技术成熟（商品采收适期）生理成熟期。门茄显蕾，标志着幼苗期结束。门茄瞪眼前，处于营养生长向生殖生长过渡阶段，这时对营养生长应适当控制；门茄瞪眼后，茎叶与果实同时生长，这时应结束对营养生长的控制，加强肥水管理，促进果实膨大及茎叶生长。

在植株处于生长旺盛期，这期间要保证足够的叶面肥，既保证果实的生长，又保持植株生长势旺盛，防止早衰。结果中后期，果实数目增多，植株长势衰减，这一时期要加强肥水管理，维持植株长势，配合防病治虫，仍可获得较好的产量。

茄子的生长发育时期及其特点

生育期	图例	标志	发育特点	需肥规律
发芽期 10～15 天		从种子吸水萌动到第1片真叶现露	胚根、胚轴伸长，子叶展开	此期发育主要由种子供应养分，需肥量极小
幼苗期 50～60 天		从第1片真叶现露到门茄现蕾	营养生长与生殖生长同时进行，4片真叶期是开始生殖生长的转折期，此后幼苗生长迅速（完成95%以上的幼苗生长量）。早熟品种6～8片、中晚熟品种8～9片真叶展开时门茄现蕾，此时四门斗花芽已开始分化	该生长期生长量小，对肥料的需求量亦较小，需肥量占整个生育期不足5%，但对养分的亏缺敏感，对氮磷的需求相对较高

（续表）

生育期	图例	标志	发育特点	需肥规律
开花着果期 10 ～ 15 天		门茄现蕾到门茄果实坐住（门茄瞪眼）	该时期由营养生长为主向生殖生长为主过渡	对养分的需求占整个生育期15%左右，对氮磷的需求相对较大，对钾的需求开始加大
结果期 45 ～ 210 天		门茄瞪眼至拉秧	生长发育迅速，连续开花，连续坐果	需肥量大，对氮、磷、钾需求占整个生育期的80%以上，此时期对钾的需求量剧增

二、茄子对环境条件的要求

1. 茄子对温度条件的要求

茄子生育期对温度有较高的要求，耐热性也最强，怕寒冷，发芽期以 25 ～ 30℃为适宜：白天以 25 ～ 30℃为宜，夜间以 18 ～ 25℃为宜；开花结果期则以 30℃左右为宜。在苗期，温度低于 15℃，则植株生长衰弱，出现落花落果现象。温度低于 10℃，就会引起植株新陈代谢的紊乱，甚至是植株停止生长。若温度低到 0℃以下，就会使植株受到冻害。当温度高于 35℃时，又会使植株发生生理障碍，严重时会产生僵果。

不同生育期茄子对温度的要求

生育期	适宜温度 （℃）	温度下限 （℃）	温度上限 （℃）	备注
发芽期	30	11	40	采用30℃处理16H$^+$20℃处理8h 变温处理，种子发芽快、齐、壮
幼苗期	22～30	15	33	昼温27～28℃/夜温18～20℃ 最佳；气温低于10℃生长停滞
开花结 果期	25～30	20	35	昼温25～30℃/夜温18～20℃， 地温17～20℃最佳；夜温长期低 于15℃，植株生长缓慢、易落花

2.茄子对光照条件的要求

茄子对日照长短及光照强度的要求都较高。光照强度的补偿点为20001x（勒克斯），饱和点为40000lx（勒克斯）；在自然光照下，日照时间越长，越能促进发育，且花芽分化早、花期提前。如果光照不足，侧花芽分化晚，开花迟，甚至长花柱花少，中花柱和短花杜花增多。

3.茄子对水分条件的要求

茄子在高温高湿环境条件下生长良好，对水分的需要量大。但是，茄子对水分的要求又是随着生育阶段的不同而有所差别，在门茄"瞪眼"以前需要水分较少，对茄子收获前后需要水分最多。茄子坐果率和产量与当时的降雨量及空气相对湿度成负相关。空气湿度长期超过80%，容易引起病害的发生。土壤含水量以保持在田间持水量的60%～80%最好，一般不能低于55%，否则会出现僵苗，僵果。

4.茄子对土壤条件的要求

是一种深根性作物，对土壤的适应性较广，但以土层深厚、肥沃的土壤为好。据一些资料报道，茄子土壤酸碱度是 pH5.5 ~ 6.8，但其耐酸性比番茄强。虽然在砂质土到黏质土均能生长，但它是一种耐旱性差、只喜肥的作物。因而，最好种在排水良干燥的比较肥沃的突入上上最为有利。沙上由于地温容易上升，适宜于早熟栽培，但生长势弱，采收期短。

茄子对土壤通气性的要求低于番茄。研究表明，土壤空气中的氧浓度在 10% 和 20% 时，对生育几乎没有影响，氧浓度下降到 5% 时，对茄子的生育和养分的吸收影响不大，但是，当降到 2% 的含氧量时，养分吸收下等，生育明显变差。

土壤水分对茄子的生育和产量有深刻影响，研究表明，土壤水分张力在 pF2.3 时最适宜于茄子果实膨大；pF2.0 时果实长度最长，变成细长果，果实重量没有多大变化；pF2.5 时则果实发育明显受阻，果重下降。

土壤温度关系到土壤养分的释放和茄子对养分的吸收。据研究，茄子对氮肥的吸收在低温或高温条件下都要降低，尤其是硝态氮影响最为明显。上壤温度对茄子吸收磷的影响也很大，随着温度升高，茄子吸收磷的量明显增加。

三、茄子的栽培模式及茬口安排

我国目前茄子的栽培模式主要有：露地栽培、塑料棚春提早栽培、塑料棚秋延后栽培、日光温室秋冬茬、冬春茬和越冬茬栽培等。我国主要茄子产区的露地栽培及设施栽培茬口安排详见下表。

露地栽培茄子茬口

茬口	栽培品种	栽培区域	育苗	定植	采收期
春茬	早熟	我国大部分区域	1月上中旬	4月上中旬	5月中下旬~8月中下旬
	中晚熟	东北北部、内蒙古北部	2月上中旬	5月上旬	6月中下旬~9月上旬
夏茬	中晚熟	黄淮海地区	4月下旬~5月上旬	6月下旬~7月上旬	8月中旬~10月下旬

注：华南地区全年均可栽培

设施栽培茄子茬口（华北、华东、华中地区）

设施类型	栽培品种	栽培区域	育苗	定植	上市	结束
大棚春提前	中早熟	华北	12月下旬~1月上旬	3月下旬~4月上旬	4月中下旬~5月上中旬	7月中下旬~9月下旬
		华东、华中	12月中旬	3月中旬	4月中旬	7月上旬~9月中旬
大棚秋延后	中晚熟	华北	6月中旬	7月中旬	9月上旬	11月下旬
		华东、华中	7月上旬	8月上旬	9月下旬	2月下旬
日光温室	中早熟	华北	9月上中旬	12月上中旬	2月中下旬	7月中旬
		华中、华东	8月中下旬	11月中下旬	1月上中旬	7月上旬
	中晚熟	华北	7月上旬	9月上旬	11月上旬	2月上旬
		华东	6月下旬	8月下旬	10月中旬	5月中旬

目前我国的茄子生产已经实现了周年供应，全国茄子种植体系主要有：

（1）长江中下游及其以南地区形成了塑料棚、地膜、遮阳网三元覆盖型周年系列化保护栽培体系；

（2）黄淮海平原地区形成了高效节能型日光温室、塑料棚、地膜、遮阳网四元覆盖型周年系列化保护栽培体系；

（3）东北、西北、内蒙古及山西的大部分地区，形成了高效节能型日光温室、塑料棚、地膜三元覆盖型周年系列化保护栽培体系。

不同栽培模式下适宜的栽培品种及种植密度不尽相同，具体详见下表。

不同栽培模式的种植密度

栽培模式	栽培品种	株行距（cm）	栽培密度（株/亩）
早春茬	早熟	（33～40）×（45～55）	3000～4000
秋冬茬	早熟	40×50	3300
	中熟	（40～50）×（60～80）	1650～2750
冬春茬	早熟	33×（55～60）	3500～4000
	晚熟	（40～50）×（70～80）	2500～2800

四、茄子的需肥规律

茄子单位产量从土壤中吸收的营养元素数量因品种、栽培条件、土壤供肥性能等因素的不同而有所差异：据试验研究，每生产1000千克茄子需从土壤中吸收氮素2.6～3.0千克，磷素0.7～1.0千克，钾素3.1～5.5千克，钙素2.67～3.04千克，镁素1.14～1.25千克。

茄子幼苗定植于大田后，开始对各养分的吸收量较少，至开花期各养分的吸收量都只占总吸收量的10%以下；进入结果期后，吸收量大量增加；结果盛期到拔秆期，茄子对各养分的吸收量达到最大值。茄子对氮、钾、钙的吸收量远高于镁、磷，茄子对氮钾的吸收量从采果初期至采果盛期是一个直线上升过程，以后上升趋势逐渐缓慢；对钙的吸收从采果初期至拔秆期是一个直线增长过程，而对磷的吸收虽然亦呈上升趋势，但速度比较缓慢。

茄子生产中由于栽培方式不同，各营养元素的平均吸收强度不同，见下表。经试验，覆膜栽培茄子一生中各营养元素吸收强度高于露地栽培，但不同生长期各元素的吸收强度也有所不同。覆膜栽培各营养的吸收强度除钾、镁外，初果期前高于露地栽培；采果初期至采果盛期两种栽培方式均出现全生育期的吸收高峰；采果盛期至拔秆期5种营养元素的吸收强度急剧下降，覆膜栽培低于露地栽培。

不同栽培方式对茄子吸肥强度的影响

栽培方式	每公顷吸收强度 / (kg/d)				
	氮	磷	钾	钙	镁
覆膜	2.466	0.299	2.301	1.112	0.477
露地	2.442	0.288	1.881	1.052	0.434

不同栽培方式条件下、氮、磷、钾、钙、镁等五种营养元素在不同器官中分配有很大差别。从表3-30中可以看出，覆膜栽培和露地栽培两种栽培方式各器官对氮、磷、钾养分的分配比例均为果＞叶＞茎＞根，而且分配在果实和叶片的氮、磷、钾均占总量的86%～88%。钙和镁的分配不同于氮、磷、钾，两种栽培方式中钙的分配比例为叶＞茎＞果＞根；镁在茎、叶、果中分配比例基本差不多。各占总吸收量的30%左右。由于生长期不同，养分在各器官中的分配比例也各异，初果前的营养生长，氮、磷、钾、镁主要分配在茎和叶中，随着果实形成和膨大，分配到果实中逐渐增多，至采收盛期可占55%～70%，而钙分配始终是叶片最多，开花期可占同期总吸收量的80%以上，至拔秆期所占比率有所下降，但仍占同期总吸收量的60%以上。

茄子不同器官中的养分分配比例（单位：%）

茄子器官	栽培方式	氮	磷	钾	钙	镁
根	覆膜	2.31	1.7	1.33	2.55	4.63
	露地	2.53	2.13	1.50	4.32	4.04
茎	覆膜	11.67	11：30	12.65	21.40	36.26
	露地	10.55	10.82	10.93	24.25	29.31
叶	覆膜	32.65	20.84	25.77	56.36	30.16
	露地	31.29	20.40	25.68	53.52	31.93
果	覆膜	53.37	66.16	60.25	19.69	28.95
	露地	55.63	66.65	61.89	17.91	34.72

五、茄子科学施肥技术

1. 设施栽培茄子科学施肥

（1）苗期施肥：每 10 米 2 苗床施入过筛后的腐熟有机肥料 200 千克、过磷酸钙与硫酸钾各 0.5 千克，或茄子专用配方肥 50 ～ 60 克。苗期追施氮肥 1 千克，如果土温低，可用 0.1% 的尿素喷叶，使叶片变绿，可以培育壮苗，促进花芽分化。

（2）施足基肥：每亩施用腐熟有机肥料 8000 ～ 10000 千克、过磷酸钙 50 千克、硫酸钾 25 千克，或施用腐熟有机肥料 8000 ～ 10000 千克、磷酸二铵和硫酸钾各 25 千克，或施用腐熟有机肥料 10000 ～ 12000 千克，茄子专用配方肥 100 千克。

作为基肥施用的化肥可用 2/3 在整地时施用，1/3 在移栽定植前作为种肥施用，以保证苗期养分供应。为防止作物缺素症的发生，可以在基肥中添加硼、铁、锌、铜等微量元素各 1 ～ 2 千克，钙镁肥 20 千克。在老棚区由于土壤偏酸，可以在整地时加入适量生石灰以中和土壤酸性。

（3）植后追肥：在缓苗后，结合浇水施 1 次人粪尿 200 千克或尿素 10

千克。从第 1 朵花开后，到果实长到青桃大小时要结合浇水追肥，以氮肥为主，每亩施用硫酸铵 15 ~ 20 千克或尿素 10 ~ 15 千克；或冲施茄子专用冲施肥 20 ~ 25 千克。门茄充分膨大时，对茄也已坐住，此时应增加追肥次数，10 天左右追肥 1 次，直至收获期结束。追肥方式以冲施或叶面喷施为主，冲施时用茄子专用冲施肥 25 ~ 35 千克。

进行设施蔬菜生产时，由于室内外空气流通较少，室内容易缺乏二氧化碳，光合作用减弱。在生产过程中应适当应用二氧化碳气肥，或应用秸秆反应堆技术，增加二氧化碳浓度。

采用水肥一体化栽培的日光温室冬春茬茄子滴灌施肥方案可参考表。

日光温室冬春茬茄子滴灌施肥方案

生育期	灌水次数（次）	每次灌水量（立方米/亩）	每次灌溉加入的养分量/（千克/亩）				备注
			氮（N）	磷（P_2O_5）	钾（K_2O）	合计	
苗期	2	10	1.0	1.0	0.5	2.5	施肥 2 次
开花期	3	10	1.0	1.0	1.4	3.4	施肥 3 次
采收期	10	15	1.5	0	2.0	3.5	施肥 10 次

注：1. 该方案早熟品种每亩栽植 3000 ~ 3500 株、晚熟品种每亩栽植 2500 ~ 3000 株目标产量为 4000 ~ 5000 千克/亩。

2. 苗期不能太早灌水，只有当土壤出现缺水现象时，才能进行施肥灌水。

3. 开花后至坐果前，应适当控制水肥供应，以利于开花坐果。

4. 进入采收期，植株对水肥的需求量加大，一般前期每 8 天滴灌施肥 1 次，中后期每 5 天滴灌施肥 1 次。

2. 露地栽培茄子科学施肥

（1）培育壮苗。一般要求在 10.2 米的育苗床上，施入腐熟过筛的有机肥料 200 千克、过磷酸钙 5 千克、硫酸钾 1.5 千克，将床土与有机肥料和化肥混匀。如果用营养土育苗，可在菜园土中等量地加入由 4/5 腐熟马粪与 1/5 腐熟人粪混合而成的有机肥料，也可参考番茄育苗营养土的配制方法。如果遇到低温或土壤供肥不足，可喷施 0.3% ~ 0.5% 尿素溶液。

（2）整地施肥。春季定植前，每亩施腐熟有机肥料 5000 ~ 6000 千克、茄子专用配方肥 50 ~ 60 千克，翻耕整平作畦，开沟或挖穴栽苗；或每亩施 5000 ~ 6000 千克腐熟有机肥料、25 ~ 35 千克过磷酸钙和 15 ~ 20 千克硫酸钾，均匀地撒在土壤表面，并结合翻地均匀地耙入耕作层土壤。定植时，最好将有机肥料与磷钾肥充分拌匀，撒入栽植穴内，栽后浇水。

（3）巧施追肥。蹲苗到门茄"瞪眼"期结束。结合浇水每亩施腐熟人类尿 1000 千古式尿素 9 ~ 11 千克或硫酸铵 20 ~ 25 千克；或冲施茄子专用冲施肥 20 ~ 30 千克。这次施肥不能过迟或过早，过早则容易造成"疯秧"，过迟则造成茄子果皮发紫，影响果实的发育和以后的分枝结果。对茄、四母斗开花时，也是茄子需肥水最多的时期，此时一般每 5 ~ 6 天浇 1 次水，保持土壤湿润，结合浇水每亩施腐熟人粪尿或腐熟饼肥 1000 千克或冲施茄子专用冲施肥 25 ~ 35 千克。之后浇 1 次清水，1 次肥水交替进行，即每隔 15 天左右追肥 1 次，共计追肥 8 ~ 9 次。

（4）及时喷肥。对于栽培的中晚熟品种，在结果盛期，可用 0.2% 尿素或 0.3% 磷酸二氢钾溶液进行叶面喷施，也可用沼液兑水稀释后喷施，有利于植株的生长和坐果。若土壤中缺镁或施用氮钾肥过量时，在缺镁初期要及时叶面喷施 0.1% ~ 0.2% 硫酸镁溶液，每周 1 次，共 3 次。

六、茄子施肥原则

合理施肥，既能最大限度的提高肥料利用率，同时又能提高农作物产量、改善品质、获得显著的经济效益；既有利于培肥地力，保护农产品和生态环境不受污染，又有利于农业的可持续发展。要想做到合理施肥，就要遵循以下原则：

有机肥和无机肥合理配施有机肥和化肥是两种不同性质的肥料，有机肥的优点正是化肥的缺点，而化肥的优点正是有机肥的缺点，两者配合施用，可以取长补短，增进肥效，是保障农田高产稳产的有效措施。

科学配比，平衡施肥施肥应根据土壤条件、作物营养需求和季节气候变化等因素，调整各种养分的配比和用量，保证作物所需的营养比例平衡供给。除了有机肥和化肥，微生物肥、微量元素肥、氨基酸等营养肥，可以通过根施或者叶面喷施作为作物的营养补充。要注意氮、磷、钾等大量营养元素与中、微量元素之间的平衡，还要注意各养分之间的化学及拮抗作用，比如寿光地区大量施用钾肥，造成植株缺镁现象较为普遍。

在制定套餐施肥方案时，我们主要依据以下三大要点：

1.以改土培肥为主，合理选择基肥。根据土壤现状，选用改土产品，如土壤调理剂、有机肥、生物有机肥等；根据作物养分需求特性，选择肥料，如化肥、缓控释肥等；老菜棚注意多施含秸秆多的堆肥，少施畜禽粪肥，这样可恢复地力，补充棚内二氧化碳，对除盐、减轻连作障碍等也有好处。

2.节水增效，合理选择追肥。根据作物不同时期养分需求规律，选择不同配方的水溶肥作追肥；根据作物不同产值，选用不同价位的水溶肥，如完全水溶肥、硝基肥、基础原料肥等；对于生产中的低温、逆光等障碍因素，可选用腐植酸、氨基酸、海藻酸等功能性肥料加以调节改善，以提高根系活力，促进根系生长。

3.作物需求，合理选择叶面肥。根据作物养分需求特性，选择中微量元素叶面肥；根据叶面肥产品特性，选择抗逆提质的功能型叶面肥。

目前设施茄子栽培的特点有：设施茄子价格较高，收益较大，生产中投入也相应增大，农户倾向于选择中高端肥料产品；设施栽培生产中均要经历一段低温期，如早春茬栽培的苗期、秋延后及越冬栽培的结果期等；设施菜地施肥量普遍过大，土壤板结、次生盐渍化现象突出；设施菜地土传病害严重等。

（1）苗期

苗期以营养生长为主，需肥量小，由于农家肥（或商品有机肥）投入量普遍较高，化学底肥可适当减小；均衡追肥，可保证养分全面且高效，有利于花芽分化。早春茬茄子在苗期时外界温度较低，地温亦较低，根系发育及生长缓慢，对养分的吸收能力较弱，因此促根抗逆显得格外重要。

原则：施足农家肥，增施有机菌肥及土壤调理剂；早春茬冲施腐植酸液体肥 1 次，促进根系生长，提高植株抗逆性，辅助补充养分。

（2）开花坐果期

随着门茄开花坐果，植株对氮、磷、钾的需求逐渐增大，应在茄子瞪眼后及时追肥满足对养分的需要。补充钙、镁、锌、硼等中微量元素，可促花保果；秋延后或越冬栽培应注意促根，提高植株抗逆性。

原则：开花期以叶面补充微量元素为主；门茄膨大后（瞪眼期），通过追肥满足果实发育对养分的需求，尤其是钾，其次是氮。

（3）结果期

此时期对养分的需求急剧增加，至对茄及四母斗茄膨大时达到顶峰；秋延后或越冬栽培的外界温度持续下降，光照条件逐渐变差，应特别注意植株根系的生长，适当增加养分供应，增加植株抗逆性；早春茬的结果期外界温度逐渐升高、光照条件逐渐转好，土壤矿化强烈，可适当减少肥料的施用量。

原则：及时追肥，以水溶性佳的中氮高钾型水溶肥为主；叶面补充中微量元素，促花保果，后期宜选择高氮型配方及氨基酸类叶面肥，防止植株早衰，延长生育期。

七、茄子科学施肥方案

1. 秋延后拱棚栽培

目标产量 4000kg/ 亩，具体施肥措施如下：

秋延后拱棚茄子套餐肥方案

施肥时期	肥料品种	施肥方式	肥料用量	方案优势
定植前	农家肥	底施	3000 ～ 5000kg/ 亩	1. 养分均衡，农家肥营养全面，供应持久；平衡型硝硫基复合肥养分丰富且均衡，满足茄子苗期对氮磷钾的需求。 2. 快速吸收：硝态氮无需转化即可快速被茄子幼苗吸收利用，促苗壮苗。 3. 改良土壤：土壤调理剂有效改善酸化土壤，补充硅钙磷钾镁等营养元素。 4. 减轻病害：有机菌肥可改善作物根际微生物群落，减轻土传病害，防治死棵。
	平衡型硝硫基复合肥	底施	50 ～ 100kg/ 亩	
	百倍邦土壤调理剂	底施	50 ～ 100kg/ 亩（根据土壤 pH）	
	有机菌肥（菌磷天下）	底施	50 ～ 100kg/ 亩	

施肥时期	肥料品种	施肥方式	肥料用量	方案优势
定植后5～7天	平衡型硝基肥	冲施	10～15kg/亩冲施1次	促进茄子缓苗及根系生长，为花芽分化及发育提供养分。
开花期	海藻酸叶面肥	喷施	50ml/亩/次喷施2～3次间隔7天左右	快速被茎叶吸收利用，及时补充植株对中微量元素的需求，有利于提高坐果率，促进果实膨大。
结果初期	20-20-20水溶肥或15-15-15硝基肥	冲施	5～10kg/亩或15～20kg/亩冲施1次	平衡型配方可很好地均衡结果初期营养生长及生殖生长对养分需求，满足门茄膨大期对氮、钾的需要。
结果盛期	16-8-34水溶肥或15-5-25硝基肥	冲施	10～15kg/亩或20～25kg/亩共冲施3～4次	1. 中氮高钾型配方含有丰富钾营养，满足茄子果实膨大期对钾的需求；叶面肥中含丰富的钙、镁等中微量元素营养，迅速补充果实生长所需的养分。2. 海藻酸液体肥可以促进茄子根系生长，提高根系对养分的吸收能力，提升茄子抗逆性；与水溶肥或硝基肥交替使用可明显提高肥料利用率。
	海藻酸液体肥	冲施	5L/亩1～2次	
	海藻酸叶面肥（含聚天冬氨酸）	喷施	50ml/亩/次间隔7天左右	
结果末期	21-6-13硝基肥	冲施	15kg/亩冲施1～2次	高氮中钾型配方可有效复壮植株，延缓植株早衰，有利于保证后期持续稳产；海藻酸液体肥可以促进茄子根系生长，提高根系活力；海藻酸叶面肥，可防止畸形果产生，提高品质。
	海藻酸液体肥	冲施	5L/亩1次	
	海藻酸叶面肥（含聚天冬氨酸）	喷施	50ml/亩/次间隔10天	

方案优势：

（1）底肥：a.养分均衡，农家肥营养全面，供应持久；平衡型硝硫基复合肥养分丰富，满足茄子苗期对氮磷钾的需求；b.快速吸收：硝态氮无需转化即可快速被茄子幼苗吸收利用，促苗壮苗。c.改良土壤：土壤调理剂有效改善酸化土壤，补充钙磷钾镁等营养元素；d.减轻病害：有机菌肥可改善作物根际微生物群落，减轻土传病害，防治死棵。

（2）幼苗期：海藻酸液体肥或20-20-20水溶肥可促进根系的生长，有利于缓苗壮苗。

（3）始花着果期：海藻酸叶面肥含有高活性的螯合态中微量元素，可快速被茎叶吸收利用，及时补充植株对中微量元素的需求，有利于提高坐果率，促进果实膨大。

（4）门茄瞪眼期：平衡型配方可很好地均衡结果初期营养生长及生殖生长对养分需求，满足门茄膨大期对氮、钾的需要。

（5）盛果期：a.中氮高钾型配方含有丰富钾营养，满足茄子果实膨大期对钾的需求；叶面肥中含丰富的钙、镁等中微量元素营养，迅速补充果实生长所需的养分；b.海藻酸液体肥可以促进茄子根系生长，提高根系对养分的吸收能力，提升茄子抗逆性。

（6）结果后期：a.中氮高钾型和高氮中钾型配方交替施用既有利于后期植株复壮、延缓衰老，又有利于持续稳产高产；b.含聚天冬氨酸叶面肥，可有效延缓叶片衰老，提高叶片光合能力，并防止畸形果产生；c.海藻酸液体肥可促进后期根系的发育及生长，利于保证后期的稳产高产。

第十七章　黄瓜

黄瓜为葫芦科黄瓜属，一年生蔓生或攀援草本。栽培历史悠久，世界范围内种植广泛。为我国北方重要蔬菜，栽培广，品种多，按栽培季节可将其分为春、夏、秋三种类型。

（一）生物学特性

（1）形态特征①根。黄瓜起源于喜马拉雅山南麓的印度北部，属热带雨林潮湿地区，土壤腐殖质含量高，保水能力强，在长期的系统发育中形成了分布浅而弱的根系。在瓜类中黄瓜属于浅根系的植物，主要根群分布在20cm左右的耕层土壤中，根系好气性强，吸收能力和抗旱能力均弱。根系木栓化早而快，断根后再生能力差，不适宜多次移苗，宜采用护根法育苗，早移栽，多带土。根颈处易发生不定根，苗期覆土可促进不定根发生，扩大根群。黄瓜根系有喜温、喜湿、好气、不耐高浓度土壤溶液等特性。②茎。黄瓜茎一般为蔓性无限生长型，五棱中空，上有刺毛，有主、侧蔓之分。以主蔓结瓜为主的品种，分枝性弱（保护地栽培多用此类型品种），而主、侧蔓均可结瓜的品种，分枝性强，主蔓上每个叶腋里都能发生侧蔓，需整枝打杈。植株5～6片叶之前，茎节短缩可直立生长，以后则节间伸长，需插架或吊蔓。第3片真叶展开后，每节都发生不分枝的卷须，靠卷须攀援生长。

③叶。黄瓜的叶分为子叶和真叶。子叶两片对称生长，呈长圆形或椭圆形。子叶大小、性状、颜色与环境条件有直接关系。发芽期观察子叶形态，能看出育苗环境的温、光、水、气等条件是否适宜（环境条件适宜，饱满的种子，子叶肥厚，成熟不充分的种子，子叶形态不整齐或出现畸形）。真叶互生，呈五角形或心脏形，叶片大而薄，上有刺毛，蒸腾系数高，加之根系浅，抗旱力弱。叶色为浓绿或黄绿色。

④花。黄瓜雌雄异花同株，单性花，偶尔也出现两性花，着生于叶腋，雌花较大，一般单生，也有两个以上簇生。雄花较小，一般簇生，也有单生的。花均为鲜黄色，通常于清晨开放。花冠钟形。雄花3个雄蕊，雌花花柱短，柱头3裂，雌花能单性结实，子房下位，雌雄花均有蜜腺，属虫媒花。雌花在蔓上出现最早节位，一般早熟品种为主蔓第3～4节，可连续发生数朵。

⑤果。黄瓜果实棒状，有刺，其大小、形状、颜色因品种而异。果皮由花托和子房壁发育而成（植物学上为假果），食用部分为中内果皮。嫩果肉质脆嫩品质佳，老熟果肉质硬化，果皮发黄，种于允实，一般每果中含种子150～300粒。

⑥种子。种子扁平，披针形或长椭圆形，表面光滑，黄白色或白色，千粒重30g左右，种子无生理休眠期，但需要后熟。种子寿命3～4年，3年以上的种子发芽力显著降低，生产上多用1～2年的种子。

一、黄瓜的生长发育过程

黄瓜在生长发育周期大致可分为发芽期、幼苗期、初花期和结果期四个时期。

1. 发芽期

由种子萌动到第一真叶出现为发芽期，约 5 ~ 10 天。在正常温度条件下，浸种后 24 时胚根开始伸出 1 毫米，48 小时后可伸长 1.5 厘米，播种后 3 ~ 5 天可出土。发育期生育特点是主根下扎，下胚轴伸长和子叶展平。生长所需养分完全靠种子本身贮藏的养分供给，为异养阶段。所以生长要选用成熟充分、饱满的种子，以保证发芽期生长旺盛。子叶拱土前应给以较高的温、湿度，促进早出苗、快出苗、出全苗；子叶出土后要适当降低温、湿度，防止徒长。此时期是分苗的最佳时期，为了护根和提高成活率，应抓紧时间分苗。

2. 幼苗期

从真叶出现到 4 ~ 5 片真叶为幼苗期，约 20 ~ 30 天。幼苗期黄瓜的生育特点是幼苗叶的形成、主根的伸长和侧根的发生，以及苗顶端各器官的分化形成。由于本期以扩大叶面积和促进花芽分化为重点，所以首先要促进根系的发育。黄瓜幼苗期已孕育分化了根、茎、叶、花等器官，为整个生长期的发展，尤其是产品产量的形成及产品品质的提高打下了组织结构的基础。所以，生产上创造适宜的条件，培育适龄壮苗是栽培技术的重要环节和早熟丰产的关键。在温度和肥水管理方面应本着"促"、"控"相结合的原则来进行，以适应此期黄瓜营养生长和生殖生长同时并进的需要。此阶段中后期是定植的适期。

3. 初花期

由真叶 5 ~ 6 片到根瓜坐住为初花期，约 15 ~ 25 天，一般株高 1.2 米左右，已有 12 ~ 13 片叶。黄瓜初花期发育特点主要是茎叶形成，其次是花芽继续分化，花数不断增加，根系进一步发展。初花期以茎叶的营养生长为主，并由营养生长向生殖生长过渡。栽培上的原则是：既要促使根的活力增强，又要扩大叶面积，确保花芽的数量和质量，并使瓜坐稳。避免徒长和化瓜。

4. 结果期

从根瓜坐住到拉秧为结果期。结果期的长短因栽培形式和环境条件的不同而异。露地夏秋黄瓜只有40天左右；日光温室冬春茬黄瓜长达120～150天；高寒地区能达180天。黄瓜结果期生育特点是连续不断地开花结果，根系与主、侧蔓继续生长。结果期的长短是产量高低的关键所在，因而应千方百计地延长结果期。结果期的长短受诸多因素的影响，品种的熟性是一个影响因素，但主要取决于环境条件和栽培技术措施。

黄瓜生育期及其发育特点

生育期	图例	标志	发育特点	需肥规律
发芽期 5～10天	根、叶形成	从播种到第一片真叶出现为发芽期。	主根下扎，下胚轴伸长和子叶展平。	此期发育主要由种子供应养分，需肥量极小，对氮需求量较高。
幼苗期 20～30天	完成器官分化＋提供壮苗	从第一片真叶出现到四五片真叶展开达团棵时为止为幼苗期。	生长发育缓慢，主茎尚能直立。主要是幼苗叶的形成、主根的伸长及苗端各器官（花等）的分化形成。	该生长期生长量小，对肥料的需求量也较小，主要对磷的要求较高，其需肥量占整个生育期不足5%。

（续表）

生育期	图例	标志	发育特点	需肥规律
抽蔓期 10～20天	由营养生长向生殖生长过渡的重要时期	从第4～5片真叶展开到第1雌花开放（根瓜坐住）为抽蔓期。	雄花一般先开放。茎、叶形成，花芽继续分化，根系进一步伸长。从第4片真叶后开始出现卷须，需有攀援物方可向上生长。	对养分的需求占整个生育期10%左右，增施氮肥，配施磷钾肥。
结瓜期30天～150天	养分管理及农民采收的关键时期	由第一雌花坐住瓜到拉秧（收藤）为止为结果期。	生长发育快速。营养生长和生殖生长并进（根系和蔓叶连续生长的同时，连续开花，连续坐果）。	需大量肥料，对氮、磷、钾需求占整个生育期的80%以上，应保持肥料的持续、大量、平衡供应。

注：南方露地夏秋季黄瓜结瓜期30天左右，北方日光温室冬春季黄瓜可达100～150天。

二、黄瓜对环境条件的要求

1. 黄瓜对温度条件的要求

黄瓜属喜温性蔬菜，生长适温为25～30℃，光合作用适温25～32℃。为了促进雌花的形成和减少呼吸的消耗，应保持昼温22～28℃，夜温17～18℃或至少在13～14℃以上，在10～12℃停止生长，-2～0℃受冻致死，30℃以上的高温同化效能降低，影响花粉萌发，果实畸形或有苦味。

种子发芽的适温27～29℃；幼苗期昼温25～29℃，夜温15～18℃；开花结果期昼温25～29℃，夜温18～22℃；采收盛期以后温度应稍低，以防止植株衰老，维持较长的采收时期。

黄瓜根系生长的适宜地温 20 ~ 23℃，10 ~ 12℃停止生长，必须在 15℃以上。地温一般较气温低约 5℃。较高的地温促进同化产物向下位叶和根系分配，有利于根的生长；相反，地温低则有利于同化产物向上位叶分配，地上部发育旺盛。

2. 黄瓜对光照的要求

黄瓜需较强的光照，叶片光合作用的饱和点 5.5x10' 勒克斯，补偿点 2000 勒克斯，黄瓜对光的要求不如甜瓜严格，能适应较弱的光强，故适于冬春保护地栽培。但光照不足，对产量和品质亦有不利的影响。在日照条件充分时，较高的日温和充足的二氧化碳浓度，光合效能明显提高；但在日照不足时，即使温度和空气中二氧化碳的浓度较高，光合效能提高甚微，光照成为限制因子。

对光合作用效果大的是红光（600 ~ 700 纳米）、蓝光（400 ~ 500 纳米）波段。研究普通日光型荧光灯在功率相同光质不同的条件下对黄瓜幼苗生长的影响，红光下幼苗的干物质积累较多，叶面积扩展快，光合作用速率、叶绿素含量、可溶性糖和总糖均最高。

较短的日照有利于雌花的形成，但品种间对短日照反应不同。

3. 黄瓜对湿度的要求

黄瓜根系浅，叶面积大，对空气湿度和土壤水分要求比较严格。黄瓜的适宜土壤湿度为土壤持水量的 60% ~ 90%，苗期约 60% ~ 70%，成株约 80% ~ 90%。黄瓜的适宜空气相对湿度为 60% ~ 90%。理想的空气湿度应该是：苗期低，成株高；夜间低，白天高。低到 60% ~ 79%，高到 80% ~ 90%。

黄瓜喜湿怕旱又怕涝，所以必须经常浇水才能保证黄瓜正常结果和取得高产。但一次浇水过多又会造成土壤板结和积水，影响土壤的透气性，反而不利于植株的生长。特别是早春、深秋和隆冬季节，土壤温度低、湿度大时极易发生寒根、沤根和猝倒病。故在黄瓜生产上浇水是一项技术要求比较严格的管理措施。

黄瓜对空气相对湿度的适应能力比较强，可以忍受95%～100%的空气相对湿度。但是空气相对湿度大很容易发生病害，造成减产。所以棚室生产阴雨天以及刚浇水后，空气湿度大，应注意放风排湿。在生产上采用膜下暗灌等措施使土壤水分比较充足，湿度较适宜，此时即使空气相对湿度低，黄瓜也能正常生育，且很少发生病害。

黄瓜在不同生育阶段对水分的要求不同。幼苗期水分不宜过多，水多容易发生徒长，但也不宜过分控制，否则易形成老化苗。初花期对水分要控制，防止地上部徒长，促进根系发育，建立具有生产能力的同化体系，为结果期打好基础。结果期营养生长和生殖生长同步进行，叶面积逐渐扩大，叶片数不断增加，果实发育快，对水分要求多，必须供给充足的水分才能获得高产。

4. 黄瓜对气体的要求

大气中氧的平均含量为20.79%。土壤空气中氧的含量因土质、施有机肥多少、含水量大小而不同，浅层含氧量多。黄瓜适宜的土壤空气中氧含量为15%～20%。低于2%生长发育将受到影响。黄瓜根系的生长发育和吸收功能与土壤空气中氧的含量密切相关。生产上增施有机肥、中耕都是增加土壤空气氧含量的有效措施。在常规的温度、湿度和光照条件下，在空气中二氧化碳含量为0.005%～0.1%的范围内，黄瓜的光合强度随二氧化碳浓度的升高而增高。也就是说在一般情况下，黄瓜的二氧化碳饱和点浓度为 0.1%，超出此浓度则可能导致生育失调，甚至中毒。黄瓜的二氧化碳补偿点浓度是 0.005%，长期低于此限可能因饥饿而死亡。但在光照强度、温度、湿度较高的情况下，光合作用的二氧化碳饱和点浓度还可以提高。空气中二氧化碳的浓度约为 0.03%。露地生产由于空气不断流动，二氧化碳可以源源不断地补充到黄瓜叶片周围，能保证光合作用的顺利保护地栽培，特别是日光温室冬春茬黄瓜生产，严冬季节很少放风，室内二氧化碳不能像露地那样随时充，必将影响光合作用。生产上可以通过增施有机肥和人工施放二氧化碳的方法得以补充。

黄瓜对土壤的要求为浅根系作物，吸收肥水能力差。所以要求含有机质丰富、通气性好的肥沃壤土。在砂性土壤上栽培春土壤增温快，土壤通气性好，生长前期易发苗，但漏水，漏肥严重，植株易早衰。栽培中应多施有机常追肥浇水，而在黏性土壤上栽培黄瓜，土壤通气性差、排水不良，早春增温慢，黄瓜苗期不易发苗，但坐果后生长速度加快，即"发老不发小"。在黏性土壤上栽培，早春要注意采取保温和增温措施，防止沤根等现象发生，栽培中也要加强施入有机肥。

黄瓜喜欢中性偏酸性的土壤，在土壤酸碱度为 pH5.5 ~ 7.2 的范围内都能正常生长发育，但以 pH6.5 为最适。pH 过高易烧根死苗，发生盐害；pH 过低易发生多种生理障碍，黄化枯萎，pH4.3 以下黄瓜就不能生长。

在保护地栽培条件下，由于化肥施用量过多，同时又没有良好的雨水淋溶作用，致使土壤发生次生盐渍化的现象较为普遍，程度较为严重，影响黄瓜的正常生长，因此，对水溶性盐含量较高的保护地要尽可能增施有机肥，或使之多接受雨水，把盐分淋溶到土壤下层（或农闲时大水漫灌压盐），以减少其危害。

三、黄瓜的需肥规律

黄瓜植株自定植以后到采收盛期直至拉秧期，其生长量是不断增大的，对干物质的积累量不断增加。露地栽培的黄瓜定植至初花期，每亩干物质积累量只有22.8千克，平均积累速度每日每亩为1.23千克。以后根系生长随条件改善逐渐旺盛，营养生长和生殖生长同时进行，干物质积累速度明显加快，到采收始期，每亩干物质积累量是定植至初花期的5.8倍。随着黄瓜生育期的推进，其生长量越来越大，采收始期到采收盛期和采收盛期到拉秧期，每亩干物质积累量分别达到322.9千克和555.2千克，相应的积累速度每日每亩分别为10.93千克和17.86千克。统计分析表明，黄瓜不同生育期对养分的吸收量与干物质的增长量成正相关，其中氮、磷、钾达到显著水平，钙、镁不显著。

初花期以前黄瓜对氮的吸收量很小，18天每亩吸收量只有0.86千克，占全生育期总吸收量的6.5%，吸收强度每日每亩为46.1克；随着生育期的推进，对氮的吸收逐渐增多，到采收始期每亩累积吸收量达到4.6千克，占总吸收量的35.6%，吸收强度每日每亩26.4克；采收始期以后对氮的吸收速度有所降低，采收盛期以后又有所回升，并逐步达到整个生育期的最高峰。

黄瓜前期对磷的吸收量较小，随着生育期的推进逐渐增大，最大吸收量出现在拉秧期。全生育期对磷的平均吸收速度每日每亩为207.3克。

黄瓜对钾的吸收也是前期较小，以后渐大，其最大吸收量出现在采收盛期，累积达到总吸收量的70.0%，吸收速度每日每亩为426.7克，是整个生育期平均吸收速度的1.5倍。

黄瓜对钙的吸收同样是前期较小，以后递增。从不同元素吸收量来讲。钙的吸收量在黄瓜整个生育期内始终处于最大，特别是采收盛期至拉秧期，13天时间每亩吸钙量就高达14.6千克，为同期氮、磷、钾三要素吸收量的2.6～3.1倍。

黄瓜对镁的吸收量在以上5种营养元素中始终处于最小，整个生育期的平均吸收速度每日每亩为100.8克，不同生育期对镁的吸收过程与钾相近。

综合国内相关资料可以得出，每生产1000千克黄瓜需要的各种养分量分别为氮2.8～3.2千克、磷0.8～千克、钾3.0～4.4千克、钙5.0～5.9千克、镁0.8～1.2千克。

研究表明，初花期以前，黄瓜所吸收的养分主要分配于茎叶，其中叶片中养分吸收率最大的是钙，其次是、氮、磷，钾最小；茎中养分吸收率正好相反，钾最大，磷次之，氮、镁、钙依次减少。采收始期茎叶中各营养元素吸收率大小顺序与初花期基本相同，只是根的吸收率明显减少。同时，伴随着果实的形成和膨大，各养分不同程度地向果实转运，但不同元素间差别很大。以后，随着果实的分期采收和黄落叶的出现，黄瓜不同器官的养分吸收率发生了相应的变化。拉秧期根对各营养元素的吸收率大小的顺序为磷＞钾＞氮＞镁＞钙，茎为钾＞磷＞氮＞钙，绿叶为钙＞镁＞磷＞氮＞钾，果实为氮＞钾＞磷＞镁＞钙，黄落叶为镁＞钙＞磷＞钾＞氮。

从各种矿质元素在各器官中的分配规律可以看出，氮、钾元素在植株体内移动性较大，分配于果实中的较多。因此，在黄瓜营养生长与生殖生长并行的阶段，要及时补充氮、钾肥料，这是黄瓜高产的保证。磷，钾在根中积累相对较多，是促进根系形成，维持根系活动的主要营养元素，因此生产上要求在黄瓜生长前期应施足磷、钾肥，特别是磷肥。从中还可以看出，钾分配于茎中最多，钙、镁直接参与组织的构成，移动性很小，在叶中含量最多。

冬春茬栽培黄瓜－不同时期形成1000kg黄瓜

所需要吸收的营养元素量（kg）

营养元素	生育期				
	初瓜期	盛瓜初期	盛瓜中期	盛瓜末期	末瓜期
N	1.9	2.1	2.7	2.2	1.8
P_2O_5	1.4	1.5	1.6	1.2	1.0
K_2O	3.6	3.2	3.4	2.7	1.9

注：每个生育期历时1个月左右。

寿光地区黄瓜物候期调查

类型	茬口	主要物候期	
		定植	收获
日光温室	早春茬	1月下旬至2月上旬	3月下旬至7月中旬
	秋冬茬	7月下旬至8月下旬	9月下旬至1月下旬
塑料大拱棚	春茬	2月上旬	6月中下旬
	秋茬	6月中下旬	7月下旬初至11月初

在寿光地区，日光温室是黄瓜的主要种植模式，主要分秋冬茬和早春茬两个茬口；塑料大拱棚主要在早秋茬。不同的种植模式下，相似茬口的定植－拉秧期、目标产量及对应的养分带走量均不尽相同，相比于日光温室栽培，大棚栽培的秋茬定植期和拉秧期都相应推迟，是由于同一时期日光温室和大棚两种设施内的温度和光照环境不同。在两种种植模式下，冬春茬比秋冬茬的产量要高，相应的氮、磷、钾养分带走量也高。近年来，因为塑料大拱棚造价低，用地面积少，产量也不低等优点，逐渐有兴起之势。

寿光地区不同种植模式下高产目标产量及氮、磷、钾养分带走量

类型	茬口	目标产量（t/亩）	养分带走量（kg/亩）				
			N	P	K	Ca	Mg
日光温室	早春茬	8～10	22.4～32	6.4～13	28.8～40	23.2～39	4.8～7
	秋冬茬	5～7	14～22.4	4～9.1	18～30.8	14.5～27.3	3～4.9
塑料大拱棚	春茬	8～10	22.4～32	6.4～13	28.8～40	23.2～39	4.8～7
	秋茬	3～5	8.4～16	2.4～6.5	10.8～22	8.7～19.5	1.8～3.5

　　日光温室黄瓜果实和植株的干物质积累都呈"S"形曲线。具体表现为，幼苗期黄瓜干物质积累很少。定植后至初瓜期是营养生长快速期，干物质积累以茎叶为主。初瓜期至盛瓜期是营养生长与生殖生长并进阶段，两者的积累量都比较大。盛瓜初期以后营养生长减慢，果实干物质积累量加快至盛瓜后期达到最大。盛瓜后期之后果实的干物质积累速度下降。通过计算可知，植株生长快速期为初瓜期和盛瓜初期，积累量分别占整个生育期的52.4%和22.3%；果实快速生长期在盛瓜期，积累量占整个生育期的90.7%。各个生育期各器官的干物质配分规律见下图。

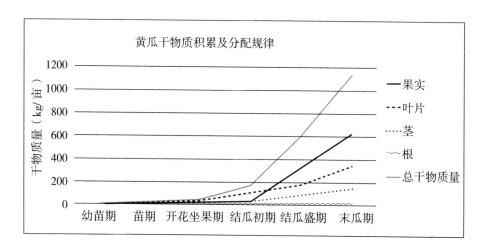

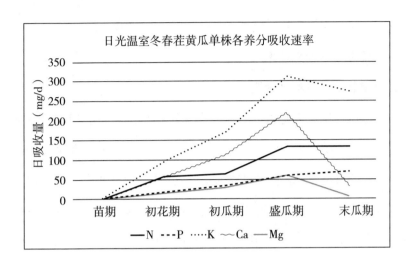

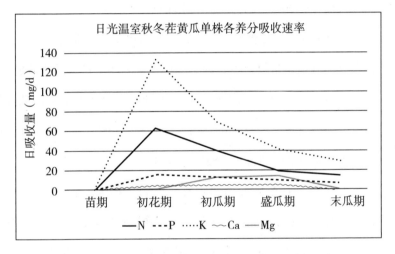

日光温室内的不同环境对黄瓜各养分的吸收及分配有一定的影响，其中结瓜期的影响最为显著。冬春茬较秋冬茬利于黄瓜根系发育和对各养分的吸收分配，具体表现为冬春茬黄瓜根系生长速率、根系活力均高于秋冬茬。由上两图可知，冬春茬和秋冬茬在初花期至结瓜盛期的养分吸收规律差别最大，在此时期内，冬春茬黄瓜对养分的吸收速率不断增加，而秋冬茬则是从初花期至初瓜期吸收速率有所下降，随后在初瓜期至盛瓜期又有所提升。

四、黄瓜科学施肥技术

1. 设施栽培黄瓜科学施肥

（1）施肥原则。设施黄瓜的种植季节分为秋冬茬、越冬长茬和冬春茬，针对其生产中存在的过量施肥，施肥比例不合理，过量灌溉导致养分损失严重，施用的有机肥料多以畜禽粪为主导致养分比例失调和土壤生物活性降低，以及连作障碍等导致土壤质量退化严重，养分吸收效率下降，蔬菜品质下降等问题，提出以下施肥原则：合理施用有机肥料，提倡施用优质有机堆肥（建议施用植物源有机堆肥），老菜棚注意多施高碳氮比的外源秸秆或有机肥料，少施畜禽粪肥；依据土壤肥力条件和有机肥料的施用量，综合考虑土壤养分供应，适当调整氮、磷、钾肥的用量；采用合理的灌溉施肥技术，遵循"少量多次"的灌溉施肥原则；氮肥和钾肥主要作为追肥，少量多次施用，避免追施磷含量高的复合肥，苗期不宜频繁追肥，重视中后期追肥；土壤酸化严重时应适量施用石灰等酸性土壤调理剂。

（2）施肥建议。育苗肥增施腐熟有机肥料，补施磷肥，每10米2苗床施用腐熟的有机肥料60 ~ 100千克、钙镁磷肥0.5 ~ 1千克、硫酸钾0.5千克，根据苗情喷施0.05% ~ 0.1%尿素溶液1 ~ 2次；基肥施用优质有机肥料2000千克/亩。

产量水平为14000 ~ 16000千克/亩时，推荐施用氮肥（N）40 ~ 45千克/亩、磷肥（P_2O_5）13 ~ 18千克/亩、钾肥（K_2O）50 ~ 55千克/亩；产量水平为11000 ~ 14000千克/亩时，推荐施用氮肥（N）35 ~ 40千克/亩、磷肥（P_2O_5）12 ~ 17千克/亩、钾肥（K_2O）40 ~ 50千克/亩；产量水平为7000 ~ 11000千克/亩时，推荐施用氮肥（N）28 ~ 35千克/亩、

磷肥（P$_2$O$_5$）11～13千克/亩、钾肥（K$_2$O）30～40千克/亩；产量水平为4000～7000千克/亩时，推荐施用氮肥（N）20～28千克/亩、磷肥（P$_2$O$_5$）10～12千克/亩、钾肥（K$_2$O）25～30千克/亩。

如果采用滴灌施肥技术，可减少20%的化肥施用量，如果大水漫灌，每次施肥则需要增加20%的肥料用量。

对于设施黄瓜，全部有机肥料和磷肥作为基肥施用；初花期以控为主，全部的氮肥和钾肥按生育期养分需求定期分6～8次追施；每次追施氮肥数量不超过5千克/亩；秋冬茬和冬春茬的氮钾肥分6～7次追肥，越冬长茬的氮钾肥分8～11次追肥。如果采用滴灌施肥技术，可采取少量多次的原则，灌溉施肥次数在15次左右。

2. 露地栽培黄瓜科学施肥

（1）育苗施肥。要重视苗期培养土的制备，一般可用50%菜园土、30%草木灰、20%腐熟的干猪粪掺匀组成。幼苗期不易缺肥，如发现缺肥现象可增加营养补液。其配方是：0.3%尿素和0.3%磷酸二氢钾混合液，可结合浇水施用5%～10%充分腐熟的人类尿进行追肥。在幼苗期适当增施磷肥，可增加黄瓜幼苗的根重和侧根的条数，加大根冠比值。

（2）大田基肥。种植黄瓜的菜田要多施基肥，一般每亩普施腐熟厩肥5000～6000千克，还可再在畦内按行开深、宽各30厘米的沟，施饼肥100～150千克和黄瓜专用配方肥40千克，然后覆平畦面以备移植。

（3）大田追肥。根据每亩生产5000千克以上产量计算，从黄瓜定至采收结束，共需追肥8～10次。

定植后，为促进缓苗和根系的发育，在浇缓苗水时追施人粪尿或沤制的畜禽粪水，也可用迟效性的有机肥料，开沟条施或环施。在缺磷的菜园土中，也可每亩再追施过磷酸钙 10 ~ 15 千克。在此之后追肥以速效性氮肥为主，化肥与人粪尿交替使用，每次每亩施用尿素 8 ~ 10 千克或冲施黄瓜专用冲施肥 15 ~ 20 千克。在采瓜盛期，要增加追肥次数和数量，并选择在晴天追施，冲施黄瓜专用冲施肥 20 ~ 25 千克。还可结合喷药时叶面喷施 1% 尿素和 1% 磷酸二氢钾混合液 2 ~ 3 次，可促瓜保秧，力争延长采收时期。

五、黄瓜施肥原则

合理施肥，既能最大限度的提高肥料利用率，同时又能提高农作物产量、改善品质、获得显著的经济效益；既有利于培肥地力，保护农产品和生态环境不受污染，又有利于农业的可持续发展。要想做到合理施肥，就要遵循以下原则：

有机肥和无机肥合理配施有机肥和化肥是两种不同性质的肥料，有机肥的优点正是化肥的缺点，而化肥的优点正是有机肥的缺点，两者配合施用，可以取长补短，增进肥效，是保障农田高产稳产的有效措施。

科学配比，平衡施肥施肥应根据土壤条件、作物营养需求和季节气候变化等因素，调整各种养分的配比和用量，保证作物所需的营养比例平衡供给。除了有机肥和化肥，微生物肥、微量元素肥、氨基酸等营养肥，可以通过根施或者叶面喷施作为作物的营养补充。要注意氮、磷、钾等大量营养元素与中、微量元素之间的平衡，还要注意各养分之间的化学及拮抗作用，比如寿光地区大量施用钾肥，造成植株缺镁现象较为普遍。

在制定套餐施肥方案时，我们主要依据以下三大要点：

1. 以改土培肥为主，合理选择基肥。根据土壤现状，选用改土产品，如土壤调理剂、有机肥、生物有机肥等；根据作物养分需求特性，选择肥料，如化肥、缓控释肥等；老菜棚注意多施含秸秆多的堆肥，少施畜禽粪肥，这样可恢复地力，补充棚内二氧化碳，对除盐、减轻连作障碍等也有好处。

2. 节水增效，合理选择追肥。根据作物不同时期养分需求规律，选择不同配方的水溶肥作追肥；根据作物不同产值，选用不同价位的水溶肥，如完全水溶肥、硝基肥、基础原料肥等；对于生产中的低温、逆光等障碍因素，可选用腐植酸、氨基酸、海藻酸等功能性肥料加以调节改善，以提高根系活力，促进根系生长。

3. 作物需求，合理选择叶面肥。根据作物养分需求特性，选择中微量元素叶面肥；根据叶面肥产品特性，选择抗逆提质的功能型叶面肥。

在使用营养管理方案时，遵守以下三个原则：

1. 总量控制。根据作物目标产量及土壤养分供应状况确定肥料需求总量，综合考虑环境养分供应，适当调减氮磷化肥用量，结合施肥灌溉方式微调肥料需求总量。如滴灌条件下，应减少每次的肥料施用量。

2. 合理分配。根据作物生长发育规律，确定养分分施比例；根据土壤类型、作物生育期等确定分施次数。

3. 适量补充。根据作物长势及天气状况确定叶面肥和功能性水溶肥的施用次数及用量。如早春温度低，土壤有机养分供肥慢，前期追肥要跟上，5月份后减少氮肥追施，增加钾肥的施用；初秋温度高，土壤有机营养供应能力强，前期以控为主，不需要追肥，后期温度低时，追施功能性水溶肥。

六、肥料与水分管理

1. 基肥

通常情况下，基肥的选择与施用应结合设施菜田的种植年限和地力来判断。一般地，新菜田（小于 5 年）土壤地力不足，土壤障碍现象较少发生，应以补充有机碳培肥地力为主，可以施用有机质含量较高的有机肥；老菜田（大于 5 年）有机质含量相对较丰富，但土壤障碍相对较严重，应以改土促生为主，可以施用相应的酸碱改良剂、生物有机肥、腐植酸类有机肥。此外，无论是新菜田还是老菜田，均可施用腐植酸类肥料来改良土壤。

2. 追肥

目前，设施蔬菜生产中的追肥多采用水溶性较好的肥料品种，如硝基肥、水溶肥等。通常设施果类蔬菜的追肥选择应首先根据作物不同生育期养分需求特征选择营养型肥料产品，然后结合作物生产中的障碍因素选择功能性肥料产品，最后根据作物的产值与施肥方式选择合适价位肥料种类，并结合基肥施用原则选择相应果类蔬菜套餐施肥组合。

一般地，果类蔬菜的养分吸收规律基本类似，均符合"S"型吸收曲线。追肥的肥料类型可参考下表。

设施果类蔬菜营养管理方案追肥的选择方案

施肥时期	肥料类型	功效
苗期	高磷高氮型、平衡型、腐植酸型	促进根系发育
开花坐果期	平衡型	促花保果
结果初期	高钾型	平衡生长
结果盛期	高钾型、腐植酸型、中微量元素型	促果防缺素
结果末期	高氮高钾型	持续供应

在选择所用追肥时，也应结合实际生产情况给予适当调整。如当土壤肥力较差时，可在苗期选择高磷的水溶肥；而当土壤速效钾含量很高时，可考虑低钾配方水溶肥，以防因钾素供应过高引起钙镁养分离子的生理性

缺乏；对于土壤酸化、板结严重的大棚或处于温度较低的生产季节时，可以选择腐植酸类水溶性肥料，进行土壤改良，促进植株根系发育，提高抗逆性；对于连作障碍的设施菜田，可以选择有机液体生物肥，来调节土壤根区微生态环境，进而改良土壤。

3. 叶面肥

叶面施肥是土壤施肥的重要补充，选择上按照"因缺补缺"的原则，以补充中微量元素为主兼顾抗逆提质。不同时期叶面肥的选择可参考下表。

设施果类蔬菜营养管理方案叶面肥的选择方案

生育期	叶面肥类型	作用
苗期	营养型叶面肥	促进番茄生长发育
	功能型叶面肥（腐植酸类）	刺激作物生长，促进根系发达，增强作物的抗逆性
开花坐果期 结果初期	功能型叶面肥（中微量元素）	保花促果
结果盛期	中微量元素叶面肥	补充中微量元素为主，防止缺素症状发生
	功能性叶面肥（氨基酸、海藻酸、糖醇、腐植酸类）	增强抗逆性，改善品质。
结果末期	大量元素叶面肥	补充营养元素

4. 水分管理

设施蔬菜生产中多采用大水漫灌或畦灌的灌溉方式，这种灌溉方式的灌溉量大极易导致损失。目前市面上推广应用较多的追肥产品多为溶解性较好的水溶肥和硝基肥，如一次过量的灌溉往往会造成养分的淋洗损失，易导致作物出现脱肥现象，影响肥料施用效果。故在生产中应适当推荐合理的灌溉量，如在漫灌条件下，通常砂壤土每次每亩的灌溉量不宜超过20方，砂土不超过10方。生产中可结合蔬菜的生育期进行少量多次灌溉。

七、设施黄瓜科学施肥方案（以北方日光温室为例）

设施黄瓜营养管理方案施肥方案（以北方日光温室为例）

时间	发芽期	幼苗期	抽蔓期	结瓜初期	结瓜盛期	结瓜末期
	根、叶形成	完成器官分化＋壮苗	营养生长向生殖生长过渡的重要时期	养分管理和农民采收的关键时期	结瓜盛期	
10月	需肥量极小，不足整个生育期的5%，养分基本由种子本身和苗床土提供	苗床土育苗，基本不需额外养分	养分需求占全生育期的10%左右，对氮磷钾的需求比例为1：0.72：1.41	养分需求占全生育期的15%左右，对氮磷钾的需求比例为1：0.74：1.85	养分需求占全生育期的50%以上，对氮磷钾的需求比例为1：0.62：1.34。	养分需求占全生育期的10%左右，对氮磷钾的需求比例为1：0.59：1.07。

（续表）

时间	发芽期	幼苗期	抽蔓期	结瓜初期	结瓜盛期	结瓜末期
11月		底肥施用（亩）： 1. 农家肥（充分腐熟） 5000～6000kg； 2. 百倍邦土壤调理剂 100～150kg； 3. 洋丰硫复合肥（15－ 15－15）100～150kg； 4. 菌磷天下80～100kg				
12月			喷施海藻叶面肥3 次（间隔7～10天）			
次年 1月				1. 水白金大量元 素水溶肥（20－20－ 20）5～10kg/亩； 2. 洋丰美溶水溶肥 5L/亩； 3. 喷施海藻叶 面肥两次（间隔 7～10天）		

（续表）

时间	发芽期	幼苗期	抽蔓期	结瓜初期	结瓜盛期	结瓜末期
2月						
3月						
4月					1. 冲施水白金水溶肥（14-6-38）10～15kg/亩（间隔7～10天）； 2. 冲施洋丰美溶肥5L/亩（间隔14天）； 3. 喷施海藻酸叶面肥（间隔7～10天）	
5月						1. 冲施洋丰至尊硫基复合肥（15-5-25）7～10kg/亩； 2. 喷施海藻酸叶面肥（间隔7～10天）

（续表）

时间	发芽期	幼苗期	抽蔓期	结瓜初期	结瓜盛期	结瓜末期
施肥优势		1. 底肥充足，满足作物生长要求； 2. 菌藤天下能改善土壤菌群活性，提高作物抗逆性； 3. 百倍邦土壤调理剂能改良土壤	富含钙、镁及有机活性物质，提高叶片光合作用；促进花芽分化，提高坐果率	1. 均衡性水溶肥满足黄瓜结果初期满足养分需求； 2. 洋丰美溶水溶肥促进作物根系生长，使植株健壮； 3. 海藻酸叶面肥富含海藻酸、聚天冬氨酸等有机活性物质，能提高作物抗性，促进开花坐果	1. 高钾型水溶肥能满足黄瓜结果盛期的养分需求； 2. 洋丰美溶水溶肥+叶面肥富含海藻酸、聚天冬氨酸等有机活性物质，能提高作物抗性，促进开花坐果	1. 复合肥能满足黄瓜结果末期的养分需求； 2. 海藻酸叶面肥能提高作物抗性，延长坐果时期

第十八章　水肥一体化技术

农业部《到 2020 年化肥使用量零增长行动方案》提出：到 2020 年，机械施肥将占主要农作物种植面积的 40% 以上，提高 10 个百分点；水肥一体化推广面积 1.5 亿亩，增加 8000 万亩。"液体肥料作为水肥一体化的重要组成部分，营养均衡，效果稳定，吸收利用率高，更安全、更绿色、更环保，符合发展趋势，应大力推广与应用。"

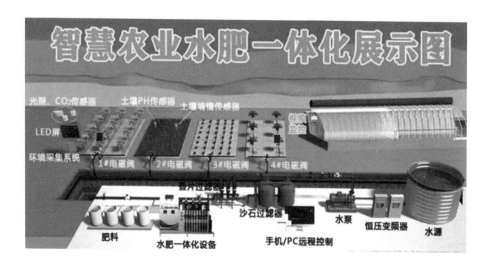

一、水肥一体化技术

狭义来讲，就是通过灌溉系统施肥，作物在吸收水分的同时吸收养分。通常与灌溉同时进行的施肥，是在压力作用下，将肥料溶液注入灌溉输水管道而实现的。溶有肥料的灌溉水，通过灌水器（喷头、微喷头和滴头等），将肥液喷洒到作物上或滴入根区。

广义讲，就是把肥料溶解后施用，包含淋施、浇施、喷施、管道施用等。

水肥一体化是指将灌溉与施肥融为一体的农业新技术，水肥一体化技术借助外部压力系统将肥料按土壤养分含量和作物种类的需肥规律及特点进行配兑，由可控管道系统传送到营养液池内进行相融，再通过管道或滴头形成滴灌，均匀、定时、定量的浸润农作物根系的发育生长区域，使主要根系土壤始终保持疏松和适宜的含水量。水肥一体化技术可以根据不同作物的需肥特点、土壤环境和养分含量状况、作物不同生长时期的需水、需肥规律情况进行不同生育期的需求设计，把水分、养分定时定量的按比例直接提供给作物。相比一般的水肥施用方法，水的利用率提高40% ~ 60%，肥料利用率提高30% ~ 50%，它可以避免肥料施在较干的表土层易引起的挥发损失、溶解慢，最终肥效发挥慢的问题，既节约氮肥又有利于环境保护。

1. 直接将水和营养送到作物根部，利于吸收；

2. 蒸发率低，防止水土流失，深层渗透；

3. 能更有效的、准确地提供水与养分，植株获得等量的水和营养；

4. 按作物的生长与收获计划提供水与营养，提高产量和品质，是实现农产品标准化的重要手段；

5. 操作简单，节水节肥和节约能源，节省大量劳动力等生产成本；

6. 防止土壤侵蚀、盐碱化。

二、水肥一体化技术的理论基础

植物有两张"嘴巴",根系是它的大嘴巴,叶片是小嘴巴。大量的营养元素是通过根系吸收的。叶面喷肥只能起补充作用。我们施到土壤的肥料怎样才能到达植物的嘴边呢?通常有两个过程。一个叫扩散过程。肥料溶解后进入土壤溶液,靠近根表的养分被吸收,浓度降低,远离根表的土壤溶液浓度相对较高,结果产生扩散,养分向低浓度的根表移动,最后被吸收。另一个过程叫质流。植物在有阳光的情况下叶片气孔张开,进行蒸腾作用(这是植物的生理现象),导致水分损失。根系必须源源不断地吸收水分供叶片蒸腾耗水。靠近根系的水分被吸收了,远处的水就会流向根表,溶解于水中的养分也跟着到达根表,从而被根系吸收。因此,肥料一定要溶解才能被吸收,不溶解的肥料植物"吃不到",是无效的。在实践中就要求灌溉和施肥同时进行(或叫水肥一体化管理),这样施入土壤的肥料被充分吸收,肥料利用率大幅度提高。

三、水肥一体化的基本原理

从水肥一体化的名称看,水和肥两部分的问题。这个水也就是滴灌,行业中称为滴灌技术。在没有水溶肥之前,滴灌也就是一种灌溉方式。它的工作原理:把水进行加压,然后由滴灌的管道系统输入到滴灌系统的毛细管道,最后在毛细管道上安装滴灌喷头或滴灌带即可。这个水也就是缓慢的滴入到土壤中,而且这个水都不会浪费,完全深入到土壤中,尤其是作物附近。其中滴灌省水的问题,在喷头是可以调节的,也可以控制滴灌的时间。

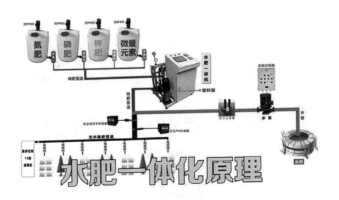

"肥"必须是水溶性肥，也就是说是完全溶解于水的肥料。完全溶解于水，是水肥一体化的关键。另外一个要点，这个肥还要保证流入量流到滴灌系统中去。这就涉及到一个设施："施肥器"，现在最为流行的有三种：文丘里施肥器、压差施肥器和水肥一体机。

①文丘里施肥器

文丘里施肥器投资成本非常低，主要是它可以在施肥的过程中，可以恒定地把肥注入到滴灌系统中。其中注入滴灌系统的肥速度也可以进行调控，缺点肥比较单一，不能多种同时混合使用。适合小规模使用，效果不错。

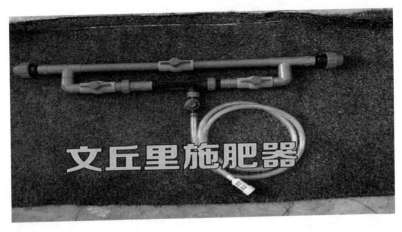

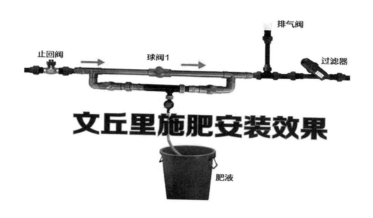

②压差施肥器

压差施肥器行业中习惯成为压差施肥罐，原因外观像罐子。它的适用范围主要是在大田种植的模式，它的管道都比较粗，施肥速度也比较快。但是也有缺点，就是施肥后期施肥的浓度会越来越低。对于施肥量的控制，主要也是调节进入罐的压力阀进行调整，这个就需要经验调整流速了。与文丘里施肥器基本相似，只是压差施肥的规模比较大。

③水肥一体机

水肥一体机可以同时施入多种不同的肥料，而且施入的用量可以精确控制。比如：水肥之间混合会发生反应，其他的施肥设施必须要进行分开施肥，这个就比较麻烦。而水肥一体机，它就可以进行电脑设置，可以把多种肥进行分开注入到滴灌系统中去。而且每亩地需要的施肥量都是非常精准的，设置多少就可以施入多少。目前大型的种植和基质栽培中广泛应用的。

根据实际的种植情况选择合适的施肥器。一般小规模使用文丘里即可、大田种植选择压差施肥罐、种植要求比较的高的采用水肥一体机，这个施肥更加精确。

四、水肥一体化系统

简单说就是灌溉与施肥结合为一体。前提条件就是把肥料先溶解。然后通过多种方式施用。如叶面喷施、挑担淋施和浇施、拖管淋施、喷灌施用、微喷灌施用（南方最普及水带喷施）、滴灌施用、树干注射施用等。其中滴灌施用由于延长了施肥时间，效果最好，最节省肥料。

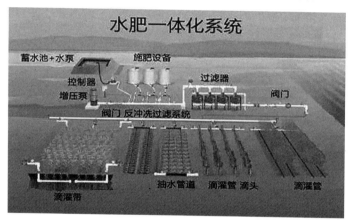

水肥一体化是由恒压供水、过滤系统、智能水肥中控系统、灌溉管理系统以及检测系统等组成。

1.恒压供水

恒压供水是不可缺少的一环，它可以维持水压恒定，保证供水速度及质量。能够自动控制，不需要人员频繁操作，降低了人员的劳动强度，节省了人力。还能够充分利用各种水源进行灌溉，精准控制水压，可以对供水量进行调蓄等。包括地下水、湖水、河水、雨水等水源都可以用作灌溉，适用于农业排灌、园林喷淋、水景、污水泵站等多个地区。

2. 过滤系统

过滤是水肥一体化的关键，具有砂石过滤器、网式过滤器、叠片过滤器、离心过滤器等多种样式，大多应用于大田作物、瓜果、蔬菜、大棚温室等种植项目，它可以过滤掉水里的杂质，让系统运行更加长久，并保持良好的状态。能够大容量地进行过滤，具备自动反冲洗功能，更有EC、PH实时检测，观察水质情况。可以根据参数或空间兼容性进行配置。安全性能高，工作效率高，使维护频率和强度最小化，最大程度减少水耗。

3. 智能水肥中控系统

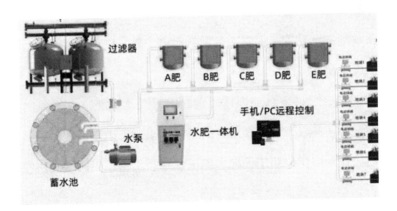

水肥一体机是由人机交互系统、注肥泵以及注肥通道等组成，能够检

测土壤及空气的温湿度变化、EC 值以及 PH 值，并支持手机 APP 远程控制。会根据所设定的施肥量、浇灌时长等，自动进行配肥浇灌，通过管道系统精准地输送到农作物根系，给予农作物均衡合理的养分供应，发挥水肥最大效率，节水节肥。

水肥一体机具备多种施肥方式，支持轮灌，支持多管道施肥，操作简单易懂，能够改善农作物品质，提高农业经济效益，并且减少能源的消耗，降低人力成本，适用于高标农田、温室大棚、果园等多种场景。

自带土壤传感器：实时检测土壤肥料浓度、土壤含水量、土壤温度。

支持手机 APP 远程控制：手机 APP 端、微电脑端都可操作，设置定时任务，自动浇水施肥。

具备智能冲洗功能：能够减少肥料对电子件、肥料泵、设备及管道腐蚀，增加设备使用寿命。

搅拌功能、肥料泵自动调速。定时定量精准施肥，支持单次定时任务、周期定时任务以及设置多个定时任务。采用彩色液晶屏显示，简单明了，方便操作。广泛应用于大棚、无土栽培、水培、果园、大田、基地等领域。

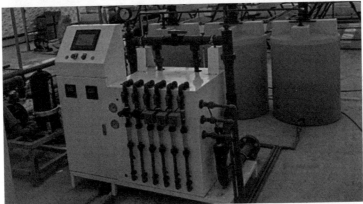

4. 灌溉控制管理

无线电磁阀是控制灌溉区自动灌溉的阀门，通过智能水肥中控系统对不同地区的阀门进行智能管控，实现精准化灌溉。在手机上远程也能控制阀门开关，节省大量的时间。

5. 环境检测系统

通过气象检测站以及土壤墒情检测站反馈的数据情况，实施精准、定时、定量的灌溉施肥工作。能够通过各类检测设备来检测空气温湿度变化、土壤温湿度数值、EC 值和 PH 值、大气压力等数值，还能在发生自然灾害时，及时发出警报，帮助人们做好防范措施。英惠物联网气象监测站可以收集所有信息，让你更加充分了解农作物生长需求，实现高精准、高效率的灌溉。

6. 智能水肥一体化灌溉系统云平台

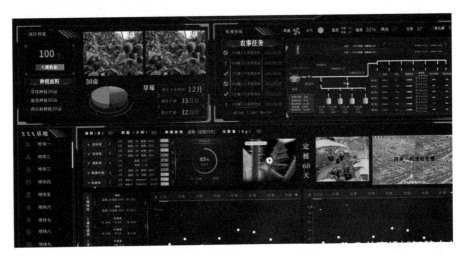

联网数字农业管理指挥中心，可以实时监控园区自动化设备、环境数据、给工人下发种植任务、预警信息提醒等情况，支持手机 APP 同步控制，可以查看环境数据变化情况等。通过系统平台和种植区控制设备的共同协作，能够实现对大棚现场环境的信息采集、管理和控制，让大棚管理变得更加简单。

·可以查看种植面积、预计产量、累计产量等信息

·能够实时查看设备的实时状态、在线离线以及设备报警等功能

· 可以查看施肥用量以及施肥种类

· 能够给工人实时下发种植任务

· 能够以图文的方式记录最新两次的种植信息，并储存档案方便查看

· 可接入摄像设备，客户参观时能够实时看到园区的种植面积、大棚数量等数据，提升基地形象，促进产品销售。

五、水肥一体化技术的优势优点

1. 灌溉施肥的肥效快，养分利用率提高，可以避免肥料施在较干的土层上，引起挥发损失、溶解慢，肥效发挥慢的问题，既节约肥料又有利于环境保护，所以水肥一体化技术使肥料的利用率大幅度提高。近年来在经济作物集约化高产栽培中越来越多地被采用。

根据灌溉方式不同分为：

（1）滴灌水肥一体化技术，滴灌是指按照作物需水规律，通过低压管道系统与安装在毛管上的灌水器，将水和作物需要的养分一滴一滴、均匀而又缓慢的滴入作物根区土壤中的灌水方法。

（2）喷灌水肥一体化技术。喷灌是利用机械和动力设备把水加压，将有压力的水送到灌溉地段，通过喷头喷射到空中散成细小的水滴，均匀地洒落在地面的一种灌溉方式。

（3）微喷灌水肥一体化技术。是指通过施肥设备把肥料溶液加入到微喷灌的管道中，随着灌溉水分均匀地喷洒到土壤表面的一种灌溉施肥方式。

（4）滴灌水肥一体化技术。该技术包括了覆膜、滴灌两种技术的结合，作用原理就是在滴灌带的表层进行膜的覆盖。

（5）集雨补灌水肥一体化技术。通过开挖集雨沟，建设集雨面和集雨

窖池，配套安装小型滴灌设备和田间输水管道，采用滴灌、微喷灌技术，结合水溶肥料应用，实现高效补灌和水肥一体化，充分利用自然降雨，解决降雨时间与作物需水时间不同步、季节性干旱严重发生的问题。

2.提高农作物产量和质量

保证作物生长所需养分和水分充足，提高蔬菜产量和品质增加产量，改善品质，提高经济效益。还有一个显著的优点就是应用水肥一体化技术种植的蔬菜具有生长整齐一致、定植后生长恢复快、提早收获、收获期长、丰产优质、对环境气象变化适应性强等。

3.节约水资源

根据作物生理和土壤条件确定灌溉方案，包括灌水定额、一次灌水时间、灌水周期等，精准灌溉直达作物根系，有效避免浪费水资源。

4.减少劳动投入

自动化管理系统，精准控制，工作效率快。设施灌溉和施肥，整个系统的操作控制只需一个劳动力就可轻松完成灌溉施肥任务。这对于作物种植集中地区及山地果园，其节省劳力的效果非常明显。

5.智能化管理

自动施肥灌溉，智能化管理智能水肥一体化控制系统整合了计算机技术、电子信息技术、自动控制技术、传感器技术及施肥技术等多项技术，能够实时监测土壤墒情信息、气象信息和作物长势信息，通过实时自动采集作物生长环境参数和作物生育信息参数，构建作物与环境信息的耦合模型，智能决策作物的水肥需求，通过配套施肥系统，根据监测数据结合工作人员设定的配方，灌溉过程参数自动控制灌溉量、施肥量、肥液浓度、酸碱度等重要参数实现水肥一体精准施入。比如当系统监测到土壤水分低于工作人员设定的标准值，系统就会自动控制灌溉设备工作，从而保障作物有充足的水分，当水分达到标准值，系统又可以自动关闭灌溉系统，无需人工操作，施肥也是如此，这样就可实现对灌溉，施肥的定时定量，自动化控制，在保障作物健康生长的情况下，充分提高水肥的利用率。智能水肥一体化控制系统的应用解决了传统灌溉施肥作业中存在的水肥利用率低、水肥灌溉不及时、不合理的问题，能够大幅度提升水肥利用率，并达到节水节肥的效果。同时因为系统智能化程度高，可实现在线远程监测，能够迅速进行大面积农田灌溉和施肥，高效且省时省力。

水肥一体化系统的应用将有利于进一步推动农业发展，应用水肥一体化技术能够减少人力和农资的投入，能提升农业生产率，提高作物产量和品质，有利于现代农业的绿色可持续健康发展状况。未来，水肥一体化将更加注重生态环境的保护，更加精细化、信息化、智能化。

六、水肥一体化滴灌技术

水肥一体化滴灌技术是将滴灌与施肥融为一体的农业新技术，这项技术从传统的"浇土壤"改为"浇作物"，是一项集成的高效节水、节肥技术，不仅节约水资源，而且提高肥效。该技术借助压力系统或地形自然落差，将可溶性固体或液体肥料，按土壤养分含量和作物种类的需肥规律和特点，溶解成的肥液后与灌溉水一起通过管道输送到毛管，然后通过安装在毛管上的滴头、孔口或滴灌带等灌水器，将水以水滴的方式均匀、定时、定量的缓慢地滴入土壤输送到作物根系发育生长区域，使根系土壤始终保持适宜的含水量，以满足作物生长需要的灌溉技术，它是一种局部灌水技术。同时根据不同蔬菜的施肥特点、土壤环境、养分含量状况以及蔬菜不同生长期的需水、肥规律进行设计，能够较精确地控制灌水量，把水和养分直接输送到作物根部附近的土壤中，满足作物生长发育的需要，实现局部灌溉。。由于滴头流量小，水分缓慢渗入土壤，因而在滴灌条件下，除紧靠滴头下面的土壤水分处于饱和状态外，其它部位均处于非饱和状态，土壤水分主要借助毛管张力作用入渗和扩散，若灌水时间控制得好，基本没有下渗损失，而且滴灌时土壤表面湿润面积小，有效减少了蒸发损失，节水效果非常明显。滴灌施肥技术是在灌水的同时可以把肥料均匀地带到作物根部，实现了水肥一体化管理。是目前干旱缺水地区最有效的一种灌溉方式，其水的利用率可达95%。与传统模式相比，水肥一体化实现了水肥管理的革命性转变，即渠道输水向管道输水转变、浇地向浇作物转变、土壤施肥向作物施肥转变、水肥分开向水肥一体转变。

因此，专家指出，水肥一体化技术是发展高产、优质、高效、生态、安全现代农业的重大技术，是一项先进的节本增效的实用技术，省肥节水、省工省力、降低湿度、减轻病害、增产高效，助农增收的一项有效措施。更是建设"资源节约型、环境友好型"现代农业的"一号技术"。

滴灌水肥一体化系统具有"三节、三省、三增、一环保"的多重经济效益和社会效益。

1. 灌溉用水效率高

滴灌将水一滴一滴地滴进土壤，灌水时地面不出现径流，从浇地转向浇作物，可减少水分的下渗和蒸发，滴灌水的利用率可达95%。由于水肥的协调作用，可以显著减少水的用量。加上设施灌溉本身的节水效果，节水达50%以上。据测算：在露天条件下，微灌施肥与大水漫灌相比，节水率达50%左右。保护地栽培条件下，滴灌施肥与畦灌相比，每亩大棚一季节水80～120m³，节水率为30%～40%。

2. 可方便、灵活，准确地控制施肥数量和时间

滴灌施肥是一种精确施肥法，根据作物需求营养规律进行针对性施肥，做到缺什么补什么，缺多少补多少，灵活、方便、准确地控制施肥时间和数量，实现精准施肥。滴灌施肥由于精确的水肥供应，作物生长速度快，可以提前进入结果期或早采收。

3. 提高肥料利用率，有利于保护环境

水、肥被直接输送到作物根系最发达部位，可充分保证养分的作用和根系的快速吸收。水肥一体化技术实现了平衡施肥和集中施肥，减少了肥料挥发和流失，以及养分过剩造成的损失，具有施肥简便、供肥及时、作物易于吸收、提高肥料利用率等优点。在作物产量相近或相同的情况下，水肥一体化滴灌技术与传统技术施肥相比节省化肥 40% ~ 50%。显著提高肥料利用率，与常规施肥相比，可节省肥料用量 30% ~ 50% 以上；施肥速度快，千亩面积的施肥可以在 1 天内完成。

4. 节省施肥用工

传统的沟灌、施肥费工费时，非常麻烦。而使用滴灌，只需打开阀门，合上电闸，用工很少能大幅度提高灌水、施肥、病虫防治的工作效率。特别对保护地内栽培的作物尤为明显，利用水肥一体化技术，实现水、肥同步管理，可节省大量劳动力。比传统施肥方法节省 90% 以上。

5. 改善土壤环境状况，有效提高地温

水肥一体化滴灌技术克服了畦灌和淋灌可能造成的土壤板结。滴灌可以保持良好的水气状况，基本不破坏原有土壤结构。由于土壤蒸发量小，保持土壤湿度的时间长，土壤微生物生长旺盛，有利于土壤养分转化，改善土壤环境状况。采用滴灌施肥方法，可以在贫瘠的土地上种植作物。如

沙地，水肥管理是个大问题，通常作物很难正常生长。使用滴灌施肥技术后，可保证作物在这些条件下正常生长。国外已有利用先进的滴灌施肥技术开发沙漠，进行商品化作物栽培的成功经验，以色列在南部沙漠地带广泛应用滴灌施肥技术生产甜椒、番茄、花卉等，成为冬季欧洲著名的"菜篮子"基地。在我国，海南乐东等地通过运用滴灌施肥技术，在沙地上大面积种植高品质哈密瓜。

冬季土温低，可以将水加温，通过滴灌滴到根部，提高土温。在温室大棚有很强的应用性。

对于黏土，水肥一体化装置的滴灌管理在一定的土层深度，通过空压机灌注土壤，可解决根部缺氧问题。由于滴灌容易实现准确的水肥调节，根系可引入土壤底层，避免夏季土壤表面高温对根系造成损害。

6. 水肥耦合，灌溉均匀

水肥一体化滴灌技术可以根据作物生理和土壤条件确定灌溉方案，包括灌水定额、一次灌水时间、灌水周期等。根据确定的目标产量→拟定施肥配方→调节配方→计算施肥量→选配肥料→配置用肥量→应用微量元素，确定施肥方案。灌溉系统能够做到有效地控制每个灌水器的出水流量，因而灌溉均匀度高，一般可达80%～90%。

7. 提高作物产量，增加经济效益

水肥一体化滴灌技术可以给作物提供更佳的生存和生长环境，使作物产量大幅度提高，果园一般增产15%～24%，设施栽培增产17%～28%。以设施栽培黄瓜为例，滴灌施肥比常规畦灌施肥减少畸形瓜21%，正常瓜亩增加850kg；亩增产黄瓜280kg，亩增加产值共1356元。

8. 可减少病虫害的发生

滴灌施肥可以降低室内的空气湿度，空气湿度的降低，在很大程度上抑制了作物病害的发生，滴灌施肥可以减少病害的传播，特别是随水传播的病害，如枯萎病。滴灌可以滴入农药，对土壤害虫、线虫、根部病害有较好的防治作用。因为滴灌施肥是单株灌溉的。滴灌时水分向土壤入渗，只湿润根层，地面相对干燥，降低了株行间湿度，行间没有水肥供应，杂草生长也会显著减少，发病也会显著减轻。减少了农药的投入，降低蔬菜农药残留量，提高了蔬菜品质。滴灌施肥每亩农药用量约减少15% ~ 30%，节省施药劳力 15 ~ 20 个。

9. 改善微生态环境

设施栽培采用水肥一体化滴灌技术，一是明显降低了棚内空气湿度。滴灌施肥与常规畦灌施肥相比，空气湿度可降低 8.5% ~ 15%。二是保持棚内温度。滴灌施肥比常规畦灌施肥减少了通风降湿而降低棚内温度的次数，棚内温度一般高 2 ~ 4℃，有利于作物生长。三是增强微生物活性。滴灌施肥与常规畦灌施肥技术相比地温可提高 2.7℃，有利于增强土壤微生物活性，促进作物对养分的吸收。四是有利于改善土壤物理性质。滴灌施肥克服了因灌溉造成的土壤板结，土壤容重降低，孔隙度增加。五是减少土壤养分淋失，减少地下水的污染。

10. 生态环保

我国目前单位面积的施肥量居世界前列。肥料的利用率较低。由于不合理的施肥，造成肥料的极大浪费。大量肥料没有被作物吸收利用而进入环境，特别是水体，从而造成江河湖泊的富营养化。采用水肥一体化滴灌系统，可避免将化肥淋洗至深层土壤从而造成土壤和地下水的污染，尤其是硝态氮的淋溶损失可以大幅度减少。有效控制农业面源污染和土地盐渍化。调控了土壤温湿度，抑制杂草病虫害发生，农药用量减少，有效控制了土壤污染和食品安全。

主要参考文献

［1］姚素梅等.肥料高效施用技术.北京：化学工业出版社，2023

［2］张建平等.作物营养缺素诊断与科学施肥.郑州：中原出版传媒集团，2023

［3］全国农业技术推广中心.主要农作物肥料配方制定与推广.北京：中国农业出版社，2020

［4］陆景陵.植物营养学（上册）.北京：中国农业大学出版社，2003

［5］郭小芳.植物矿质营养元素和肥料.北京：中国农业科学技术出版社，2022

［6］黄建国，植物营养学.北京：中国林业出版社，2004

［7］宋志伟等.肥料科学施用技术.北京：机械工业出版社，2022

［8］汪李平.现代蔬菜栽培学.北京：化学工业出版社，2022

［9］张金波等.土壤学概论.北京：科学出版社，2022

附　图

番茄缺素症

番茄缺钙

番茄缺钙1

番茄缺钙2

番茄缺钙田间症状

番茄缺钾

番茄缺钾初期症状

番茄缺钾典型症状

番茄缺钾严重时症状

番茄缺钾后期症状

番茄缺钾中期症状

番茄缺磷

番茄缺磷初期症状

番茄缺磷后期症状 1

番茄缺磷后期症状 2

番茄缺磷叶片背面症状

番茄缺磷中期症状 1

番茄缺磷中期症状 2

番茄缺镁

番茄缺镁初期

番茄缺镁后期

番茄缺镁中期

番茄严重缺镁时症状

番茄缺硼

番茄缺硼果实表面木栓化龟裂

番茄缺硼果实出现锈斑

番茄缺硼上部叶片出现褪绿斑

番茄缺硼叶片背面变为桔红色

番茄缺铁

番茄缺铁 1

番茄缺铁 2

番茄缺氮

番茄缺硝态氮症状

番茄缺锌

番茄苗

番茄苗缺锌轻度受害状

番茄苗缺锌中度受害状

番茄缺锌为害成株期番茄症状

番茄缺锌严重时症状

辣椒缺素症

辣椒缺镁

辣椒缺镁初期

辣椒缺镁中期

辣椒缺镁后期

辣椒缺铁

辣椒缺铁新叶发黄

辣椒缺锌

辣椒缺锌轻度受害状

辣椒缺锌田间症状

辣椒缺锌新叶小而黄

辣椒缺锌严重时症状

茄子缺素症

茄子缺氮

茄子缺氮中下部叶片变黄

茄子缺钙

茄子缺钙

茄子缺钙初期症状

茄子缺钙典型症状　　　　　　茄子缺钙叶缘发生皱缩

茄子缺钾

茄子缺钾

茄子缺镁

茄子缺镁初期　　　　　　茄子缺镁中期

茄子缺镁后期

茄子缺锰

茄子缺锰

茄子缺锰初期症状

茄子缺锰叶背症状

茄子缺硼

茄子缺硼表皮木栓化

茄子缺铁

茄子缺铁

黄瓜缺素症

黄瓜缺氮

黄瓜缺氮田间症状

黄瓜缺氮叶片变黄

黄瓜缺钙

黄瓜缺钾

黄瓜缺钙：叶缘黄化上翘

黄瓜缺钾下位叶叶缘黄化

黄瓜缺镁

黄瓜缺镁初期

黄瓜缺镁后期

黄瓜缺镁叶脉间黄化

黄瓜缺硼

低温缺硼花较小

正常花

黄瓜缺硼

黄瓜缺铁

黄瓜缺铁上位叶变黄

黄瓜缺铁瓜条症状

黄瓜缺铜

黄瓜幼苗缺铜